香　菇

花　菇

袋栽香菇

段木栽培香菇

平菇

姬菇

凤尾菇

3

金顶侧耳

鲍鱼菇（正侧观）

4

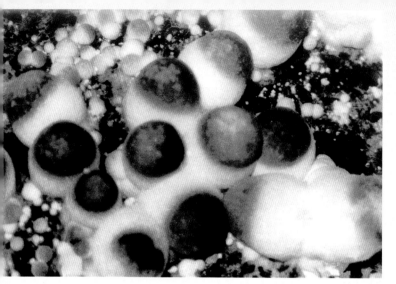

草 菇

银丝草菇

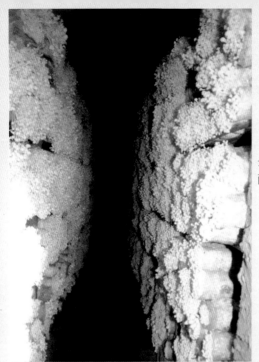

金针菇地沟栽培
两头出菇

袋栽金针菇

6

黑木耳

毛木耳

袋栽黑木耳

7

榆 耳

金 耳

袋栽银耳

8

滑 菇

灰树花

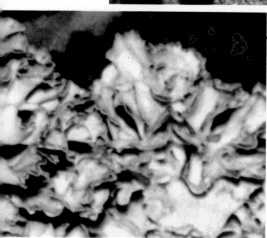

鸡腿菇

9

袋栽猴头

瓶栽猴头

姬松茸

竹荪

瓶栽玉蕈

11

白灵菇层架单头出菇

 杏鲍菇

灵芝覆土出芝

食用菌栽培手册

（修订版）

编著者

李育岳　汪　麟

汪　虹　冀　宏

金盾出版社

内 容 提 要

本书由河北省科学院微生物研究所李育岳研究员等编著。详细阐述了食用菌基础知识和菌种生产技术,具体介绍了蘑菇、香菇、平菇、草菇、金针菇、木耳、滑菇、竹荪、灵芝、茯苓、杏鲍菇、白灵菇等32种食用菌的栽培技术,对食用菌病虫害的防治、产品的保鲜和加工及药膳烹调方法,也做了较全面的介绍。内容系统、充实,技术先进、多样,方法具体、易行,语言通俗易懂。可供农业技术人员、食用菌生产者、经营者及爱好者学习参考。

图书在版编目(CIP)数据

食用菌栽培手册/李育岳等编著.—修订版.—北京:金盾出版社,2007.11(2018.2重印)
ISBN 978-7-5082-4691-8

Ⅰ.①食… Ⅱ.①李… Ⅲ.①食用菌-蔬菜园艺 Ⅳ.①S646

中国版本图书馆 CIP 数据核字(2007)第 150205 号

金盾出版社出版、总发行
北京市太平路 5 号(地铁万寿路站往南)
邮政编码:100036 电话:68214039 83219215
传真:68276683 网址:www.jdcbs.cn
彩色印刷:双峰印刷装订有限公司
黑白印刷:北京万友印刷有限公司
装订:北京万友印刷有限公司
各地新华书店经销
开本:787×1092 1/32 印张:14.875 彩页:12 字数:315 千字
2018 年 2 月修订版第 15 次印刷
印数:120 001~123 000 册 定价:39.00 元

再 版 前 言

近几年食用菌生产无论从栽培规模,还是从栽培技术上都取得了突飞猛进的进展。目前从业者已近 2 000 万人,食用菌行业也跃居为我国继粮、棉、油、果、菜之后的第六大农业产业。期间,许多食用菌科研工作者和栽培生产者们为此付出了艰苦的努力,他们的成果和成功的经验使得我国食用菌栽培技术水平不断提高、商业化的新品种不断涌现。为了及时将这些成果和技术在更广的范围内推广应用,值此书再版之际,将其中一些具有代表性的技术和方法编列其中,以飨读者。此外,安全生产是目前我国食用菌产业发展的迫切要求和面临的挑战,传统的依靠化学药剂控制病虫害的方法将逐渐被综合防治、防重于治的理念所取代,为此,本书对原版中关于食用菌病虫害防治的章节进行了部分修改和补充,以适应发展的需要。

本书在修订过程中,得到了河北省平泉县食用菌研究会梁希才、柳凤玉等提供的最新资料和照片,并蒙中国农业科学院张金霞研究员审阅和提供宝贵意见,在此一并致谢。同时感谢河北省科学院微生物研究所食用菌研究室工作人员多年来对我们的支持。

由于作者水平有限,书中不妥之处,恳请读者批评指正。

编著者
2007 年 7 月于上海

目　　录

第一章　基础知识

第一节　食用菌的基本概念

食用菌是一类可供人类食用的大型真菌,它们具有肉质或胶质的子实体,常称为"菇类"、"耳类"或"蕈类"等。国际热带地区菇类协会主席、香港中文大学生物系张树庭教授用"无叶无芽无花,自身结果;可食可补可药,周身是宝"的诗趣语言对食用菌作了概括的描述。

一、食用菌在生物界的地位

自然界的生物,分为动物、植物和微生物三类,它们千姿百态,种类繁多,迄今人们已经知道的生物有 500 多万种。食用菌在生物界中属于微生物类,在分类学中属真菌门的子囊菌纲和担子菌纲(图 1-1)。

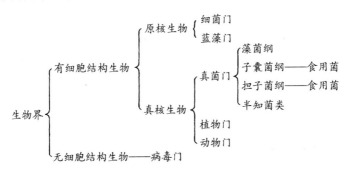

图 1-1　生物界的分类

我国食用菌种类多,分布广,资源丰富。据报道,全国食用菌已发现657种,其中担子菌620种,占总数的94.4%;子囊菌37种,占5.6%。依繁殖生长的基物和生态习性,将我国野生食用菌划分为五大类,即:木生菌138种,粪生菌9种,土生菌128种,虫生菌12种,菌根真菌350种。它们是很有开发利用价值的微生物资源。

二、我国食用菌的栽培简史

我国栽培食用菌,有着悠久的历史。木耳是我国的特产,早在北魏贾思勰著的《齐民要术》中,已记载有木耳菹的制法,距今已有1400多年;早在700年前,元代王祯撰写的《农书》中记载了山区农民栽培香菇的经验,比日本栽培香菇早300~400年;草菇的人工栽培,在我国亦有200多年历史,最早起源于广东省韶关市南华寺的僧人,后由我国华侨传到东南亚各国,所以世界上把草菇称为"中国蘑菇";银耳,也是我国首先栽培,起源于湖北房县和四川通江,距今有100多年的历史。此外,据历史资料考证,金针菇早在700年前我国就有人工栽培的记载。由此可见,我国是世界上最早栽培食用菌的国家。

进入20世纪60年代以来,我国食用菌栽培得到蓬勃发展。目前,已进行人工栽培或栽培试验的食用菌有30多种,栽培面积较大的有蘑菇、香菇、平菇、草菇、金针菇、黑木耳、毛木耳、滑菇、猴头菌、银耳、凤尾菇、大肥菇、榆黄蘑、竹荪、鲍鱼菇、灰树花、鸡腿蘑、茯苓、玉蕈、灵芝、姬松茸等21种,其中香菇、平菇、黑木耳、草菇、金针菇、银耳的年产量跃居世界第一位(表1-1)。

表 1-1　1994 年一些国家和地区商业性栽培食用菌的产量

（单位：千吨）

类　别	中国	印尼	日本	韩国	泰国	美国	其他国家	小　计
蘑　菇	366.2	28.0	—	9.8	1.3	370.0	1070.7	1846.0
香　菇	660.1	—	141.3	20.1	0.3	2.5	1.9	826.2
平　菇	658.6	1.0	20.8	57.9	15.0	0.9	43.2	797.4
木　耳	393.8	0.2	0.1	—	6.0	20.0	20.0	440.1
草　菇	119.5	89.0	—	—	65.0	—	25.3	298.8
金针菇	125.8	—	101.8	1.7	—	—	0.5	229.8
银　耳	156.0	—	—	—	—	—	0.2	156.2
胶玉蘑	0.3	—	54.4	—	—	—	0.1	54.8
滑　菇	4.3	—	22.6	—	—	—	0.1	27.0
灰树花	—	—	14.0	—	—	—	0.2	14.2
其　他	227.7	0.6	5.1	2.5	2.0	—	—	237.9
合　计	2712.3	118.8	360.1	92.0	89.6	393.4	1162.2	4928.4

引自邵维荣等资料(1997)中国产量(含台湾省)

我国在 20 世纪 90 年代以后，食用菌总产量已达到 80 万吨，居世界首位，成为食用菌生产和出口大国。目前，全国从事食用菌生产的有 2 000 万人。年总产值仅次于粮、棉、油、果、菜，居第六位，超过了茶业和蚕业，已成为我国农业经济中一项重要产业。

三、发展食用菌生产的意义

(一)食用菌是人类食物结构的重要组成部分

1950 年世界食用菌总产量为 7 万吨，仅有 15 个国家栽培,现在已发展到 100 多个国家栽培,总产量接近 500 万吨,增长 70 多倍。许多经济发达的国家,把食用菌生产作为优势产业,予以高度重视;一些有远见的发展中国家,如印度尼西亚、泰国把食用菌列为创汇优势产品,不惜重金,引进技术,投入大量资本发展食用菌生产。因为,食用菌已成为人类三大食物结构(植物性食物——素食,动物性食物——荤食,菌类食物——菌食)的组成部分。世界食用菌消费量逐年递增,20 世纪 80 年代,欧、美人均年消费食用菌 2～3 千克,目前,日本、德国人均年消费已达到 4 千克,全世界食用菌销售量每年以 3%～5%的幅度递增。

(二)食用菌是食用蛋白质的新来源

蛋白质是人体最基本的营养物质之一,其摄入量是衡量人们营养水平的重要指标。目前我国的食物结构中,仍以植物和植物产品为主,其中蛋白质的量和质,尚不能完全满足人体的营养要求。为了解决蛋白质供应不足和食物结构不够合理的状况,一般要通过三种途径:一是大力发展肉、蛋、奶的生产,提供较多的动物蛋白质;二是动植物蛋白质合理搭配食用,提高蛋白质的利用率;三是寻求新的优质蛋白质来源。而发展食用菌生产,可以提供大量菌体蛋白,是解决食用蛋白不足、开辟蛋白质新来源的极好途径。

(三)食用菌生产是发展生态农业的有效途径

食用菌是一类腐生菌,可利用农业、林业和工业的废料和废渣作为生产原料。我国仅农作物秸秆,每年可产 6.8 亿吨之多,这些秸秆往往堆积腐烂或焚烧污染环境,未能合理利用,不仅浪费资源,而且成为一大公害。如果把这些资源用来栽培食用菌,变废为宝,可以产生巨大的社会财富。同时,发展食用菌生产,可以加速农业结构的优化调整,推动农村商品经济的发展,促进农村经济的繁荣。

(四)食用菌是创汇农业的重要成员

长期以来,食用菌始终是国际市场上的畅销商品,而我国的食用菌产品,如福建省水仙花牌、上海梅林牌蘑菇罐头、湖北燕牌黑木耳、福建漳州银耳、湖北罗田茯苓、福建泉州水仙牌草菇罐头、浙江常山猴头菇罐头等,在国际市场上素负盛名。积极发展食用菌生产,是农业创汇的一项重要内容,是大有前途的。

第二节　食用菌的营养与药用价值

食用菌鲜食,美味可口。干菇有浓郁的香味,风味独特,有"素中之荤"的美名,长期以来为宴上佳肴。经常食用食用菌,能增强机体抵抗力,起到防病保健之功效。所以说,食用菌是一种富于营养的保健食品。

一、食用菌的营养价值

(一)蛋　白　质

食用菌营养成分中,蛋白质含量较高,一般为 4%～40%(表 1-2)。它比日常食用的蔬菜高几倍(表 1-3)。从评价食品营养价值的指标看,食用菌的必需氨基酸指数一般为 70～98,生物价为 69～96,氨基酸评分为 40～90,营养指数为12.9～20。它介于肉类和蔬菜两者之间(表 1-4)。所以,食用菌是一种较好的蛋白质来源。

表 1-2　几种食用菌的营养成分

种　类	样品类型	水分（%）	粗蛋白质（N×4.83）	脂　肪（%）	碳水化合物（%）	纤　维（%）	灰　分（%）
蘑　菇	鲜	89.5	26.3	1.8	49.5	10.4	12.0
香　菇	鲜	90.0	17.5	8.0	59.5	8.0	7.0
草　菇	鲜	88.4	30.1	6.4	39.0	11.9	12.6
金针菇	鲜	89.2	17.6	1.9	69.4	3.7	7.4
滑　菇	鲜	95.2	20.8	4.2	60.4	6.3	8.3
平　菇	鲜	90.8	30.4	2.2	48.9	8.7	9.8
黑木耳	干	16.4	8.1	1.5	74.1	6.9	9.4
银　耳	干	19.7	4.6	0.2	93.4	1.4	0.4

表 1-3　几种食用菌与一些肉类、蔬菜营养成分的比较

品　名	蛋白质（%）	脂肪（%）	糖类（%）
草　菇	3.37	2.24	2.61
金针菇	2.72	0.13	5.45
胡萝卜	0.60	0.20	5.70
甘　蓝	0.10	0.15	4.14
番　茄	0.40	0.40	2.19
马铃薯	1.10	0.10	14.00
牛　肉	16.00	3.30	—
鸡　蛋	12.00	11.50	0.50

表 1-4　几种食用菌与一些食物的营养价值比较

食　　物	必需氨基酸指数	营养指数	氨基酸评分
双孢蘑菇	98	19	69～90
香　菇	74	12.9	40
草　菇	89	18～20	42～50
凤尾菇	70	14	68
鸡　肉	100	53	98
牛　肉	100	43	98
猪　肉	100	35	100
牛　奶	99	—	91
马铃薯	91	9	—
瓜	86	—	42
花　生	78	20	43
大　豆	76	31	23
萝　卜	53	8	31
番　茄	54	—	18
菠　菜	—	26	—
白　菜	—	—	63

引自张树庭资料(1986)

(二)氨 基 酸

食用菌的氨基酸含量较高。在 20 种氨基酸中,食用菌通常含有 16～18 种氨基酸,其中必需氨基酸的含量占氨基酸总量的 40%左右(表 1-5),而且食用菌中所含必需氨基酸的数量和比例,与人体每天所需的数量和比例很吻合。我国习惯以缺乏赖氨酸的稻米和小麦等谷物作主食,而食用菌富含赖氨酸,正好可起互补作用。

表 1-5　16种食用菌子实体氨基酸含量　（单位：毫克/100毫克样品）

品种	栽培基质	天门冬氨酸	苏氨酸	丝氨酸	谷氨酸	甘氨酸	丙氨酸	缬氨酸	蛋氨酸	异亮氨酸	亮氨酸	酪氨酸	苯丙氨酸	赖氨酸	组氨酸	精氨酸	脯氨酸	氨基酸总量	必需氨基酸总量	必需氨基酸占氨基酸总量（%）
草菇	稻草	2.39	1.23	1.22	4.56	1.11	1.48	1.45	0.25	9.97	1.68	1.02	1.27	1.63	0.55	1.32	0.86	22.99	8.48	36.88
	麦秸	2.46	1.38	1.28	4.68	1.18	1.76	1.67	0.32	1.08	1.68	0.96	1.01	1.70	0.57	1.54	1.04	24.31	8.84	36.36
侧耳	棉籽壳	1.86	0.78	0.84	2.40	0.76	0.93	1.30	0.42	0.60	1.02	0.55	0.98	0.98	0.39	1.01	0.57	15.39	6.08	40.02
高温侧耳	棉籽壳	2.01	0.83	0.92	2.83	0.78	1.00	1.65*	0.42	0.61	1.06	0.54	0.61	1.00	0.40	0.97	0.51	16.14	6.18	38.28
凤尾菇	棉籽壳	1.54	0.88	0.86	3.48	0.77	1.27	1.38	0.33	0.77	1.30	0.56	0.85	0.95	0.41	1.13	0.83	17.31	6.46	37.32
玉蕈	棉籽壳	1.88	0.91	0.93	3.08	0.88	1.14	1.72	0.55	0.69	1.16	0.68	1.18	1.00	0.45	1.30	0.71	18.26	7.21	39.48
金针菇	棉籽壳	1.25	0.70	0.72	2.49	0.68	0.99	1.61**	—	0.57	1.00	0.45	0.59	0.95	0.42	0.48	0.54	13.44	5.42	40.32
香菇	棉籽壳	1.24	0.70	0.74	3.72	0.60	0.76	1.58	0.34	0.40	0.73	0.43	0.61	0.52	0.28	0.64	0.38	13.67	4.88	35.69
滑菇	棉籽壳	1.79	0.94	0.88	2.87	0.84	1.08	1.31	0.30	0.73	1.09	0.50	0.80	0.64	0.41	0.84	0.76	15.78	5.81	36.81
双孢蘑菇	粪草	2.83	1.43	1.28	6.33	1.19	2.31	1.59	0.31	1.06	1.72	0.80	0.99	1.48	0.60	2.04	1.71	27.67	8.58	31.00
黑木耳	柞木	0.96	0.55	0.49	1.09	0.44	0.77	0.73	0.14	0.38	0.72	0.36	0.47	0.46	0.26	0.43	0.39	8.64	3.45	39.93
	棉籽皮	1.16	0.71	0.60	1.49	0.53	0.94	0.81	0.21	0.43	0.81	0.42	0.57	0.57	0.35	0.71	0.38	10.69	4.11	38.44

续表1-5

品种	栽培基质	天门冬氨酸	苏氨酸	丝氨酸	谷氨酸	甘氨酸	丙氨酸	缬氨酸	蛋氨酸	异亮氨酸	亮氨酸	酪氨酸	苯丙氨酸	赖氨酸	组氨酸	精氨酸	脯氨酸	氨基酸总量	必需氨基酸总量	必需氨基酸占氨基酸总量(%)
毛木耳	杨木	0.77	0.47	0.36	0.93	0.37	0.55	0.80	0.04	0.30	0.53	0.32	0.45	0.46	0.21	0.41	0.26	7.23	3.05	42.18
毛木耳	棉籽壳	1.06	0.63	0.54	1.34	0.50	0.77	1.03	0.13	0.38	0.72	0.37	0.48	0.62	0.27	0.60	0.45	9.89	3.99	40.34
猴头菌	酒糟	3.17	1.36	1.19	8.58	1.36	2.17	2.22	0.78	1.07	2.11	0.93	1.36	2.12	0.83	1.61	1.14	32.10	11.12	34.64
猴头菌	棉籽壳	2.13	0.94	0.81	4.40	0.86	1.64	2.01**		0.72	1.43	0.59	0.87	1.29	0.52	1.05	0.43	19.69	7.26	36.87
马勃(幼体)	草地	3.93	1.80	1.85	5.23	1.73	2.21	3.31	0.83	1.37	2.47	1.12	1.22	2.04	0.97	2.66	1.51	32.89	13.04	39.64
褐环粘盖牛肝菌	松树林	1.05	0.65	0.65	2.11	0.59	0.70	2.18	0.60	0.46	0.79	0.41	0.57	0.64	0.30	0.83	0.42	13.24	5.89	44.48
铆钉菇	松树林	1.07	0.59	0.59	1.94	0.53	0.68	1.70	0.39	0.50	0.90	0.36	0.50	0.51	0.31	0.83	0.41	12.00	5.09	42.41
蜜环菌	榛树林	0.94	0.58	0.60	1.51	0.57	0.73	1.62	0.37	0.44	0.73	0.34	0.51	0.52	0.23	0.58	0.34	10.89	4.77	43.80
金针菇	杨树	1.04	0.55	0.58	1.76	0.53	0.64	1.34	0.38	0.42	0.70	0.36	0.55	0.57	0.30	0.67	0	10.39	4.51	43.40
猴头菌	柞树	0.39	0.23	0.20	1.03	0.23	0.37	0.64	0.14	0.18	0.32	0.15	0.23	0.10	0.09	0.28	0.11	4.59	1.84	40.08

注：* 含部分胱氨酸　** 含少量蛋氨酸

· 9 ·

（三）脂　类

食用菌的脂类含量为 0.6%～8%，包含脂肪酸、植物甾醇及磷脂等。

1. 植物甾醇　食用菌的脂类中以不皂化物含量为高，其主要成分是植物甾醇，尤其是麦角甾醇。麦角甾醇是维生素 D 的前体，它经紫外线照射可转变为维生素 D。麦角甾醇在几种食用菌中的含量，以草菇最高，香菇次之，银耳最低（表 1-6）。

表 1-6　食用菌麦角甾醇含量　（%）

食用菌	脂　类 （占干样）	不皂化物 （占脂类）	麦　角　甾　醇	
			占不皂化物	占干样
草　菇	3.0	32.4	48.4	0.47
香　菇	2.1	28.0	47.6	0.27
双孢蘑菇	3.1	21.7	33.6	0.13
凤尾菇	1.6	25.0	35.5	0.13
木　耳	1.3	25.1	22.8	0.07
银　耳	0.6	19.5	7.4	0.01

引自张树庭资料(1986)

2. 脂肪酸　食用菌的脂肪酸是以不饱和脂肪酸为主，如草菇的不饱和脂肪酸含量高达 82.65%，香菇 73.44%，双孢蘑菇 72.79%，凤尾菇 75.23%，木耳 71.99%，银耳 66.81%。亚油酸和油酸是不饱和脂肪酸的主要成分。亚油酸是人体必需的脂肪酸，在食用菌中含量为 27.98%～69.91%（表 1-7）。

表 1-7　食用菌脂肪酸的成分组成

食用菌	脂类 (%)	皂化物 (%)	脂肪酸组成（总脂肪酸%）					
			肉豆蔻酸	棕榈酸	棕榈油酸	硬脂酸	油酸	亚油酸
草　菇	3.0	58.8	0.48	10.50	0.62	3.47	12.74	69.91
香　菇	2.1	73.7	0.07	15.81	2.51	3.01	5.65	67.79
双孢蘑菇	3.1	68.3	0.86	11.75	1.32	5.36	3.57	69.22
凤尾菇	1.6	67.8	0.59	16.42	1.42	3.00	12.29	62.94
黑木耳	1.3	78.1	0.69	17.30	1.12	7.35	31.60	40.39
银　耳	0.6	80.5	0.09	17.20	2.37	3.11	38.83	27.98

引自张树庭资料(1986)

3. 磷脂　食用菌中主要含有卵磷脂。卵磷脂与蛋白质结合成脂蛋白,是细胞质膜、内质网膜和线粒体膜的组成成分。

食用菌脂类的含量虽比一般肉类低,但它的质量却比肉食脂类好。动物性脂肪主要是由饱和脂肪酸所组成,且在脂肪中含有一定量的胆固醇。人们吃了过多的动物性脂肪,会引起肥胖症和心血管病。食用菌的脂类主要是由人体所必需的亚油酸所组成的,且脂类中还含有相当数量的维生素 D 源——麦角甾醇,这两者不但是人体营养所必需,在某种情况下对防治心血管病还有一定的作用。

(四)碳水化合物

1. 糖类　食用菌碳水化合物的含量,双孢蘑菇 40%~53.5%,香菇 59.7%~70.7%,草菇 39%~49.6%,凤尾菇48.9%~74.8%。食用菌含有的热能,比米、面所含的热能低,但略高于某些蔬菜(表 1-8),是一类有价值的热能来源食物。食用菌碳水化合物中含有一种多糖,能促进和提高机体的免疫功能,增强人们的体质。现代科学研究已经证明,食用菌的抗癌作用是十分明显的(表 1-9)。近年来,我国、日本和韩国的医药工作者,又相继从香菇、银耳、凤尾菇和灵芝等食用、药用菌中,找到另一种多糖和蛋白质相结合的化合物,称为多糖蛋白。多糖蛋白比多糖有更好的抗肿瘤效果,被认为是一种有发展前景的非特异性免疫促进剂。

表 1-8 几种食用菌和一些食物的热能含量

项 目	双孢蘑菇	凤尾菇	香菇	草菇	黄豆	大米	面粉	大白菜	菠菜	番茄
碳水化合物*	50.5	58.4	67.5	47.8	28.1	85.2	82.5	48.0	38.7	55.0
热能**	1372	1586	1619	1297	1912	1695	1682	1339	1406	1569

* 单位为克/100 克干样

**单位为千焦/100 克干样

引自张树庭资料(1986)

表 1-9 小白鼠口服各种食用菌后抗肿瘤
(肉瘤 180ICR)的效果

材　料	饲育 31 天后的肿瘤增殖抑制率(%)		
	只　数	肿瘤重量(克)	抑制率(%)
对　照	10	18.11±0.07	0.0
香　菇	10	4.01±0.91	77.9
灰树花	8	2.48±0.04	86.3
蘑　菇	9	5.20±0.19	71.3
平　菇	9	6.76±0.57	62.7
金针菇	8	6.94±0.03	61.7
滑　菇	8	9.75±0.84	62.7
银　耳	10	3.44±0.59	81.0
黑木耳	8	5.72±1.12	68.4
草　菇	10	5.86±0.09	67.8

引自《国外食用菌》,1989 年 1 期

2. 纤维素 食用菌纤维素的含量为 10%～20%。其中双孢蘑菇粗纤维含量 10.4%,香菇 11.5%～12%,草菇 10.4%,凤尾菇 11.5%～12%。纤维素虽然不能为人体提供能量,但食物纤维素在一定程度上对人类的健康是有益的。食物纤维素是胆汁盐和胆固醇的螯合剂。增加食物纤维素可减少胆汁盐的沉积和降低血液中胆固醇的含量,从而可以防止胆石和高血压。其次,纤维素是水的载体,可增加肠内食糜的持水力,有利于矿物质的吸收。此外,纤维素的附着力有助于把一些致癌性的代谢毒物及大量微生物排出体外,减少癌症的发生。

(五)维 生 素

食用菌含有丰富的维生素 B_1、维生素 B_2、烟酸、生物素和维生素 C 等(表 1-10)。食用菌维生素 C 的含量与一般的蔬菜近似,但草菇中维生素 C 的含量却高于某些水果和蔬菜(表 1-11)。另外,发现维生素 D 原在食用菌中普遍存在。食用菌还含有泛酸、维生素 B_6、维生素 K 和叶酸等。因此,食用菌是很好的维生素食物来源。

表 1-10 食用菌维生素含量 (毫克/100 克鲜样品)

菇　类	硫胺素 (维生素 B_1)	核黄素 (维生素 B_2)	烟　酸	抗坏血酸 (维生素 C)	麦角甾醇 (维生素 D 原)
双孢蘑菇	0.16	0.07	4.8	13.19	124
香　菇	0.07	0.12	2.4	10.97	246
草　菇	1.20	3.30	91.9	20.60	—
金针菇	0.31	0.05	8.1	10.93	204
滑　菇	0.08	0.05	3.3	8.83	223
平　菇	0.40	0.14	10.7	9.30	120

续表 1-10

菇　类	硫胺素 （维生素 B_1）	核黄素 （维生素 B_2）	烟　酸	抗坏血酸 （维生素 C）	麦角甾醇 （维生素 D 原）
黑木耳*	0.19	1.20	4.1	25.49	35
银　耳	0.12	0.01	2.2	4.57	41
灰树花	0.25	0.08	9.1	14.84	225
竹　荪	—	0.05	—	4.01	37

* 为100克干样品中的含量

表 1-11　草菇与部分蔬菜水果的维生素 C 含量比较

名称	分析数量 （克）	维生素 C 含量（毫克）	名　称	分析数量 （克）	维生素 C 含量（毫克）
草　菇	100	206.27	芥　菜	100	125.00
甘　蓝	100	130.00	番石榴	100	125.00
绿辣椒	100	125.00	鲜橘子	100	50.00
红辣椒	100	200.00			

（六）矿质元素

食用菌的矿质元素，以钾和磷的含量最高，其次是钠、钙、镁和铁（表 1-12），其他的元素还有铝、钴、硒、硫、硅和氯等。食用菌中重金属元素含量甚微（表 1-13），对人体健康无不良影响。矿质元素是重要的营养素，食用菌中所含的矿质元素与人体需要的矿质元素很相近，经常食用食用菌，可以满足人体对矿质元素的需求。

表 1-12　几种食用菌的矿质元素含量

（毫克/100 克干样品）

食用菌	灰分*	钾	磷	钠	钙	镁	铁
双孢蘑菇	7.7～12.0	4762	1429	156	23	—	0.2
香　菇	7.0	1246	650	1076	118	—	30
草　菇	8.1～9.5	6144	1095	151	339	224	15
凤尾菇	4.4	3260	760	60	33	211	124

注：* 为干样品的百分数

表 1-13　几种食用菌的重金属元素含量　（毫克/千克）

食用菌	锌	铜	铅	镉	汞
双孢蘑菇	96.0	49.3	0.75	0.32	0
凤尾菇	69.0	14.0	1.20	0.55	0
香　菇	32.0	6.0	0.85	1.70	0
草　菇	98.0	42.5	0	0	0

引自张树庭资料(1986)

二、食用菌的药用价值

食用菌既是有营养的食品，又具有重要的药用价值。

（一）食疗作用

食用菌中含有维生素 B_1、维生素 B_2、维生素 B_{12}、维生素 C、烟酸等多种维生素和生理活性物质，对心脏病、风湿症、胃肠炎、消化不良、恶性贫血、神经炎、糖尿病及放射线引起的病症都有不同程度的预防和治疗作用。香菇中富含维生素 D原，作为食品就可以补充维生素 D，以防治佝偻病（软骨症）。草菇中含有大量的维生素 C，经常食用可以预防坏血病。黑木耳有润肺作用，是纺织和理发工人的保健食品。食用菌可以抑制血液中胆固醇含量的增加，能防止血管硬化和冠心病。

(二)抗癌作用

从食用菌中可提取出真菌多糖,对癌细胞的繁殖有明显的抑制作用。动物实验证明,从香菇、金针菇、银耳、平菇、茯苓、灵芝中得到的多糖,对小鼠肉瘤细胞均有抑制作用。目前香菇多糖注射液已用于临床,它为抗癌药物研究开辟了一条新途径。

(三)新的真菌药物

目前,用食用菌制成的真菌类药物不断问世,如"猴头菌片"用于治疗胃溃疡、十二指肠溃疡和胃窦炎等病;"蜜环菌片"有类似中药天麻的药理作用,适用于治疗各种眩晕、神经衰弱、失眠、耳鸣、肢麻、癫痫等症;"银耳芽孢糖浆"用于治疗慢性气管炎和肺心病;"灵芝酊"和"灵芝糖浆"用于治疗慢性支气管炎、神经衰弱和冠心病;用双孢蘑菇制成的"健肝片"可作为急、慢性肝炎的辅助治疗药物。此外,冬虫夏草、银耳、金耳、茯苓、灵芝等,自古就是中医常用药物,至今仍在广泛应用。

第三节　食用菌的形态结构

食用菌是一类大型真菌,由菌丝体和子实体两部分组成。食用菌靠菌丝体从基质中吸收营养,当菌丝体生长到一定阶段,积累了足够的养分,达到生理成熟后,形成可供食用的子实体。

一、菌　丝　体

菌丝体是食用菌的营养体,由一根根很细微的管状菌丝组成(图 1-2)。食用菌的菌丝都是多细胞的,每个细胞的外圈是细胞壁,壁的内侧有细胞膜,其内包裹着细胞质、细胞核和线粒体等结构(图1-3)。

按照发育的不同阶段,食用菌菌丝分为初生菌丝和次生菌丝两个阶段。初生菌丝由孢子萌发而成(图1-4),比较纤细,每个细胞中只有一个细胞核,又叫单核菌丝。初生菌丝一般不会形成子实体。初生菌丝经

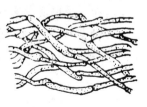

图1-2　菌丝体

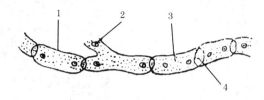

图1-3　放大的单根双核菌丝

1. 细胞壁　2. 细胞核　3. 细胞质　4. 细胞隔膜

过配对后,成为次生菌丝。次生菌丝中的每个细胞含有两个细胞核,又称为双核菌丝。大多数食用菌的基本形态是双核菌丝,具有产生子实体的能力。在显微镜下观察,一般菌丝较细的食用菌,如香菇、木耳等双核菌丝上形成好似一把锁的锁状联合(图1-5);而菌丝较粗的食用菌,如草菇等,在双核菌丝上就没有锁状联合。

图1-4　菌丝的形成

1. 孢子　2. 孢子膨胀　3. 孢子萌发　4,5. 菌丝分枝

在某些食用菌的单核或双核菌丝上,还会形成厚垣孢子、粉孢子以及菌索、菌核等无性繁殖器官。如蜜环菌的许多菌丝体交织在一起形成绳索状的菌索;茯苓是菌丝生长过程中形成的一种菌核,呈块状,它是一种休眠组织,也是贮存养分的组织,有抵抗不良环境的能力(图1-6)。

图1-5　锁状联合　　　　图1-6　茯苓的菌核

二、子 实 体

子实体是食用菌的繁殖器官,是通常所说的"菇"、"耳"等食用部分。子实体的形状多样,有的呈耳状(木耳),有的呈头状(猴头菌),多数呈伞状(双孢蘑菇、草菇等)。典型的伞菌子实体,通常由菌柄、菌盖、菌褶和其他附属物组成(图1-7)。

(一)菌　柄

菌柄又叫菇柄或菇脚。是支撑菌盖和输送养料的器官。有的生于菌盖中央,叫中生(如草菇);有的偏生(如香菇);有的侧生(如侧耳)(图1-8)。

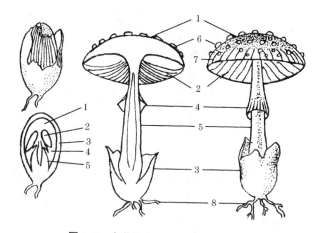

图 1-7　伞菌子实体形态结构示意图

1. 菌盖　2. 菌褶　3. 菌托　4. 菌环

5. 菌柄　6. 鳞片　7. 条纹　8. 菌丝索

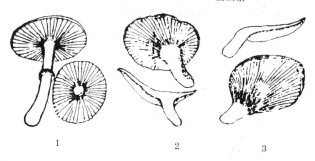

图 1-8　菌柄特征　(仿应建浙等)

1. 中生　2. 偏生　3. 侧生

在伞菌的菌柄上往往还有两种附属物,即菌环和菌托,但不是每种食用菌都有。菌环生于菌柄上,是一种膜质的环形结构(图 1-9);菌托生于菌柄基部,呈杯状、苞状、鞘状、鳞茎状和杵状(图 1-10)。

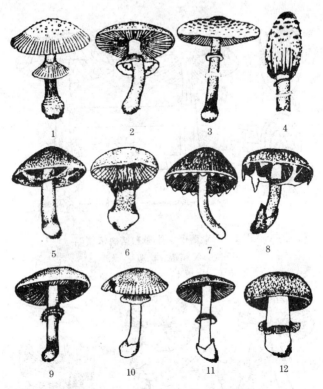

图 1-9 菌环特征 （仿应建浙等）

1. 单层　2. 双层　3,4. 可沿苗柄移动　5. 膜质絮状

6. 丝膜状（蛛网状）　7,8. 破裂后附着菌盖边缘　9. 呈齿轮状

10. 生菌柄上部　11. 生菌柄中部　12. 生菌柄下部

(二)菌　盖

又叫菇盖、菌伞。是菌褶着生的地方，是繁殖器官的保护组织。不同的食用菌，菌盖的形状及颜色也各不相同。常见的有圆形、半圆形、圆锥形、卵圆形、钟形、半球形、扇形等(图1-11)。菌盖上的附属物，如纤毛、绒毛、鳞片、小疣、粉末、条纹、

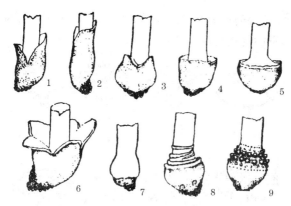

图 1-10　菌托特征　(仿应建浙等)

1.苞状　2.鞘状　3.鳞茎状　4.杯状　5.杵状

6.瓣裂　7.菌托退化　8.带状　9.数圈颗粒状

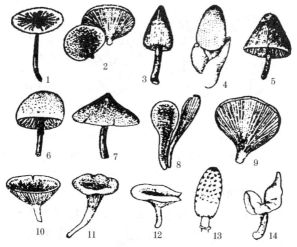

图 1-11　菌盖形状　(仿应建浙等)

1.圆形　2.半圆形　3.圆锥形　4.卵圆形　5.钟形

6.半球形　7.斗笠形　8.匙形　9.扇形　10.漏斗形

11.喇叭形　12.浅漏斗形　13.圆筒形　14.马鞍形

晶粒、黏液等的有无及其形态,因种而异。这些特征常是识别食用菌种类的重要依据(图 1-12)。

图 1-12　菌盖表面特征　(仿应建浙等)
1. 光滑无毛　2. 皱纹　3. 具纤毛　4. 条纹　5. 具绒毛
6. 龟裂　7. 被粉末　8. 丛毛状鳞片　9. 角锥状鳞片
10. 块状鳞片　11. 具颗粒状结晶　12. 具小疣

(三)菌褶和菌管

菌裙和菌管位于菌盖下方,呈刀片状的叫菌褶(图 1-13),呈管状的叫菌管(图 1-14),是产生担孢子的地方。依菌褶或菌管在菌柄上的着生位置,可分为直生、弯生、离生和延生。菌褶的一端或菌管直接着生在菌柄上的叫直生;一部分着生在菌柄上,而另一部分稍向上弯曲的叫弯生(或凹生);

不直接着生在菌柄上,且有一段距离的叫离生;沿着菌柄向下着生的叫延生(图1-15)。

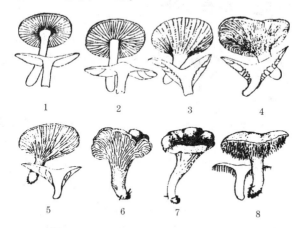

图1-13　菌褶排列特征　(仿应建浙等)

1. 等长　2. 不等长(具短菌褶)　3. 褶间具横脉　4. 交织成网状

5. 分叉　6. 网棱　7. 近平滑无菌褶　8. 刺状(齿菌类)

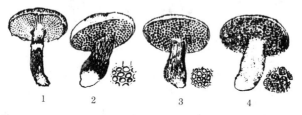

图1-14　管孔排列特征　(仿应建浙等)

1. 菌管放射状排列　2. 菌管圆形

3. 菌管多角形　4. 复孔(大管孔中有小管孔)

(四)孢　子

孢子有担孢子和子囊孢子,分别由担子和子囊产生(图1-16),属有性孢子,是食用菌繁殖的基本单位,其形状呈椭圆

· 23 ·

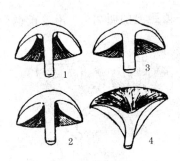

图 1-15 菌褶与菌柄着生
情况 （仿应建浙等）

1. 离生 2. 弯生
3. 直生 4. 延生

形、圆球形、卵圆形、纺锤形、星形、柠檬形、长方椭圆形、肾形、多角形、梭形等。孢子大小为 5～8 微米×3～8 微米，子囊孢子一般比担孢子大些。孢子表面有光滑、粗糙、麻点、小疣、小瘤、刺棱、网纹、纵条纹、沟纹等区别（图 1-17）。

单个孢子通常是无色透明的，当许多孢子堆积在一起

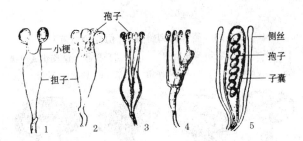

图 1-16 担子及子囊 （仿应建浙等）

1,2. 担子(无隔) 3. 具纵隔 4. 具横隔 5. 子囊及子囊孢子

时，会呈现不同的颜色。将新鲜伞菌的菌盖扣在纸上，孢子散落即形成孢子印（图 1-18），其颜色因菌类不同而异，有白色、红色、紫色、褐色和黑色等。孢子印的颜色是食用菌分类的重要依据。

大多数食用菌的孢子，在子实体成熟时就自动弹射而进行传布。散布的孢子数量十分惊人，通常有十几亿到几百亿个，如一个平菇产生的孢子数高达 600 亿～855 亿个。当成千

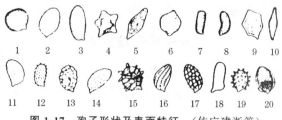

图 1-17　孢子形状及表面特征　（仿应建浙等）

1. 圆球形　2. 卵圆形　3. 椭圆形　4. 星形　5. 纺锤形

6. 柠檬形　7. 长方椭圆形　8. 肾形　9. 多角形　10. 梭形

11. 表面近光滑　12. 小疣　13. 小瘤　14. 麻点　15. 刺棱

16. 纵条纹　17. 网纹　18. 光滑不正形　19. 具刺　20. 具外孢膜

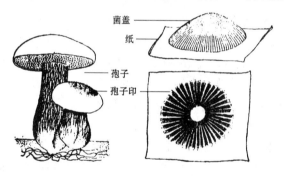

图 1-18　孢子印　（仿应建浙等）

上万个孢子一齐散放时,可看到升腾的孢子雾,往往连续散发
1～2天。

第四节　食用菌的营养生理与生态环境

　　食用菌同其他生物一样,在生长发育过程中要进行新陈
代谢活动,需要吸取营养物质和要求具备一定的生态环境。人
工栽培食用菌时,必须熟悉和掌握这些条件,采取正确的栽培

方法,以充分满足它们的要求,达到高产稳产的目的。

一、食用菌的营养类型

食用菌没有叶绿素,不能制造光合产物进行自养,是一种异养生物。按其营养方式可分为腐生、共生、寄生和兼性寄生四类。

(一)腐 生 型

从死亡的植物残体或有机质获得营养的生活方式,称为腐生。这是大多数食用菌的主要营养方式。这种类型的菌类称为腐生菌,又分为草腐菌和木腐菌两类。双孢蘑菇、草菇等属草腐菌,而香菇、黑木耳等属木腐菌。

(二)共 生 型

两种生物互依生存的生活方式,叫共生。如松口蘑和赤松共生、口蘑和牧草共生等。这类食用菌不能独立生活,必须和其他植物根系形成菌根,构成菌根真菌。

(三)寄 生 型

一种生物从另一种生物活体摄取营养以维持生活的方式,称为寄生。如冬虫夏草,就是一种寄生在蝙蝠蛾幼体上的虫草菌。

(四)兼性寄生型

既可腐生,又可寄生,称做兼性寄生,亦称兼性腐生。这类食用菌的适应范围极广,表现的生活方式也多样。如蜜环菌,它既可在枯木上腐生,又可在活树上寄生,还可与天麻共生。

二、食用菌的营养源

食用菌的营养源按营养物质所含的主要成分,可分为碳源、氮源、无机盐和生长素四类。

（一）碳　源

碳素是食用菌重要的营养来源，它是构成食用菌细胞的营养物质，供给食用菌生长发育所需要的能量。所以，碳是食用菌中含量最多的元素，占菌体成分的 50％～65％。食用菌主要利用有机碳源，如葡萄糖、蔗糖、有机酸和醇等小分子有机物，以及纤维素、半纤维素、木质素、果胶、淀粉等高分子有机物。小分子有机物可直接被食用菌细胞吸收利用，大分子有机物如淀粉和纤维素必须经过淀粉酶和纤维素酶降解成葡萄糖，半纤维素和木质素必须经过半纤维素酶和木质素酶降解成各种单糖后才能被利用。树木和作物秸秆中的纤维素、半纤维素、木质素，是食用菌的良好碳源，但因分解较慢，不能满足菌丝生长的需要。为了促使菌丝迅速生长，最好在木屑、秸秆等培养料中，适量添加米糠、麸皮、糖等容易利用的碳源，作为食用菌培养初期的补助碳源，同时可诱导纤维素酶和木质素酶的产生。

（二）氮　源

氮素是食用菌合成蛋白质和核酸所必需的原料。食用菌主要利用有机氮，如尿素、氨基酸、蛋白胨、蛋白质等。对于氨基酸和尿素等小分子有机氮可以直接吸收，而蛋白质必须经菌体分泌的蛋白酶分解成氨基酸后才能吸收利用。

培养料中氮素的浓度，对食用菌的营养生长和生殖生长有很 大影响。菌丝营养生长阶段，栽培料含氮量应在 $0.016\%～0.064\%$ 之间，含氮量低时，菌丝生长不良；在子实体发育阶段，含氮量以 $0.016\%～0.032\%$ 为宜，高浓度的氮反而会抑制子实体的发生和生长。另外，碳源浓度对食用菌的氮源利用影响很大。碳素和氮素的比例（称为碳氮比，即C/N）要适当。一般在营养生长阶段碳氮比以 20∶1 为好，而在生殖生长阶段以 30～40∶1 为宜。一般木屑和作物秸秆中氮源不足,作为培养食用菌的原料,应当添加一些含氮较多的米糠和麸皮,才会有利于菌丝生长。

(三)无 机 盐

无机盐是食用菌生长不可缺少的营养物质。主要功能是构成细胞成分,作为酶的组分,维持酶的作用,以及调节细胞渗透压等。无机盐以磷、钾、镁三种元素对食用菌最重要,适宜浓度是 1 000 千克培养料含 100～500 毫克。一般情况下,木屑、草、粪等培养料中无机盐的含量基本上都能满足食用菌生长发育的需要。必要时可添加磷酸氢二钾、磷酸二氢钾、硫酸钙、硫酸镁等无机盐以补足钾、磷、钙、镁等元素。至于铁、钴、锰、锌、钼等微量元素,在原料和普通水中大都含有,不必另外添加。

(四)生 长 素

生长素是食用菌生长发育必不可少而又用量甚微的一类特殊有机营养物,如维生素 B_1(硫胺素)、维生素 B_2(核黄素)、维生素 H(生物素)、维生素 B_5(泛酸)、维生素 B_6(吡哚醇)、维生素 PP(烟酸)和叶酸等。这些维生素在马铃薯、米糠、麸皮中有较多含量,用这些原料配制培养料时可不必添加。

三、食用菌的新陈代谢与生长

(一)食用菌的新陈代谢

食用菌的新陈代谢包括分解代谢和合成代谢两个方面。

1. 分解代谢　食用菌菌丝分泌各种胞外水解酶,将培养基中大分子聚合物分解成为简单的小分子,成为合成细胞物质的原料。

2. 合成代谢　食用菌将小分子化合物通过细胞内酶系

统的作用,合成自身的氨基酸、蛋白质、脂肪、糖、有机酸等,以组建食用菌的细胞物质,并作为能量贮存起来。

分解代谢为合成代谢提供了原料和能源,而合成代谢又为分解代谢准备了物质基础。合成代谢和分解代谢交替地进行于食用菌生命活动的全过程。

(二)食用菌的生长

食用菌的生长包括菌丝的生长和子实体的形成与发育,它是食用菌新陈代谢的必然结果。食用菌生长的快慢与培养基成分和菌丝分泌酶的种类及数量有关。只有了解食用菌的生长特性,给予适宜的条件,才能加速其生长,获得早熟、高产。

1. 菌丝的伸展特点 食用菌的菌丝和霉菌菌丝一样,生长非常迅速。在固体培养基上培养时,菌丝主要在平面上向四周伸展,形成圆形菌落;在液体基质中培养时,菌丝则向三个方向生长,形成球形的菌丝团(亦称菌丝球)。

食用菌菌丝的顶端部分为生长点,这是菌丝生长旺盛的部位。生长点后面较老熟的菌丝可产生分枝,每个新分枝的顶端也都具有生长点。菌丝生长点的细胞不断增殖,使菌丝不断伸展。

2. 菌丝体中养分的输送 在试管斜面培养基产生的菌丝,一般可分为两部分,即伸入培养基里的基质菌丝和接触空气的气生菌丝。气生菌丝所需的营养物质是通过基质菌丝的输送而获得的。基质菌丝吸收营养主要靠菌丝的尖端部分。大分子的有机物,如蛋白质、纤维素、木质素等先在菌丝细胞外经过分解酶的降解,转变成能进入细胞的小分子物质而后被吸收利用。一般胞外进行分解作用的酶,产生于细胞内。在液体培养时,这些酶分散到整个培养液中;而固体培养时,这些酶大多数聚集在基质菌丝尖端的四周。因为食用菌的品种不同,菌龄不同,所处的环境不同,菌丝内养分的输入速度也不相同。一般是幼龄菌丝比老龄菌丝输送得快些。中温型菌类在20℃以上温度时输送养分的速度要比在20℃以下时快。不同营养物质的输送速度也不完全一样,新陈代谢强度也影响养分输送的速度。

3. 子实体的形成与子实体内养分的输送 食用菌的生长分为两个阶段,即菌丝生长(营养生长)阶段和子实体生长(生殖生长)阶段。当养分适宜而充足时,菌丝体旺盛生长,在体内合成并积累大量物质。当营养生长到一定阶段,就具备了子实体形成的条件。

子实体的形成是复杂的代谢过程。一方面,需要菌丝体达到生理成熟,这是形成子实体的内因;另一方面,还需要一定的环境条件(包括养分供应、温度、湿度、光照等),才能完成菌丝聚集、原基形成、菇体分化及子实体生长成熟等几个发育阶段。

菌丝体形成原基和子实体时,基质菌丝的养分都集中向子实体输送,所以结菇阶段的养分是由菌丝体迅速供应的。据观察,在原基形成时,菌丝仍可从培养基中不断吸收需要的碳素营养(主要是单糖),而氮素营养则依赖于菌丝体内的贮存。当菌盖和菌柄分化时,碳和氮都不能从外界的培养基中吸收,而要从菌丝的细胞贮藏物质中获得。因此,菌丝发育的好坏,菌丝细胞内贮藏营养物质的多少,会直接影响到子实体形成期的养分供应。要获得理想的产菇量,决不可以忽视菌丝的培育。

四、食用菌的生态环境

食用菌的生长发育与生态环境有密切的关系。影响食用菌生长的生态条件很多,但主要因素是温度、湿度(水分)、酸碱度、光照、空气和生物因子等。

(一)温　度

食用菌的各个生育阶段对温度的需求是各不相同的。一般担孢子萌发和菌丝体生长适宜的温度是 20℃～30℃。多数食用菌,其菌丝体有耐低温的特性,如黑木耳菌丝体在 -30℃～-40℃亦不会死亡;但也有些食用菌却怕冷,如草菇菌丝体在 5℃以下即可死亡。食用菌子实体分化和形成的适宜温度,因菇类的品种而异,可大致分为低温型、中温型和高温型三类。低温型,最高温度不超过 24℃,最适温度 15℃～20℃,如香菇、金针菇、双孢蘑菇、猴头菌、低温平菇等;中温型,最高温度不超过 30℃,最适温度在 20℃～24℃之间,如黑木耳、银耳等;高温型,最高温度不超过 35℃,最适温度 30℃～32℃,如草菇等(表1-14)。

表 1-14　食用菌生长发育的温度　(℃)

品　　种	菌　丝　体		子　实　体	
	温度范围	最适温度	温度范围	最适温度
平　菇	10～35	24～27	7～20	13～17
凤尾菇	15～35	25～27	8～24	15～21
香　菇	5～34	25	7～20	15～18
双孢蘑菇	6～32	22～24	8～18	13～16
猴头菌	12～33	21～24	12～24	15～20
金针菇	7～30	23～25	5～19	8～14
黑木耳	4～39	25～28	15～30	24～27
银　耳	6～36	22～25	18～26	20～24
草　菇	15～42	28～35	22～35	30～32

一般食用菌在子实体分化时需要变温刺激,其中香菇和平菇更为明显。因此,平菇和香菇当菌丝达到生理成熟时,应及时给予低温处理,以促其出菇。

(二)湿度和水分

水是食用菌菌体的重要成分,是食用菌生长不可缺少的条件。菇体中含有90%的水分;营养物质只有溶于水才能被吸收,代谢废物溶于水才能排出体外;菌丝分泌的各种酶,只有溶于水才能分解纤维素、蛋白质。培养料的含水量,直接影响着菌丝的发育和子实体的生长。空气的相对湿度,影响着培养料的干湿变化。空气干燥,培养料中的水分散发加快;反之,水分散发就慢。培养料水分过多,空气湿度过大,亦不利于食用菌生长,往往导致杂菌和病害发生(表1-15)。

表 1-15　食用菌生长发育的水分与湿度　(%)

品　种	菌　丝　体		子　实　体	
	培养料含水量	空气相对湿度	培养料含水量	空气相对湿度
平　菇	60～65	70～75	65～70	80～90
凤尾菇	65～70	65～75	65～75	80～90
香　菇	55～60	65～75	60～65	80～90
双孢蘑菇	60～65	60～70	60～65	85～90
猴头菌	55～65	70～75	60～65	85～90
金针菇	55～60	60～70	65～70	85～90
黑木耳	55～60	70～75	65～70	85～95
银　耳	55～65	70～75	65～70	85～95
草　菇	70～85	85～95	70～85	85～95

(三)酸 碱 度

多数食用菌喜欢酸性环境,在碱性环境中则停止生长发育。酸碱度(pH 值)是影响食用菌新陈代谢的重要因素。据试验,各种食用菌菌丝生长的最适 pH 值为:平菇 5～6,凤尾菇 6.5～7.5,香菇 4～5,黑木耳 5～6.5,银耳 5～6,猴头菌 4,金针菇 5～6,双孢蘑菇 6.8～7,草菇 7.4～8。人工栽培食用菌的培养料,必须注意 pH 值的调整,才能满足不同食用菌对 pH 值的要求。为了防止培养料偏酸偏碱,在配料时可加入 1%的石膏或碳酸钙,也可添加 0.2%的磷酸氢二钾或磷酸二氢钾,这些盐类对 pH 值的变化有缓冲作用。

(四)光 照

食用菌的菌丝体生长一般不需要光照。但形成子实体时,却需要一定的光照(表 1-16)。光照有利于原基的形成和子实体的正常发育,促使早熟和多出菇。光照还直接影响到食用菌的质量。光照不足,黑木耳的色泽变浅,香菇柄长、菇盖薄、出现畸形菇,品质降低。菇房要有一定的散射光,但不能有直射阳光,以免把菇体晒死。利用地下室或人防地道栽培平菇,应安装电灯照明。

表 1-16 几种食用菌对光照的需求

项 目		双孢蘑菇	大肥菇	香菇	草菇	金针菇	平菇	滑菇	猴头菇	黑木耳	银耳
光照	菌丝体发育期	0	0	0	0	0	0	0	0	0	0
	子实体发育期	0	0	++	++	+	+	++	+	+	+

注:"0"不需要光;"+"无光可形成子实体,需光照子实体才能正常生长;
"++"无光不能形成子实体

(五)空 气

食用菌是一种好气性真菌,菌丝体和子实体要不断地吸入氧气,呼出二氧化碳。所以氧和二氧化碳也是影响食用菌生长发育的重要生态因子。菇房空气中的二氧化碳超过一定浓度,就会抑制菌丝和子实体生长,造成菌丝萎缩,小菇死亡。为防止二氧化碳积存过多,菇房内需经常通风换气,不断补充新鲜空气,排除过多的二氧化碳和其他有害气体。在制作菌种和袋料栽培时,要注意培养料的松紧度和含水量,培养料保持疏松,利于换气,使菌丝获得足量的氧气,健壮生长。

(六)生物因子

食用菌的生长发育,与周围的微生物、动物、植物有着密切的关系。

1. 食用菌与微生物　许多微生物对食用菌生长发育是有利的。双孢蘑菇培养料堆肥发酵就是利用腐殖霉、嗜热放线菌等微生物,分解纤维素、半纤维素等复杂物质,使之转化为可被蘑菇吸收利用的养分。同时,这些微生物为自身繁殖所合成的菌体蛋白质和多糖体也给蘑菇生长提供了良好的营养。另外,银耳依赖香灰菌伴生,因为香灰菌丝分解木屑中的纤维素、半纤维素,使银耳菌丝获得所需要的糖分而繁殖结耳。有些微生物对食用菌的生长发育是有害的,如细菌和霉菌往往引起食用菌病害,应注意防治。

2. 食用菌与动物　与食用菌有关的动物大多数是有害的,如各种害虫(苍蝇、螨类等)咬食菌丝体和子实体,成为食用菌栽培的防治对象。也有少数昆虫对食用菌有益,如白蚁对鸡枞菌的形成有益,蝇类会帮助竹荪传播孢子等。

3. 食用菌与植物　食用菌与植物间有腐生、寄生关系,也有共生关系。如牛肝菌与松树、蜜环菌与天麻之间就是食用菌与植物互为有利的结合形式。

第五节　食用菌的繁殖与生活史

一、食用菌的生殖方式

食用菌的生殖方式可分为有性生殖和无性生殖两大类。

(一)有性生殖

有性生殖是通过两个可亲和的有性孢子(担孢子)萌发生成不同性别的初生菌丝之间的结合来实现的。其过程分为质配(细胞质融合)、核配和减数分裂三个阶段。有性生殖所产生的后代,兼有双亲的遗传特性,比无性生殖所产生的新个体生活力强,变异性大。

(二)无性生殖

无性生殖是不通过生殖细胞结合而由亲代直接产生新个体。其形式有:节孢子(菌丝断裂形成)和无性孢子的产生(如草菇的厚垣孢子、黑木耳的钩状分生孢子等),以及芽殖(银耳芽孢)等。在食用菌栽培中,子实体、菌索、菌核的组织分离,菌种转管传代,都属无性生殖。

二、食用菌有性生殖的类型

食用菌的有性生殖,按其繁殖方式分为两大类,即同宗结合和异宗结合。

(一)同宗结合

同宗结合是一种"雌雄"同体、自交可孕的有性生殖方式。同一孢子萌发生成的初生菌丝自行交配即可完成有性生殖过程。如双孢蘑菇、草菇,在担子菌中大约有 10% 属于同宗结合。

（二）异宗结合

异宗结合是一种"雌雄"不同体、自交不孕的有性生殖方式。同一担孢子萌发生成的初生菌丝不能自行交配，只有两个不同性别的担孢子萌发生成的初生菌丝之间的交配，才能完成有性生殖过程。在担子菌中，大约有90％属于异宗结合，其性行为又可分为二极性和四极性两种。

1. 二极性　交配型受单因子控制，如滑菇、大肥菇的性别是由一对遗传因子 A-a 控制。它们所产生的担孢子以及担孢子萌发产生的初生菌丝，不是 A 型的便是 a 型的。即每个担子上所产生的 4 个孢子中，有 2 个是 A 型的，另外 2 个是 a 型的，4 个孢子分属两种类型。二极性的初生菌丝只有组合成 Aa 时彼此才能亲和，可育率为 50％。

2. 四极性　交配型受双因子控制，如香菇、侧耳、金针菇、银耳的性别是由两对独立分离的遗传因子 A-a 和 B-b 所控制的。这类占食用菌的多数。这些食用菌每个担子上所生的 4 个担孢子，分别为 AB，Ab，aB，ab 四种类型。四极性的初生菌丝只有 AaBb 的组合，才能完成有性生殖过程，其可育率为 25％。

了解食用菌的有性生殖特性，在生产上是重要的。凡属同宗结合的食用菌，只要挑选优良的单孢子进行繁殖，获得的纯菌丝就有结实能力，即可用来培育菌种。对于异宗结合的食用菌，只有用两种不同交配型的初生菌丝结合后形成异核的双核菌丝体作菌种，才能培育出正常的子实体。

三、食用菌的生活史

食用菌的生活史，就是食用菌全生育期经历的生长、发育和繁殖的全过程。

(一)食用菌的生育阶段

食用菌典型的生活史,是由以下 9 个阶段组成:第一阶段,担孢子萌发,生活史开始;第二阶段,单核菌丝开始发育;第三阶段,不同性别的单核菌丝质配;第四阶段,形成异核的双核菌丝,多数具有锁状联合,有的可形成粉孢子、厚垣孢子等无性孢子;第五阶段,在适宜条件下,异核双核菌丝组织化,产生子实体;第六阶段,子实体产孢组织(菌褶表面或菌管内壁),形成担子(由异核菌丝顶端细胞发育而成),进入有性生殖阶段;第七阶段,担子内两个不同单倍体细胞核融合,形成双倍体细胞核;第八阶段,双倍体细胞核进行减数分裂,双方遗传物质进行重组和分离,形成 4 个单倍体核,分别移到担子小梗的顶端,形成担孢子。至此,一个完整的生活史已经完成。第九阶段,担孢子成熟后被弹射,进入新的生活史循环。

(二)几种主要食用菌的生活史

选具有代表性的 4 种食用菌,分别介绍它们的生活史。

1. 双孢蘑菇的生活史 次级同宗结合,二极性,单因子控制。可用以下简图表示。

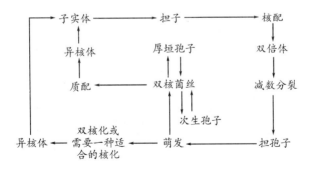

2. 草菇的生活史 初级同宗结合。可用以下简图表示。

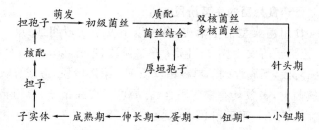

3. 香菇的生活史 异宗结合,双因子控制,四极性。可用以下简图表示。

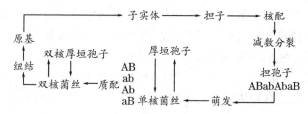

4. 滑菇的生活史 异宗结合,单因子控制,二极性。可用以下简图表示。

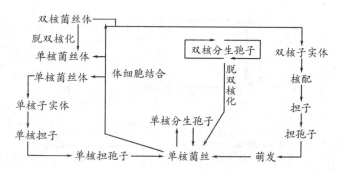

第六节　食用菌的分类

食用菌的分类是识别食用菌的基本方法。随着食用菌生产和资源调查的发展和深入,在从事野生食用菌的采集、驯化、培育、鉴定工作时,都离不开分类学知识的帮助。因此,学习和了解食用菌的分类,对每一个食用菌工作者是很有必要的。

食用菌同其他的生物学科一样,在分类上划分为门、纲、目、科、属、种等分类单位,这些单位可以表示类似的程度,凡是性状相类似的个体为一种,关系相近的种归为一属,相似的属归为一科,相似的科归为一目,相似的目归为一纲。种是食用菌分类学上的基本单位,也是各级单位的起点。仅以香菇为例说明如下:香菇是种名,在分类上它归属于香菇属侧耳科伞菌目担子菌纲担子菌亚门真菌门。

我国现有记载的食用菌,据卯晓岚统计(1988)为 657 种,它们分属于 41 个科,132 个属。常见的食用菌可分为 12 类,各类的主要性状特征和所包括的属如下。

一、伞 菌 类

子实体肉质,蜡质,膜质。菌盖伞形,扁半球形,扇形,漏斗形,匙形,斗笠形等。菌盖上有鳞片、绒毛等附属物或有丝光、龟裂纹等。菌柄无或菌柄中生、偏生、侧生,柄上有的有菌环或菌托,有的有腺点或网纹。颜色多样。子实层在菌褶或菌管内。孢子成熟后散落成孢子印,其颜色因菌类不同而异。生于林中地上、腐木、树上、草原、路边,有的与树木形成菌根。有单生、散生、群生、覆瓦状等。伞菌类食用菌有伞菌目的 16 个科和

45 个属。

二、胶质菌类

菌体胶质,颜色鲜艳,多瓣丛生,脑形、耳形、半漏斗形、盘形等。生于立木或腐木上。胶质菌的食用菌有木耳科的木耳属,银耳科的银耳属,花耳科的花耳属和桂花耳属。

三、革 菌 类

菌体肉质,柄短粗,多分枝,小枝末端瓣片状、平滑,形成绣球花状。生在树根上。革菌类的食用菌有绣球菌科的绣球菌属。

四、珊瑚菌类

菌体肉质,形态多样,棒状、梭状、小枝末端杯状、丛生枝状、树状。生在地上。珊瑚菌类的食用菌有珊瑚菌科的珊瑚菌属、丛枝菌属、杯珊瑚菌属、锁瑚菌属。

五、喇叭菌类

菌体肉质或近革质,喇叭形、号角形,子实层平滑或形成网棱,在喇叭外侧。生于林中地上,单生、丛生或群生。喇叭菌类的食用菌有鸡油菌科的喇叭菌属和漏斗菌属。

六、齿 菌 类

菌体肉质,有菌盖或无明显菌盖,柄有或无,分枝或多分枝,子实层周围生有刺。生于地上或树上。齿菌类的食用菌有齿菌科的猴头菌属、齿菌属和肉齿菌属。

七、牛舌菌类

菌体肉质,软而多汁,鲜红色或红褐色,子实层生在菌管内,菌管各自分离。生于腐木上。牛舌菌类有牛排菌科的牛舌菌属。

八、多孔菌类

菌体木质、木栓质或肉质。有明显菌盖,柄侧生或中生,分枝,子实层生在管孔内。生于腐木或地上。茯苓在地下形成菌核。多孔菌类的食用菌有多孔菌科的多孔菌属、大孔菌属和茯苓属。

九、鬼 笔 类

子实体未成熟前由包被包成圆球形,成熟时包被破裂伸出长柄,柄上部有黏而臭的孢体,有的种类还有网状长裙,基部有托。生于竹林、树林中地上,单生或群生。鬼笔类的食用菌有鬼笔科的鬼笔属和竹荪属。

十、马 勃 类

菌体肉质,梨形、头状、陀螺形、球形,幼时内部白色,老后外包被牛皮纸样,内呈粉末状,干或湿,撞击时外包被开裂,放出粉末,即孢子。生于草地上、林中地上,或路边及腐木上。马勃类的食用菌有马勃科的灰包属、秃马勃属和栓皮马勃属。

十一、盘 菌 类

菌体肉质,碗形、羊肚形、马鞍形、钟形,生于林中地上或草丛中。盘菌类的食用菌有盘菌科的盘菌属,马鞍菌科的马鞍菌属,羊肚菌科的羊肚菌属和钟菌属。

十二、虫草类

此类菌是真菌寄生于昆虫,使虫体变成充满菌丝的僵虫,僵虫长出有柄的头状或棒状子座。虫草类的可食菌有麦角菌科的虫草属。

我国常见食用菌的分类,见表 1-17。

表 1-17　我国常见食用菌的分类

菌体简易特征	分　　类	代　表　种
(一)子囊菌亚门		
1. 子囊果生于地下	块菌目,地菇科,地菇属	瘤孢地菇
2. 子囊果生于地上		
(1)菌盖圆锥形,表面布满凹穴	盘菌目,羊肚菌科,羊肚菌属	尖顶羊肚菌
(2)菌盖马鞍形	盘菌目,马鞍菌科,马鞍菌属	皱马鞍菌
(3)菌盖钟形	盘菌目,羊肚菌科,钟菌属	波地钟菌
(4)子囊果盘状	盘菌目,盘菌科,盘菌属	森林盘菌
3. 子座棍棒形,直立	肉座菌目,麦角菌科,虫草属	冬虫夏草
(二)担子菌亚门		
1. 担子果胶质,担子有隔	木耳目,木耳科,木耳属 银耳目,银耳科,银耳属 花耳目,花耳科,花耳属、桂花耳属	黑木耳 银耳 黄花耳、桂花耳
2. 担子果花球状	非褶菌目,绣球菌科,绣球菌属	绣球菌
3. 担子果树枝状、珊瑚状或柱状	非褶菌目,珊瑚菌科,珊瑚菌属 非褶菌目,珊瑚菌科,丛枝菌属 非褶菌目,珊瑚菌科,锁瑚菌属 非褶菌目,珊瑚菌科,杯珊瑚属	豆芽菌 变红黄丛枝菌 冠锁瑚菌 杯冠瑚菌
4. 担子果舌状,子实层管状	非褶菌目,牛排菌科,牛舌菌属	牛舌菌
5. 担子果头状、齿状,子实层长在肉刺上	非褶菌目,齿菌科,猴头菌属 非褶菌目,齿菌科,齿菌属	猴头菌 翘鳞肉齿菌

菌体简易特征	分　类	代　表　种
6. 担子果号角状、漏斗状，子实层平滑或长在分枝的皱褶上	伞菌目,鸡油菌科,鸡油菌属 伞菌目,鸡油菌科,喇叭菌属	鸡油菌 灰号角
7. 担子果伞形		
(1)子实层管状		
①担子果肉质	伞菌目,牛肝菌科,牛肝菌属	美味牛肝菌
②担子果非肉质	非褶菌目,多孔菌科,棱孔菌属	漏斗棱孔菌
(2)子实层刀片状,菌褶呈辐射状排列	伞菌目,桩木科,桩菇属	黑毛桩菇
	伞菌目,蜡伞科,蜡伞属	红紫蜡伞
	伞菌目,铆钉菇科,铆钉菇属	铆钉菇
	伞菌目,红菇科,红菇属	红菇
	伞菌目,红菇科,乳菇属	松乳菇
	伞菌目,口蘑科,香菇属	香菇
	伞菌目,口蘑科,侧耳属	糙皮侧耳
	伞菌目,口蘑科,亚侧耳属	亚侧耳
	伞菌目,口蘑科,杯伞属	大杯伞
	伞菌目,口蘑科,蜜环菌属	蜜环菌
	伞菌目,口蘑科,蚁巢菌属	鸡𱸦
	伞菌目,口蘑科,口蘑属	口蘑
	伞菌目,口蘑科,蜡蘑属	紫蜡蘑
	伞菌目,口蘑科,小奥德蘑属	长根奥德蘑
	伞菌目,粉褶菌科,粉褶菌属	角孢粉褶菌
	伞菌目,粉褶菌科,斜盖菌属	丛生斜盖菌
	伞菌目,鹅膏科,鹅膏属	橙盖鹅膏
	伞菌目,光柄菇科,小苞脚菇属	草菇
	伞菌目,光柄菇科,光柄菇属	灰光柄菇
	伞菌目,环柄菇科,环柄菇属	高环柄菇
	伞菌目,蘑菇科,蘑菇属	双孢蘑菇
	伞菌目,球盖菇科,球盖菇属	大球盖菇
	伞菌目,球盖菇科,鳞伞属	滑菇
	伞菌目,丝膜菌科,丝膜菌属	紫丝膜菌
	伞菌目,鬼伞科,鬼伞属	毛头鬼伞
8. 担子果笔状,"笔头"有黏而臭的产孢体,"笔"下部有脚苞	鬼笔目,鬼笔科,竹荪属 鬼笔目,鬼笔科,鬼笔属	长裙竹荪 白鬼笔
9. 担子果球包状,成熟后粉末状	马勃目,马勃科,秃马勃属 马勃目,栓皮马勃科,栓皮马勃属	大秃马勃 栓皮马勃

第二章 菌种生产

菌种生产是栽培食用菌的中心环节。没有菌种便不能进行食用菌的人工栽培,没有优良菌种就不能获得优质高产的食用菌。因此,掌握菌种的制作技术,是食用菌生产不可忽视的重要环节。

第一节 菌种类型与分级

食用菌的菌种,根据其来源和生产目的,通常将它们分为母种、原种和栽培种三级。

一、母 种

母种是一级种。它是生产其他菌种类型的原始种。

母种的来源,一是在实验室内经孢子萌发、菌丝配对、提纯所获得;二是由生产上栽培的种菇,经组织分离和提纯获得。二者均应通过出菇试验,确定具有优良的生产性能,才可供生产使用。

母种一般以玻璃试管作为容器,菌丝生长在斜面培养基上,所以又叫试管菌种。母种要求纯度高、质量好,一般生产单位均从有信誉的科研单位购置母种,再自行转管扩大培养。

二、原 种

原种是二级种。由母种扩大到木屑或棉籽壳等培养基上培育的菌丝体,必须保持菌种纯度,绝对不能有污染。

三、栽 培 种

栽培种是三级种。直接用于生产栽培,由原种扩接、繁殖而得。原种和栽培种所用培养基的配方及培养方法是一样的。

三级菌种制种流程见图2-1。

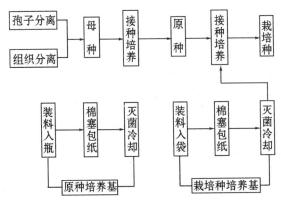

图 2-1　三级菌种制作程序

第二节　菌种厂布局

一、厂址的选择

菌种厂应建在交通方便、距离栽培基地适中、有水源和电源、地势高燥、四周空旷、远离畜禽棚舍、空气新鲜、无污染、杂菌少的地方。

二、菌种厂布局

菌种制作要在无菌条件下分离、接种和培养,要求有一定的设备和条件,应有各个操作工序的专用房间。菌种厂的布局,既要符合科学要求,又要因地制宜,讲求实用。要根据生产流程,对洗涤、配料、灭菌、接种、培养等各个专用房间进行合理布局,以便于操作,减少杂菌污染,提高制种效率。菌种厂的布局如图 2-2 所示。

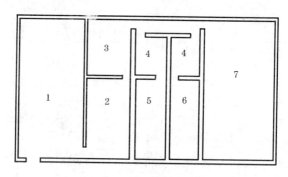

图 2-2　菌种厂布局平面图
1. 清洗室　2. 配料分装室　3. 灭菌室
4. 隔离室　5. 化验室　6. 接种室　7. 培养室

第三节　制种设备

菌种厂一般应设置下列操作房间和生产设备,以便于实行流水作业和消毒管理,确保无菌操作。

一、洗涤室和配料室

(一)洗涤室

洗涤室是洗刷制作菌种用的试管、菌种瓶等器具的场所,室内是水泥地面,墙壁由地面起 1.5 米砌水磨石或瓷砖,也可在墙面涂刷防水油漆,以便于洗刷消毒。室内有下列设备。

1. 水池　建在墙的一侧,用瓷砖或水泥制作,池底有放水塞,池上安装冷水及热水龙头。无水池时,可准备大塑料盆或搪瓷盆。

2. 干燥架　木制,涂刷白色油漆,设置于水池的两侧或一侧,放置洗涤的玻璃器皿,控干水分。干燥架分设 4～5 层。各层设有不同口径的方形或圆形孔洞,钉有大小不同、距离不等的斜木钉,供悬挂或倒挂不同类型的玻璃器皿。

3. 工作台　设有柜橱及抽屉,以放置常用的器具。

4. 干燥箱　供干燥玻璃器皿、试管及吸管等用。

5. 其他设备　各种类型的毛刷及去污粉、清洁剂,供洗刷试管及瓶子用。

（二）配 料 室

配料室是调配各种培养基、培养料的场所,室内构造与洗涤室相同。室内有下列设备。

1. 工作台　台上放置电炉、铝锅、烧杯以及其他器具。抽屉内放纱布或脱脂棉等。

2. 壁橱　放置培养基原料及各种药品。

3. 水池　装有自来水龙头。

4. 天平、台秤　供称量培养料及药品用。

5. 一般器具　量杯、量筒、漏斗、滤纸、铝锅、水浴锅、烧杯、电炉、石棉网、胶管、铁架台、试管筐、止水夹、试管架、试管、菌种瓶、水桶、棉花、牛皮纸、线绳、刀、剪、镊子等。

6. 拌料机　供配制原种及栽培种拌料时用。

二、灭菌室及灭菌设备

灭菌室是对培养基(料)和其他用具进行灭菌处理的房间。室内装有通风设备,设有干燥灭菌器、高压蒸气灭菌锅、常压蒸气灭菌灶等。灭菌室必须靠近配料室和接种室,便于物料的运输,以减少污染机会。

(一)干燥灭菌器

干燥灭菌器又叫干热灭菌箱或干燥箱,是在 150℃以上的干热条件下,使玻璃器具达到灭菌目的的设备。干燥箱有专门的工厂生产,有不同规格和多种型号,可根据需要选择购置。

(二)高压灭菌锅

高压灭菌锅用于培养基的高温灭菌。它由钢板制成,有手提式、直立式、卧式等各种型号,可根据需要选择不同类型的灭菌锅(图 2-3)。

高压灭菌锅一般由下列各部件构成。

1. 外锅　装水,供发生蒸气用。

2. 内锅　放置待灭菌物的容器。

3. 压力表　指示锅体内压力变化。压力表上有压力指示单位及温度(℃)。

4. 排气阀　为手拨动式,排除锅体内的冷空气。

5. 安全阀　又称保险阀。当锅内超过额定压力即自行放气减压,以确保安全。

6. 其他　如橡皮垫圈、旋钮、支架等附属设备。

(三)常压灭菌灶

常压灭菌灶用水泥、砖和钢筋建成。一般灭菌灶的容量不宜过大。容量过大,装袋太多,吸热量大,锅内温度上升慢,往往使袋内微生物自繁量增加,影响灭菌效果。一般灶高 200 厘米,长 200 厘米,宽 120 厘米,分上、下两部分。下半部为灶位,安放铁锅 1 口,灶前设进火口和通风口,灶后设烟囱;上半部为蒸仓,四周用砖砌成 24 厘米厚的壁墙。顶部砌成圆拱形,蒸

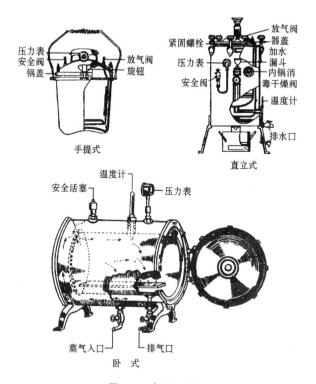

图 2-3　高压灭菌锅

仓内壁用水泥抹平,要光滑,便于蒸气流动。壁墙一侧开 1 个装有木板或铁板的门,用钢筋加固,吻合严密,不漏气。蒸仓高 1/3 处开 1 个小孔,放 1 支温度计,以便掌握蒸仓内温度情况。蒸仓顶端中心插 1 个带阀门水管,作为排气口。灭菌开始时,锅体内冷空气通过开启阀门排出,防止顶层冷空气滞留锅顶,且便于灶内蒸气更好地升到顶部,均匀地分布在蒸仓内,避免出现"死角"。蒸仓内应有分层的蒸屉,供排放菌瓶(袋)用。紧靠灶的后边,安 1 口蓄水锅,并用砖砌成高 50 厘米、长宽与铁锅相应的蓄水池。灶与池的锅面处安装1条长30厘米、直径4厘米的铁管,装上止水阀门,使蓄水池的水能相应地流入灭菌锅内,以补充热水,防止烧干锅(图2-4)。

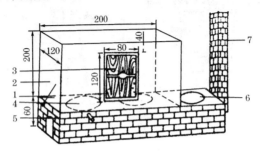

图 2-4　常压蒸气灭菌灶　(单位:厘米)

　　1. 炉灶　2. 蒸仓　3. 仓门　4. 铁锅

　　5. 水位观察口　6. 蓄水锅　7. 烟囱

三、接种室及接种设备

　　接种室是分离菌种和扩接菌种专用的无菌操作间。与灭菌室和培养室相邻,以避免在搬运过程中造成杂菌污染。

(一)接 种 室

　　接种室又叫无菌室,分为里外两间,里间为接种间,外间为缓冲间。房间要关闭严密,便于薰蒸消毒。接种间的面积一般为5平方米(2米×2.5米),缓冲间为2平方米(1米×2米)。接种室应有天花板,天花板不宜过高,以2.5米左右为宜。接种室应设置拉门,以减少空气的波动。门应设在离工作台最远的位置上,接种室与邻室的墙壁或玻璃隔墙上,应设置一个小橱窗,宽60厘米,高40厘米,内外有对拉的窗门。橱窗可供内外传递器材用,以减少工作人员在接种过程中进出接种室的次数,减少污染机会。

　　· 50 ·

接种室容积小,密闭较严,使用过程中,室内温度升高,影响正常操作,应设通风窗或空气抽滤机。通风窗设在接种室门口上方的天花板上,可用翻板或抽板式窗扇。窗口之上,最好安装百叶窗,以防尘土落入。

接种间内配备操作台和椅子,供接种时使用。室内应备有酒精灯、75%酒精、接种工具、火柴、玻璃蜡笔、记录本、废物筐等。缓冲间的墙上装有更衣钩,备有工作服、鞋、帽、口罩、消毒药、瓷盆、毛巾等,以供操作人员更换使用。接种间和缓冲间内各安装1只紫外线灭菌灯(30瓦)和日光灯。接种间内的紫外线灯,吊在操作台上方的天花板上,离地面2米;缓冲间的紫外线灯可吊在中央。接种室的地面和墙壁应光洁,最好墙壁涂刷浅色油漆或贴瓷砖,以便清洗消毒(图2-5)。

(二)接 种 箱

接种箱又叫无菌箱,是供菌种分离、移接的专用操作箱。小规模制种时可用接种箱代替接种室。接种箱一般木质结构,镶嵌玻璃,要求关闭严密,便于熏蒸消毒,使之能成为无菌环境,进行无菌操作。接种箱,目前多采用长120厘米、宽90厘米、高72厘米的双

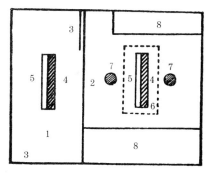

图 2-5 接种室平面图

1. 缓冲室　2. 接种室　3. 拉门
4. 紫外线灯　5. 日光灯　6. 工作台
7. 椅子　8. 菌种架

人操作箱。箱的上层两侧框架中安装玻璃,能灵活开闭,便于观察和消毒;箱前及箱后分别开两个直径15厘米的圆洞,洞

口上装有 40 厘米长的布袖套,双手伸入箱内操作时,布套的松紧带能紧套住手腕处,可以防止外界空气中的杂菌进入。箱的内外均用白漆涂刷,箱顶安装一只紫外线灭菌灯(波长 2537 埃,功率 30 瓦)和 1 只照明用日光灯(图 2-6)。

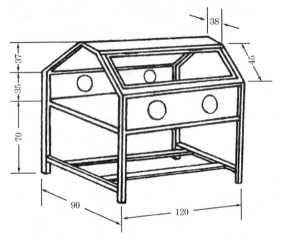

图 2-6　接种箱　(单位:厘米)

接种箱制作简单,便于移动,消毒灭菌方便,气温高时人在外面操作不会感到闷热,一般农村菌种厂都乐于采用。接种箱放置的房间要邻近灭菌室,房间要宽敞明亮,经常保持干净,不要和其他操作间混用。

(三)超净工作台

超净工作台是无菌操作的一种高档设备,是新型的净化空气的装置。超净工作台工作时,空气经中效过滤器,由通风机压入高效过滤器,经过严格过滤,洁净空气呈水平层流,源源不断地送往作业区。一般开机后 30 分钟,作业区的空气就达到净化要求,即可投入正常操作。装备的紫外线灭菌灯和远红外加热器,可用于杀菌和调节温度。超净工作台与接种箱比较,具有工作条件好、操作方便、效率高、无菌效果可靠、无消毒药剂对人体危害等优点,但价格较高,需消耗电能,运行费用亦较高。本设备应安装于灰尘量较低的房内,过滤器需按时清洗或更换。

(四)接 种 帐

接种帐用钢筋焊接成支架,围以塑料薄膜,外形似蚊帐,面积为 4 平方米(2 米×2 米),高 2 米。使用接种帐,要求房间干净,避免空气流动。内部设施和使用方法,类似于接种室。

(五)接种工具

常用的有接种铲、接种耙、接种刀等(图 2-7)。

四、培养室及培养设备

(一)培 养 室

培养室是培养菌种的房间。室的大小和数量,可根据生产规模而定。每间不宜过大,以培养 5 000 瓶(袋)为宜。室外最好有一缓冲过道。培养室要求干净、通风、光线暗、干燥、保温。室内放置

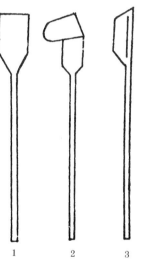

图 2-7 接种工具
1. 接种铲 2. 接种耙
3. 接种刀

菌种架。菌种架用木架、竹架或铁架均可,以 4～6 层较合适(图 2-8)。培养室的地面,以水泥地为好,便于刷洗和清扫。在寒冷地区,培养室的墙壁应有夹层,中间填塞木屑、谷壳、蛭石、玻璃纤维或泡沫塑料等保温材料。室内用电炉、暖气片或

火墙供热,门口挂棉门帘保温。控温仪与电炉配套使用,以保持温度的恒定。用干湿球温度计检测温度和湿度。

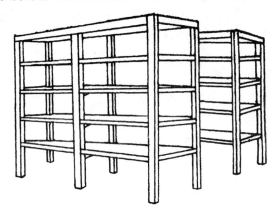

图 2-8　菌种培养架

(二)恒温培养箱

恒温培养箱用于培养菌种。一般由专业工厂生产。

五、菌 种 库

菌种库是贮存菌种的场所。其大小、数量可根据生产规模而定。要求清洁、干燥、遮光、保持一定温度(25℃左右),室内放菌种架。食用菌菌种较易老化,菌种生产出来以后,应该在短时间内送到栽培场所进行栽培,切勿存放时间过长。要有计划地生产菌种,做到边生产边使用。

第四节　灭菌与消毒

在空气、水和尘埃中,在各种器皿和用具的表面或孔隙内存在大量细菌、真菌孢子等。为了能从培养基质上获得纯菌丝体，就必须采用物理或化学方法对培养基、器皿或用具进行灭菌或消毒。灭菌和消毒是制种工作中的一项重要操作技术。

一、灭　菌

灭菌就是采用物理、化学方法杀死一定环境中的所有微生物，使之达到完全无菌。灭菌的方法很多，由于灭菌的对象、实验目的不同，所采用的方法也不一样。常用的有下列几种。

（一）火焰灭菌法

将能耐高温的器物，如金属用具等直接放在火焰上烧灼，使附着在物体表面的微生物死亡，称为火焰灭菌。火焰灭菌适用于接种钩、铲、耙、刀等接种工具的灭菌。灭菌时，将接种工具的接菌端放在酒精灯火焰 2/3 处，来回过两三次，烧红几秒钟，然后使其自然冷却后，即可使用。此外，在接种过程中，试管口或菌种瓶口，也采用通过火焰而达到灭菌的目的。此法简便易行，但使用范围有限。

（二）干热灭菌法

利用干热空气使细菌蛋白质变性，达到灭菌的目的。把抗干热的器物，如待灭菌的吸管、培养皿、试管、三角瓶等玻璃器具放入干燥箱内，在 160℃ 的环境中烘烤 2～3 小时，即可达到灭菌目的。具体操作方法如下。

第一步，将待灭菌的器皿控干水分后，用纸包好，放入干燥箱内。注意不可装得太满，以免影响空气流通造成箱内温度不均匀；包装纸和棉花塞等易燃物品不能与干燥箱铁板接触，否则易烤焦。第二步，接通电源，旋转温度调节旋钮，使温度逐渐升至 160℃~170℃,保持恒温 2 小时,然后切断电源。第三步,灭菌后待温度降至 70℃以下时方可打开箱门取出器皿。如在高温时打开,玻璃器皿会因温度骤然下降而破裂。

干热灭菌,只适于玻璃器皿及金属用具。对于培养基等含水分的物质,高温下易变形的塑料制品及乳胶制品,则不适合使用。灭菌物品用纸包裹或带有棉塞时,必须控制温度不超过 170℃,否则容易燃烧。

(三)湿热灭菌

湿热灭菌是最常用的灭菌方法,它不需要像干热灭菌那样高的温度。热力灭菌原理是使微生物的蛋白质变性,而蛋白质变性与含水量、温度等有关。含水量大时,蛋白质变性所需的温度低;反之,蛋白质变性所需的温度高。而且,湿热灭菌时产生的热蒸气穿透力强,可以迅速引起菌体蛋白质变性。所以湿热灭菌比干热灭菌所需温度低,一般培养基(料)都采用湿热灭菌。湿热灭菌方法有以下几种。

1. 高压蒸气灭菌法　高压蒸气灭菌是微生物实验、科学研究和生产中最常用的灭菌方法,也是食用菌制种中常用的灭菌法。一般培养基、玻璃器皿、用具等,都可用此法灭菌。

高压蒸气灭菌的原理,是根据水的沸点可随压力的增加而提高,当水在密闭的高压灭菌锅中煮沸时,其蒸气不能逸出,致使压力增加,水的沸点温度也随之增加(表 2-1)。因此,高压蒸气灭菌是利用高压蒸气产生的高温,以及热蒸气的穿透能力,以达到灭菌目的。

表 2-1　蒸气压力与温度关系表

压　　力		温度	压　　力		温度	压　　力		温度
千帕	（千克/厘米²）	（℃）	千帕	（千克/厘米²）	（℃）	千帕	（千克/厘米²）	（℃）
6.86	(0.070)	102.3	62.08	(0.633)	114.3	117.19	(1.195)	123.3
13.83	(0.141)	104.2	68.94	(0.703)	115.6	124.15	(1.266)	124.3
20.69	(0.211)	105.7	75.90	(0.774)	116.8	137.88	(1.406)	127.2
27.56	(0.281)	107.3	82.77	(0.844)	118.0	151.71	(1.547)	128.1
34.52	(0.352)	108.8	89.63	(0.914)	119.1	165.44	(1.687)	129.3
41.38	(0.422)	109.3	96.50	(0.984)	120.2	166.32	(1.696)	131.5
48.25	(0.492)	111.7	103.46	(1.055)	121.3	178.48	(1.82)	133.1
55.21	(0.563)	113.0	109.83	(1.12)	122.4	206.82	(2.109)	134.6

在热蒸气条件下，微生物及其芽孢或孢子在 120℃的高温下，经 20～30 分钟可全部被杀死。斜面试管培养基灭菌时在 121℃的温度下（蒸气压力 98.07 千帕），经 30 分钟即可达到灭菌目的。如灭菌体积较大的原种或栽培种培养基，热力不易穿透时，温度增高为 128℃（蒸气压力 147.1 千帕），灭菌1.5～2 小时，即可达到灭菌的目的。用高压蒸气灭菌的具体操作步骤如下。

第一步，检查灭菌锅各部件完好情况，如安全阀、压力表、排气阀是否失灵，是否被异物堵塞，防止操作过程中发生故障和意外事故。

第二步，向灭菌锅内加水至水位标记高度，如水过少，易烧干造成事故。如灭菌锅直接接通蒸气，则不用加水。

第三步，将待灭菌的培养基、料瓶或其他物品等分层次整齐地排列在锅内，留有适当空隙，便于蒸气的流通，以提高灭菌效果。

第四步,盖上锅盖,对角同时均匀拧紧锅盖上的螺旋,防止漏气。

第五步,关闭放气阀,开始加热。

第六步,当锅内压力上升至 49.04 千帕时,打开放气阀,排尽锅内冷空气,使压力降至 0 处,再关上放气阀。这一点很重要,如果冷空气未放净,即使锅内达到一定压力时,温度仍达不到应有程度,就会影响灭菌效果(表 2-2)。

表 2-2 高压蒸气灭菌锅中温度与压力的关系

千 帕	千克/厘米²	高压蒸气锅中的温度(℃)				
		空气 未排除	1/3 空气 排除时	1/2 空气 排除时	2/3 空气 排除时	空气 排尽
34.32	0.35	72	90	94	100	109
68.65	0.70	90	100	105	109	115
102.97	1.05	100	109	112	115	121
138.27	1.41	109	115	118	121	126
172.60	1.76	115	121	124	126	130
196.13	2.00	121	126	128	130	135

第七步,继续加热,当锅内压力和温度逐渐上升、达到灭菌所需的 98.07 千帕、121℃或 147.1 千帕、128℃的压力和温度时,即为灭菌的开始时间,这时应减少热源,调节热源大小,保持所需要的压力,视培养基的不同种类,经 30 分钟或 1.5～2 小时,即可达到彻底灭菌目的。

第八步,关闭热源,待压力下降到 0 时,打开放气阀,排出残留蒸气。或蒸气压下降到 49.04 千帕,打开放气阀,待压力降到 0 时再打开锅盖,取出灭菌物品。

使用高压灭菌锅灭菌时应注意下列两点:一是灭菌完毕后,应使锅内压力徐徐下降,压力未降到 49.04 千帕时,切勿打开放气阀,否则锅内突然减压,培养基和其他液体会从容器内喷出,或沾湿棉塞,使用时容易被杂菌污染。二是压力表指针未降到 0 时,决不能打开锅门,以免锅内物品喷出伤人。

2. 常压蒸气灭菌法 常压蒸气灭菌,是在常压下进行的湿热灭菌,因设备投资小,农村小型菌种厂多采用此法。常压蒸气灭菌,在温度达到 100℃ 以后,维持 8～10 小时,方可达到灭菌要求。装有培养料的瓶(袋)入锅时,要直立排放,瓶(袋)之间留有适当空隙,利于湿热蒸气流通和穿透入料内,提高灭菌效果。装锅后,将锅盖盖严实,不漏气,并立即点火升温。灭菌时,要掌握火候,起始用旺火,使锅内温度迅速升到100℃,以防微生物大量繁殖,使培养料变酸;然后要保持温度稳定,火力均匀,不能忽高忽低,影响灭菌效果;达到灭菌时间后,待锅内温度降下来,才可打开蒸锅,趁热取出灭菌物品。灭菌时,若灭菌锅内水量不足,必须及时加入热水,切忌加入冷水。

3. 常压间歇灭菌法 常压间歇灭菌,就是在常压锅内间断性消毒几次达到灭菌的目的。常压灭菌由于锅内没有压力,水蒸气的温度不会超过 100℃,只能杀灭微生物的营养体,不能杀死芽孢和孢子。采用间歇灭菌的方法,在蒸锅内将培养基在 100℃ 条件下蒸 3 次,每次 2 小时,第一次蒸后放在 25℃～30℃ 下培养 24 小时,使未杀死的芽孢萌发为营养细胞,以便在第二次蒸时被杀死。第二次蒸后同样培养 24 小时,使未杀死的芽孢萌发,再蒸第三次,经过 3 次蒸煮即可达到彻底灭菌的目的。间歇灭菌比常压连续灭菌的灭菌效果好,但比较费事。

(四)紫外线灭菌

紫外线是一种短波光,波长范围 1 360～3 900 埃(1 埃等于 0.1 纳米),其中波长为 2 000～3 000 埃的紫外线具有杀菌作用;尤以 2 650～2 660 埃波长杀菌力最强。紫外线灯,是一种常用的灭菌工具。紫外线灯有多种型号,用于室内空气灭菌的多为直型灯管,220 伏,30 瓦;而用于菌种诱变的多为 15 瓦低功率的紫外线灯。

紫外线杀菌的机理有二:一是短波辐射的直接作用,微生物细胞吸收一定量的紫外线后,蛋白质和核酸发生变化而导致死亡;二是辐射能使空气中的一部分氧原子(O_2)电离成离子(O),再将另一部分氧原子(O_2)氧化成臭氧(O_3),或将水(H_2O)氧化成过氧化氢(H_2O_2)。离子氧、臭氧及过氧化氢均有杀菌作用。不同的微生物对不同波长紫外线的敏感度不同,所以杀死不同微生物需要的紫外线照射量也不同。一般革兰氏阴性无芽孢杆菌最易被紫外线杀死,而杀死革兰氏阳性葡萄球菌和链球菌需加大照射量 5～10 倍。

由于紫外线穿透力弱和不能透过普通玻璃,一般常用于室内空气和物体表面灭菌。普通接种室吊 30 瓦紫外线灯 1只,每次开灯 20～30 分钟可以达到灭菌效果。紫外线对眼黏膜及视神经有损伤作用,应避免在紫外线照射下工作,不要用眼直视灯管。

二、消　毒

消毒只能杀灭和清除部分微生物,不能杀死细菌的芽孢和霉菌的孢子等,所以叫部分灭菌。

(一)制种常用的消毒剂

1. **甲醛** 一般为40%的水溶液,即福尔马林。有强烈的刺激臭味,它能使微生物的蛋白质变性。对细菌和病毒具有强烈的杀伤作用。它常用于熏蒸接种室、接种箱和培养室。每立方米空间用量为8~10毫升。用法是将甲醛溶液放入一容器内,加热使甲醛气体挥发;或用2份甲醛溶液加1份高锰酸钾混合在一起,利用产生的热量使其挥发。甲醛气体对人的皮肤和黏膜组织有刺激损害作用,操作后应迅速离开消毒现场。熏蒸后,若气味过浓影响操作时,可在室内喷洒少量浓氨水,以除去甲醛余气。

2. **硫黄** 呈淡黄色结晶或粉末,易燃。燃烧发出蓝色光,产生二氧化硫(SO_2),对杂菌有较强的杀伤能力。若增加空气湿度,二氧化硫和水结合为亚硫酸,能显著增强杀菌效果。常用于熏蒸接种室、培养室。每立方米空间用15克左右为宜。

3. **高锰酸钾** 亦称灰锰氧,紫色针状结晶,可溶于水,是一种强氧化剂。0.1%的高锰酸钾溶液就有杀菌作用。常用于器具表面消毒。它可使微生物的蛋白质和氨基酸氧化,从而抑制微生物的生长,达到灭菌的目的。溶液配制后不宜久放,应随配随用。另外,高锰酸钾常用来与甲醛溶液混合,产生甲醛气体熏蒸消毒接种箱(室)。

4. **酒精** 学名为乙醇,能使细菌蛋白质脱水变性,致使细菌死亡。75%酒精的杀菌作用最强。用于皮肤、器皿或子实体表面消毒,可使微生物蛋白质凝固,细胞破坏。本品易燃,易挥发,应密封保存。

5. **石炭酸** 又称苯酚,白色结晶,在空气中氧化成粉红色,见光变深红色,有特殊气味和腐蚀性。能损害微生物的细胞膜,使蛋白质变性或沉淀。石炭酸一般用3%~5%的水溶液,用于环境和器皿消毒。使用时因其刺激性很强,对皮肤有腐蚀作用,应加以防护。

6. 来苏儿　含 50%煤酚皂,消毒能力比石炭酸强 4 倍。用 50%来苏儿 40 毫升,加水 960 毫升,配成 2%来苏儿溶液,可用于手的消毒(浸泡 2 分钟即可)和接种室、培养室的消毒。

7. 漂白粉　次氯酸钙、氯化钙和氢氧化钙的混合物,灰白色粉末或颗粒,有氯气臭味,易溶于水,在水中分解成次亚氯酸,渗入菌体内,使蛋白质变性,导致微生物死亡。漂白粉对细菌的繁殖型细胞、芽孢、病毒、酵母及霉菌等均有杀菌作用。用法:可配成 2%～3%的水溶液,洗刷接种室的墙壁及培养架、用具。漂白粉水溶液杀菌作用持续时间短,应随用随配。

8. 新洁尔灭　是一种具有消毒作用的表面活性剂,使用浓度为 0.25%溶液(用原液 5%新洁尔灭 50 毫升,加水 950毫升)。常用于器具和皮肤消毒,亦可用于接种箱(室)、培养室内喷雾消毒。对人、畜毒性较小。因不宜久存,故应随配随用。

9. 升汞　即氯化汞,白色结晶粉末,易溶于水,杀菌力强。对人、畜的毒性很大,易被皮肤黏膜吸收,操作人员应避免长期接触。配制方法:取升汞 1 克,溶于 25 毫升浓盐酸中,再加水至 1 000 毫升,配成 0.1%升汞水溶液,用于接种箱(室)和菌种分离材料的表面消毒。升汞属重金属盐类,不能用作铁器之类的表面消毒,以免沉淀失效。

10. 过氧乙酸　又名过氧醋酸,具有酸和氧化剂的特点,通过破坏微生物的蛋白质基础分子结构而杀灭菌体。过氧乙酸的气体和溶液都有很强的杀菌作用。0.2%浓度用于浸泡或涂擦消毒,2%浓度用于喷洒消毒。

11. 百菌清　又名达克尼尔,是一种优良的杀菌剂,对青霉菌、轮枝霉效果较好,常用 0.15%的水溶液喷洒消毒。

12. 石灰　石灰分为生石灰和熟石灰两种。生石灰为氧化钙,白色固体。生石灰与水化合即成熟石灰,熟石灰为微溶于水的白色固体。两种石灰均为碱性物质,可提高培养料或环境的 pH 值,从而抑制大多数酵母菌和霉菌的生长繁殖而达到消毒的目的。使用时可直接撒布,亦可配成 3%～5% 的水溶液喷洒环境。或按 1% 的比例加入栽培料中,可减少杂菌发生。为保证消毒效果,最好采用新制石灰。

(二)接种箱(室)消毒

接种箱(室)在制种过程中,要求处于无菌状态,必须进行严格消毒灭菌。方法如下。

1. 熏蒸法　常用甲醛熏蒸,每立方米的空间用 40% 甲醛 8～10 毫升,高锰酸钾 4～5 克,两者混合后密封熏蒸。也可用硫黄熏蒸,每立方米空间用硫黄 15～20 克,用纸包裹,点燃后产生二氧化硫杀菌。但应先在箱(室)内喷洒些水,提高空气湿度,使二氧化硫与水结合,生成亚硫酸,可增强杀菌力。

2. 喷雾法　每次接种前,用 5% 石炭酸或 2%～3% 来苏儿溶液喷雾,使空间布满雾滴,促使空气中的微尘粒和杂菌沉降,防止地面上灰尘飞扬,达到杀菌作用。

3. 紫外线照射法　每次接种前,将各种器具、培养基等移入箱(室)内,然后打开紫外线灯照射 30 分钟。照射时,操作人员要离开室内,以免对人体产生辐射危害。

(三)接种箱(室)灭菌效果检查

消毒灭菌后,常用平板检查法检验接种箱、室是否达到无菌状态。方法是在接种箱、室内,放入马铃薯葡萄糖琼脂培养基和肉汤琼脂培养基平板各 2 个,将这两种不同培养基平板中的每种一个开盖 5 分钟后再盖好,另一个不开盖为对照。然后放入 30℃恒温箱内,培养 48 小时后,检查是否长有菌落,并计算出菌落数量。菌落不超过 3 个为合格。如不合格，应根据杂菌种类，采取相应的措施。如霉菌较多，可先用 5% 石炭酸溶液喷雾后，再用甲醛熏蒸；若细菌较多，则每立方米用乳酸 2 毫升和甲醛交替熏蒸，以达到彻底灭菌的目的。

（四）培养室消毒

培养室是培养菌种的场所，在使用前需打扫干净和进行消毒，以减少菌种在培养期间的杂菌污染。培养室一般用甲醛（5 毫升/立方米）或用硫黄（15 克/立方米）熏蒸，消毒后封闭 24 小时再使用。室内床架可用 5% 石炭酸或 2% 来苏儿擦拭消毒。使用过的培养室及床架，再进行 1 次灭菌和杀虫，以免杂菌、害虫孳生蔓延。

第五节 培养基的类型
及其配制原则和方法

食用菌属于异养型生物，必须由外界提供所需的养分，才能生存和生长。培养基就是用人工方法，配制各种基质，供给食用菌生长繁殖所需的营养物质。就像栽培作物需要土壤和肥料一样，食用菌菌丝必须生长在合适的培养基上。所以制作食用菌菌种和栽培食用菌，都必须制备相应的培养基。

一、培养基的类型

食用菌菌种的繁育，通常采用三级生产，即母种培育、原种培育和栽培种培育。因此，食用菌制种用的培养基，也分为三种类型，即母种培养基、原种培养基和栽培种培养基。

（一）母种培养基

母种培养基，即一级种培养基，是分离母种或试管种扩大繁殖用的培养基。常把培养基装在试管内,做成斜面,因此也叫斜面培养基。常用的试管大小是 18 毫米×180 毫米或 20 毫米×200 毫米。

(二)原种培养基

原种培养基,即二级种培养基。常用的容器是 750 毫升容积的菌种瓶(或罐头瓶),瓶口直径 4 厘米左右,也有用 12 厘米×25 厘米的聚丙烯塑料袋的。

(三)栽培种培养基

栽培种培养基,即三级种培养基,是供给食用菌栽培用的培养基。常用的容器是 750 毫升容积的菌种瓶(或罐头瓶),也有用 17 厘米×35 厘米的聚丙烯塑料袋的。

二、培养基的配制原则

(一)营养物质适宜

制备培养基首先应根据培养目的,选择适宜的营养物质。食用菌菌种制备过程中,从母种到原种、栽培种,各个阶段的目的要求不同,所选用的培养基的营养成分也应有所区别。一般母种菌丝较嫩弱,分解养分能力差,要求营养丰富、完全,氮素和维生素的含量应高,需选用易于被菌丝吸收利用的物质,如葡萄糖、蔗糖、马铃薯、酵母膏、蛋白胨、无机盐及生长素等原料。而原种和栽培种所需培养基数量较多,且菌丝分解养分能力强,可利用大量富含纤维素的稻草、麦秸、棉籽壳、麸皮、米糠、麦粒、玉米粒等原料作为培养基。

(二)养分配比合理

培养基中各种营养物质的比例是影响食用菌菌丝生长发育的重要因素,培养基中碳和氮要配成适当的比例。培养基中碳源供应不足,容易引起菌丝过早衰老和自溶;氮源过多或过少,则引起菌丝生长过旺或生长缓慢,均不利于菌丝正常生长。

(三)适宜的酸碱度

培养基应保持食用菌菌丝生长发育所需要的酸碱度,即pH值。各种食用菌所需的pH值不同,如草菇喜碱性,pH值应为7.5～9;猴头菇喜酸性,适宜的pH值为3～5。所以在配制培养基时,需用氢氧化钠、石灰或盐酸、过磷酸钙等调节pH值。在食用菌生长过程中,随着代谢产物的积累,往往会造成pH值下降。为此,在配制培养基时,应将pH值适当调高1～2。

(四)原料经济实用

大批量制作菌种,应选用质好价廉的原料制作培养基,以降低生产成本。制作食用菌原种、栽培种因原料用量较大,应就地取材。一般选用价格低廉的棉籽壳、木屑、稻草、麸皮等原料。

三、母种培养基的配制

(一)母种培养基常用原料

1. 马铃薯　又称土豆、洋芋,富含多种营养物质。一般含有20%的淀粉,2%～3%的蛋白质,0.2%的脂肪,还有多种无机盐、维生素及活性物质。其煮汁是配制母种培养基的常用原料。

2. 葡萄糖　是易被吸收利用的一种单糖,是培养基中最常用的碳源。呈白色或无色结晶粉末,无臭,甜度约为蔗糖的70%,易溶于水。

3. 蔗糖　即食糖,可替代葡萄糖作为培养基的碳源。蔗糖经分解后,可成为菌丝易于吸收的单糖——葡萄糖和果糖。

蔗糖纯品为白色晶体,有甜味,无气味,易溶于水。市售的白糖、砂糖、红糖都是蔗糖。配制母种培养基应选用白糖,以保持培养基为浅色,易于观察。

4. **磷酸二氢钾** 白色细粒状晶体,含有磷、钾元素。磷是核酸组成和能量代谢中的重要成分,缺磷,碳和氮就不能很好地被菌丝利用。钾在菌丝细胞组成、营养物质吸收和呼吸代谢中都十分重要。磷酸二氢钾还是一种缓冲剂,使培养基酸碱度保持稳定状态。亦可用磷酸氢二钾代替。

5. **硫酸镁** 为颗粒状晶体或粉末,无色或白色,有苦咸味,溶于水。主要供给镁元素和硫元素。镁能延缓菌丝体的衰老,促进酶系的活化,加速各种酶对纤维素、半纤维素和木质素等大分子物质的降解。

6. **蛋白胨** 简称胨,是蛋白质经酸、碱或蛋白酶不完全水解的产物。其组成和结构较蛋白质简单,比氨基酸复杂,可溶于水,是配制母种培养基常用的氮源。

7. **酵母膏** 是啤酒酵母或面包酵母的浸汁经低温干燥而成。富含氨基酸、维生素和无机盐类,是一种营养添加剂。

8. **维生素 B$_1$** 亦称硫胺素。是菌丝生长的必需因子。需用量很少,在天然培养基中含量丰富,一般不必添加。合成培养基 1 000 毫升中加入 1～5 毫克即可。

9. **琼脂** 又叫洋菜、冻粉。是由海藻加酸提炼干制后得到的一种多糖物质,为透明或白色至浅褐色的片、条或粉末,无色、无臭,不溶于冷水,溶于热水成黏稠液。其含氮量低,性能稳定,不会被一般微生物分解利用。琼脂凝固点高,在 96℃以上融化,呈液体状态,45℃以下凝固成固体状态,并能反复凝固、融化,是一种优良凝固剂。培养基中加入一定量的琼脂,就能形成固体透明斜面或平板,便于观察菌种生长情况和识别杂菌。

（二）母种培养基配方

培育食用菌母种，常用下列培养基。

1. 马铃薯琼脂培养基（PDA培养基）　马铃薯（去皮）200克，葡萄糖（或蔗糖）20克，琼脂20克，水1 000毫升。

2. 马铃薯琼脂综合培养基　马铃薯（去皮）200克，葡萄糖20克，磷酸二氢钾3克，硫酸镁1.5克，维生素B$_1$ 10～20毫克，琼脂20克，水1 000毫升。

3. 葡萄糖蛋白胨琼脂培养基　葡萄糖20克，蛋白胨20克，琼脂20克，水1 000毫升。

4. 蛋白胨酵母葡萄糖琼脂培养基　蛋白胨2克，酵母膏2克，硫酸镁0.5克，磷酸二氢钾0.5克，磷酸氢二钾1克，葡萄糖20克，维生素B$_1$ 20毫克，琼脂20克，水1 000毫升。

（三）母种培养基制作

母种培养基的制作，按照以下操作步骤进行。

1. 计算　选好培养基配方，按需用培养基的数量计算好各种原料的用量。

2. 称量　准确称量配制培养基的各种原料。

3. 配料　首先制取马铃薯煮汁。马铃薯洗净、去皮，切成薄片（切后立即放水中，否则马铃薯易氧化变黑）。称取马铃薯片200克放在铝锅中，加水1 000毫升，加热煮沸15～30分钟，至薯片酥而不烂为止。用四层纱布过滤。取其滤液，加水补足1 000毫升，此即为马铃薯煮汁。然后在煮汁中加入琼脂，并加热，不断用玻璃棒搅拌至琼脂全部液化。再加入葡萄糖（或蔗糖）和其他原料，边煮边搅拌，直至溶化。要防止烧焦或溢出。烧焦的培养基营养物质已被破坏，而且容易产生一些有害物质，不宜使用。

配制合成培养基,不同成分最好按一定顺序加入,以免生成沉淀,造成营养的损失。一般是先加入缓冲化合物,溶解后加入主要成分,然后是微量元素和维生素等。最好是加入一种营养成分溶解后,再加入第二种营养成分。如各种成分均不会生成沉淀,也可一起加入。

4. 调整酸碱度 一般用 10% 盐酸和 10% 氢氧化钠调整 pH 值,使它达到最适宜值。调整时要小心,几滴几滴地加碱或加酸,不要调得过碱或过酸,以避免某些营养成分被破坏。

5. 分装 培养基配好后,趁热将其分装入试管内(图 2-9)。装量最好不要超过管长的 1/5。装管时勿使试管口沾上培养基,若沾上需用纱布擦去,以防杂菌在管口生长。

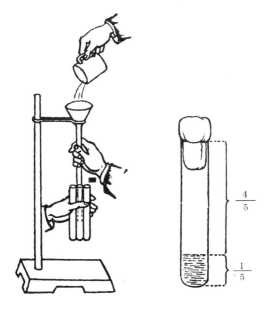

$\dfrac{4}{5}$

$\dfrac{1}{5}$

图 2-9 分装试管

6. 塞棉塞　分装后,管口塞好棉塞。做棉塞要用普通棉花,不要用脱脂棉,因为脱脂棉易吸水,灭菌时棉塞易受潮而导致杂菌生长。

棉塞的制作方法是:取适量棉花撕成均匀的一片,将一边向里折叠,使之成为一整齐的边,将相邻的另一边再向里折叠,并顺势卷成一柱形,末端的棉絮自然平贴在棉柱上。至此,棉柱的一端平整,另一端毛茬。将毛茬折转平贴在棉柱上,最后将此端塞入试管口。棉塞制作过程如图 2-10 所示。

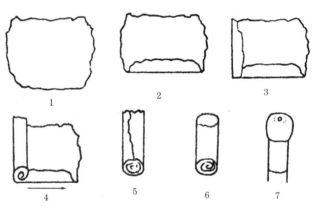

图 2-10　棉塞的制作

1. 把棉花撕成片　2. 折一边　3. 再折一边成一直角　4. 卷棉柱
5. 卷成的棉柱　6. 折叠毛茬　7. 将折叠端塞入试管

棉塞塞入管内的部分约为棉塞总长的 2/3,而管外部分不短于 1 厘米,以便于无菌操作时用手拔取。塞入试管的棉塞要大小均匀,松紧适度,与管壁紧密衔接。检查松紧的方法是:将棉塞提起,试管跟着被提起而不下滑,表明棉塞不松;将棉塞拔出,叫听到轻微的声音而不明显,表明棉塞不紧(图 2-11)。

· 70 ·

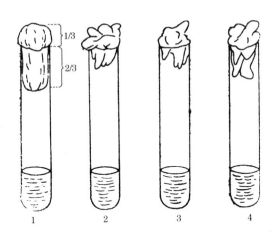

图 2-11　试管的棉塞

1. 正确　　2,3,4. 不正确

塞好棉塞后,每10支试管用绳子扎成一捆,如图2-12所示。试管棉塞部分用牛皮纸包好,以避免在灭菌过程中冷凝水淋湿棉塞,并可防止接种前培养基水分散失或污染杂菌。

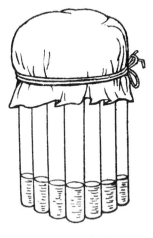

7. 灭菌与摆斜面　试管包扎好后,放入铁丝筐中,竖直放入高压蒸气灭菌锅内灭菌。在107.87千帕压力下灭菌30分钟。灭菌时间不宜过长,否则易破坏培养基中的有效成分,增加酸度,凝固不良。灭菌后,取出,待培养基温度下降至60℃时再摆成斜面,以防冷凝水在管内积聚过多。摆斜面时,

图 2-12　试管包扎成捆

桌上放一木棒,将试管倾斜逐支摆放,斜面长度为试管总长度的 1/2 左右,冷却凝固后即成斜面培养基(图 2-13)。

8. 无菌检查 制成的斜面培养基要进行无菌检查。抽出几支斜面培养基,放到 30℃ 左右的恒温箱中,培养 2～3 天,若无杂菌生长,便可使用,否则不能供接种用。

图 2-13 斜面摆法

四、原种培养基配制

(一)原种培养基常用原料

1. 木屑 木屑是木材加工厂的下脚料,也可用间伐的树木枝桠、树梢,切片、粉碎成米糠状木屑。宜选用柞、柳、榆、杨、槐、桑、桦、枫、悬铃木等阔叶树种的木屑。含有松脂、精油、醇、醚等杀菌物质的松、柏、杉等针叶树木屑不宜使用。

2. 稻草 稻草含有大量粗纤维。选用新鲜、干燥、清洁、无霉烂的稻草,多年的陈稻草不宜用作培养料。

3. 棉籽壳 又叫棉籽皮。含多缩成糖 22%～25%,纤维素 37%～48%,木质素 29%～32%,粗蛋白质 3%～5%,营养丰富,质地蓬松,通气性能好。要选用无霉烂、无结块、未被雨淋的新鲜棉籽壳,用前最好在阳光下摊开暴晒 1～2 天。

4. 小麦 取颗粒饱满、完整、未破皮的,除去瘪粒、杂质。

5. 米糠 即大米加工中的细糠,不含谷壳。含有较丰富的养分,既是氮源,又是碳源。米糠内还含有大量的生长因子(硫胺素)和烟酸(维生素 PP)。米糠要用细糠,三七糠和统糠不适合于作培养基。陈旧米糠中维生素受到破坏,且极易产生螨害(螨虫随着人员走动而侵染菌种室),不宜使用。

6. **麸皮**　又叫麦麸、麦皮,即小麦加工中的下脚料。富含蛋白质、脂肪、粗纤维及钙、磷、B族维生素等,要求新鲜、无霉变和无虫蛀。

7. **碳酸钙**　可中和培养料酸度,起到稳定培养料 pH 值的作用。要求细度均匀,不结块。

8. **石膏**　即硫酸钙。其钙离子可与培养料有机颗粒发生化学反应,产生絮凝作用,有助于培养料的脱脂,增加氧气和水的吸收,使培养料的物理性状得到改善。石膏可调节培养料的酸度,也能起到补钙作用。石膏分为生石膏、熟石膏,后者是前者煅烧而成。两者均可使用。石膏必须粉碎后才能使用,要求细度均匀,一般以 90～100 目为宜,以色白、不结块的为好。

9. **石灰**　分为生石灰(氧化钙)和熟石灰(氢氧化钙)两种,一般多用熟石灰,作为碱性物质,提高培养料的 pH 值。

(二)原种培养基的容器

为了保证原种无污染和便于检查,多采用专用 750 毫升菌种瓶,瓶口直径 30～32 毫米。瓶颈过小,给装料及接种造成困难;瓶颈过大,易造成污染。选用透明度较高的玻璃瓶,便于观察。近年来,亦有用 12 厘米×25 厘米的聚丙烯塑料袋加上塑料套环代替菌种瓶使用。

(三)原种培养基配方

培养食用菌原种的培养基配方,生产上常用的有以下几种。

1. **木屑、麸皮培养基**　木屑 78%,麸皮(米糠)20%,糖 1%,石膏 1%。

2. **棉籽壳、麸皮培养基**　棉籽壳 78%,麸皮(米糠)20%,糖 1%,石膏 1%。

3. **稻草培养基**　稻草 80%,麸皮 19%,石灰粉 1%。

4. 麦粒培养基　小麦 98％，碳酸钙 0.5％，石膏 1.5％。

5. 粪草培养基　粪草 90％，麸皮或米糠 8％，糖 1％，碳酸钙或石膏粉 1％。

（四）原种培养基制作

1. 准确称重　按培养基配方的要求比例，分别称取原料。

2. 原料预处理　不同原料按不同方法进行原料预处理。

（1）稻草　将其切成 3 厘米长的段，在水中浸泡 12 小时后捞出。

（2）小麦　选择无破损的麦粒，用水冲洗 2～3 次，浸泡水中，使其充分吸水。浸泡时间，气温低时 24 小时，气温高时 12 小时，要求无白心。将麦粒捞起，用清水冲洗，沥干后放入铝锅中煮熟（以不烂为宜）。不能使麦粒"开花"，否则易感染细菌。捞出后，用清水冷却至常温，放在竹筛或铁丝网上，控去多余的水分，放在通风处晾干。

（3）粪草　将 50％干牛、马粪或猪粪，50％干稻草（或麦秸），另加 1％的石膏，混合进行堆制发酵，翻堆 3 次，经 15～20 天，然后挑出半腐熟的稻草（麦秸），抖掉粪块，切成 2～3 厘米长，晒干，备用。

3. 拌料　将培养料放入盆内，混合，加水拌均匀，不能存有干料块。培养料含水量一般掌握在 65％左右，用手紧握料，指缝间有渗水但不滴水为宜。麦粒培养基，将预处理晾干的麦粒，拌入定量碳酸钙和石膏，含水量达 60％左右为宜。偏湿，易出现菌被，甚至会引起瓶底局部麦粒的胀破，甚至"糊化"，影响菌丝蔓延；偏干，菌丝生长稀疏，生长缓慢。

4. 装瓶　装瓶前必须把空瓶洗刷干净，并倒尽瓶内剩水。拌料后要迅速装瓶，料堆放置时间过长，易酸败。装料时，先装入瓶高的 2/3,用手握住瓶颈,将瓶底在料堆上轻轻敲打几下,使培养料沉实下去。然后,继续装到瓶颈,用手指伸入瓶口,把培养料压实至瓶肩处,做到上部压平实,瓶底、瓶中部稍松,以利于通气发菌。培养料装完后,用直径 1.5 厘米的圆锥形捣木,钻 1 个圆洞,直达瓶底部,以利于菌丝生长繁殖(图 2-14)。然后,将瓶子垂直倒立在清水中蘸一下,洗去内外壁上粘着的培养料。擦洗瓶口后,瓶口塞上棉塞,包上防潮纸或牛皮纸。棉塞要求干燥,松紧和长度合适,一般长 4~5 厘米,2/3 在瓶口内,1/3 露在瓶口外,内不触料,外不开花,用手提棉塞瓶身不下掉。这样透气性好,菌种块也不会直接接触棉塞受潮,感染杂菌。麦粒培养基装至瓶高的 3/5,将瓶身稍振动几下,然后用干布将口内壁擦干净。

装料封口的培养料瓶,应及时进行消毒灭菌,以控制灭菌前料内微生物的繁殖生长,防止料变质。

5. 灭菌　即杀死混在培养料中的杂菌,是控制污染、取得制种成功的关键措施之一。灭菌一般采用高压蒸气灭菌和常压蒸气灭菌两种方法。用高压灭菌锅灭菌,需在 147.1 千帕压力下保持 1.5~2 小时;用常压蒸锅需温度达 100℃后连续灭菌 6~8 小时;也可用间歇灭菌法,即用一般蒸锅,达 100℃后

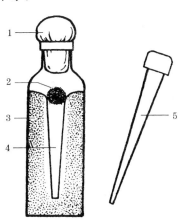

图 2-14　菌种瓶与锥形捣木

1. 棉塞　2. 原种　3. 培养料
4. 洞穴　5. 捣木

75

维持 2 小时,24 小时蒸 1 次,连续 2~3 次。麦粒培养基,灭菌时间要适当延长,高压灭菌 147.1 千帕需保持 2~2.5 小时,常压灭菌 100℃保持 10 小时。灭菌结束后,尽快用干麻袋覆盖菌种瓶堆,防止过多冷凝水析出,引起部分麦粒吸水膨胀,导致污染。

五、栽培种培养基配制

(一)栽培种培养基的原料和配方

将原种转接到同一培养基上进行扩大培养,即为栽培种。所以栽培种培养基的原料和配方与原种培养基相仿。除上述原种培养基可兼作栽培种培养基外,还有下列常用的栽培种培养基。

1. 棉籽壳培养基　棉籽壳 88%,碳酸钙 2%,麸皮或米糠 10%。含水量 60%~70%。此培养基适合于木腐食用菌和草菇的制种。

2. 甘蔗渣培养基　甘蔗渣 79%,麸皮或米糠 20%,碳酸钙 1%。含水量 60%~65%。此培养基适合于某些木腐菌,如毛木耳、金针菇、猴头菌、平菇的制种。

3. 种木培养基　种木(楔形、棒形、木片、枝条)10 千克,麸皮或米糠 2 千克,糖 0.4 千克,碳酸钙 0.2 千克。

种木的制备:种木因形状不同分为楔形、棒形、木片和枝条等。先把木材锯成薄板条,再在斜面上把薄板锯成横切面呈三角形的木条,再锯成 1.2~1.5 厘米长的三角木,即为楔形种木(图 2-15)。把原木横锯成 1.5 厘米的厚木板,然后用直径 0.8~1.2 厘米的皮带冲冲成圆柱木块,或将小枝条剪成长为 1.5 厘米的小段,即为柱形种木(图 2-16)。把木材锯成宽 2 厘米、厚 0.5 厘米、长 10 厘米的长形薄板,即为木片种木。一般用于香菇、木耳的种木,选用阔叶树种,如枫、栎木材制作。木片种木用松木锯成,适用于培养茯苓菌种。

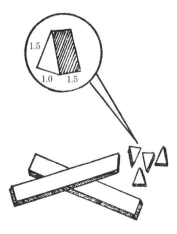

(二)栽培种培养基制作

栽培种培养基制作方法与原种制作方法相同。

目前,多采用塑料薄膜袋培养栽培种。塑料袋装量多,价格便宜,易于运输,使用也方便。用普通蒸锅常压灭菌,可选用 0.035～0.04 毫米厚的聚乙烯塑料袋;用高压锅

图 2-15　楔形种木的制作
(单位:厘米)

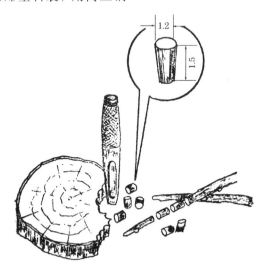

图 2-16　棒形种木的制作　(单位:厘米)

灭菌,必须用 0.05 毫米厚的聚丙烯塑料袋。聚丙烯袋耐高温高压,高压灭菌时不会变形。袋的大小,一般是宽 17 厘米、长 35 厘米。袋内装料至 2/3 处,压平实,用圆锥形捣木在中间捣 1 个通气孔。在袋口外面套加直径 3.5 厘米、高 3 厘米的硬塑料环,并将塑料袋口外翻,形成和瓶口一样的袋口。袋口塞上棉塞,包上防潮纸(图 2-17)。塑料袋在高压锅内灭菌时,应掌握缓升压和自然降压的方法,防止温度和压力骤升骤降,造成塑料袋变形破损。

图 2-17 塑料袋栽培种

种木培养基制种时,把木块浸于 1％糖液中,煮沸 30 分钟,捞出沥干后,与麸皮或米糠、碳酸钙拌匀,即可装瓶。装瓶后,表面再盖上一薄层木屑培养基。

第六节 接种与培养

一、接种技术

接种是食用菌制种工作中一项最基本的操作。接种的关键是无菌操作,操作不慎,污染杂菌,就会导致失败甚至菌种丢失。食用菌接种的方法很多,现将常用的接种方法介绍如下。

(一)母种接种

母种接种就是将母种移接至试管培养基的过程,亦称为转管,或斜面接种。

1. **接种前的准备** 接种前必须对接种室或接种箱进行消毒,以保证在无菌条件下,进行严格的无菌操作,同时准备好接种工具。

2. **接种步骤**

第一步,用75％的酒精棉球涂擦操作人员双手和菌种试管外壁,进行表面消毒后,才可在接种室(箱)内开始接种。

第二步,点燃酒精灯,使火焰周围的空间成为无菌区,接种操作在火焰旁进行,避免杂菌污染。

第三步,将母种和斜面培养基的两支试管用大拇指和其他四指握在左手中,使中指位于两试管之间的部分。斜面向上,并使它们位于水平位置。

第四步,先将棉塞用右手拧转松动,以便接种时拔出。

第五步,右手拿接种钩,拿的方法和握笔一样,在火焰上将接种钩烧红灭菌。

第六步,用右手小指、无名指、中指同时拔掉两个试管的棉塞,并用手指夹紧,不得乱放。

第七步,以火焰烧灼管口,烧灼时应不断转动试管口(靠手腕动作),以杀灭试管口可能沾染上的杂菌。

第八步,将烧灼过的接种钩伸入母种试管内,停留片刻让其冷却,以免烫伤菌丝。然后,轻轻挑取菌丝少许,迅速将接种钩抽出试管。注意不要使接种钩碰到管壁。

第九步,迅速将接种钩伸进另一支斜面培养基试管,将挑取的菌丝放在斜面培养基的中央。注意不要把培养基划破,也不要使菌种沾在管壁上。

第十步,抽出接种钩,烧灼管口,并在火焰旁将棉塞塞上。塞棉塞时,不要用试管去迎接棉塞,以免试管在移动时进入不洁空气。

第十一步,放回接种钩前,将钩在火焰上重新烧灼灭菌。放下接种钩后,及时将棉塞塞紧(图 2-18)。

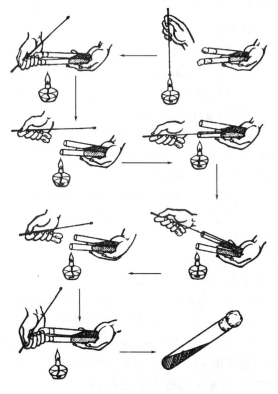

图 2-18 母种分移接种的无菌操作顺序

第十二步,在接菌种的斜面试管上,贴上标签,注明菌名、接种日期等。

一般 1 支母种试管可转接 30～40 支试管。接种完毕,用纸包扎试管上部,10 支 1 捆,放入培养箱内培养。

(二)原种接种

原种接种就是试管菌种接入原种培养基的过程。原种接种必须在接种室或接种箱内进行。

第一步,原种培养基从灭菌锅中取出,置于干净的室内冷却,冷却后搬入接种室(箱)内消毒。

第二步,用 5％的石炭酸或 0.25％的新洁尔灭在接种室(箱)内喷洒,后用甲醛加上高锰酸钾进行密闭熏蒸半小时,有条件的在接种前再用紫外线灯照射灭菌。

第三步,接种时,操作人员的手需用 75％酒精涂擦消毒。接种用的母种试管和原种料瓶外面先用 75％的酒精棉擦拭消毒,管口、瓶口和棉塞都要在酒精灯火焰上过火消毒。

第四步,接种铲在酒精灯火焰上灼烧消毒,在火焰旁拔出试管和原种料瓶棉塞,接种铲冷却后,伸入母种试管内,切取一块长有菌丝体的培养基块,迅速放入原种培养料中央洞口,塞好棉塞,用牛皮纸包扎。瓶上贴上标签,标明菌种名称及接种日期等。一般 1 支试管母种可接 3～4 瓶原种。灭菌的原种培养基不宜久放,最迟在第二天必须接种完。

接种过程中要在酒精灯火焰区进行,开、封瓶口要在火焰上燎过,动作要迅速熟练。最好是 2 人配合操作,1 人掏取菌种,1 人拔出和塞好瓶口棉塞,可提高接种效率。

(三)栽培种接种

栽培种接种就是把原种接入栽培种培养料的过程。

原种接入栽培种培养料时,用长柄镊子或接种铲挖取蚕豆大小 1 块原种,放入塑料袋培养料中央的洞口;也可用镊子先将瓶内原种弄碎,然后瓶口对着袋口倒入弄碎的原种,使菌种撒在料面上,塞上棉塞,将塑料袋口包扎好。一般1瓶原种可接30袋栽培种。如原种充足,可适当加大接种量,这样菌丝蔓延快,培养时间可相应缩短。

栽培种接种过程也要按照无菌操作的要求,在接种箱(室)内进行,瓶口要在火焰上方消毒。

二、培养技术

(一)母种培养

母种菌丝分移接入新的培养基后,应放置在培养室或恒温箱中培养,温度控制在23℃～25℃,每天检查有无杂菌感染,发现杂菌要及时淘汰,经5～7天待菌丝长满整个斜面后,即可用于接种原种用。

(二)原种培养

接种后的原种菌瓶,放入培养室内培养。培养室温度一般控制在25℃左右,草菇原种应放在30℃左右,空气相对湿度不要超过75%。每天定期检查,发现有杂菌感染的瓶子要及时拣出清理。定期倒换菌种瓶的位置,使菌丝均匀生长。培养室切忌阳光直射,但也不要完全黑暗。注意通风换气,室内保持清洁。刚接种的菌瓶,瓶口向上直立放在架上,待菌丝吃料后可卧放重叠,但不要堆叠过高,瓶间要有空隙,以防温度过高造成菌丝衰老,生活力降低。在条件适宜情况下,原种培养30～35天,菌丝长满培养料瓶,即可扩大培养栽培种用。

(三)栽培种培养

接种后的菌袋直立放置在培养架上,不要卧倒叠放,否则菌种块落在袋壁,影响发菌。在25℃左右(草菇在30℃左右)温度下培养,经25～30天,菌丝长满料袋,即可供栽培使用。

第七节　液体菌种的制作方法

液体菌种是用液体培养基培养而成的。它的优点：一是生产快速，制备液体菌种只要 3～5 天；二是菌龄一致；三是接种方便；四是有利于工业化生产。

液体菌种虽然优点很多，但设备投资较大，不便于保藏和运输，且必须具备相应的技术条件。有条件的可以进行液体菌种生产应用。

一、液体培养基制备

（一）培养基配方

配方 1　葡萄糖 3％，豆饼粉 2％，玉米粉 1％，酵母粉 0.5％，磷酸二氢钾 0.1％，碳酸钙 0.2％，硫酸镁 0.05％，加水至 100％。

配方 2　马铃薯 20％，蛋白胨 0.2％，葡萄糖 2％，硫酸镁 0.05％，磷酸二氢钾 0.05％，氯化钠 0.01％，加水至 100％。

（二）配制方法

先将配方中的原料分别加水溶化，马铃薯按常规方法制备取其滤液，然后再混溶在一起，并加水补足至所需量，搅拌均匀即可。

二、液体菌种培养工艺

液体菌种的培养，少量的可用摇瓶机振荡培养，大量的可用发酵罐通气培养，即深层培养。摇瓶机培养规模小，设备简单，投资小，技术不很复杂，适合于小规模生产使用。

(一)主要设备

1. **摇瓶机** 摇瓶机有往复式和旋转式两种。往复式摇瓶机结构简单,使用和维修较方便(图 2-19)。每分钟来回振动 80~120 次,往复的距离视偏心轮(或曲轴)而定,一般在 8~12 厘米。

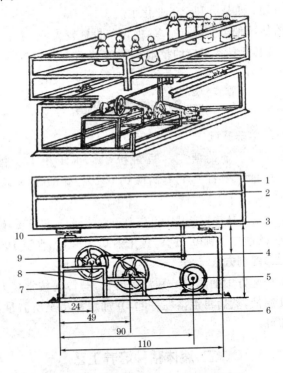

图 2-19 往复式摇瓶机 (单位:厘米)

1. 搁盘铁架 2. 上搁盘铁架 3. 下搁盘铁架 4. 连杆 5. 三相电动机
6. 轴承及轴壳 7. 摇床架 8. 减速皮带 9. 偏心轮 10. 滚动滑轮

2. **三角瓶** 三角瓶的培养液装量是:规格为 300 毫升的

瓶装 50 毫升,500 毫升瓶装 100 毫升,750 毫升瓶装 200 毫升。

(二)制作方法

将配好的培养液分装于三角瓶中,加入 10～15 粒小玻璃珠或直径 0.8 厘米以下玻璃碎片,塞好棉塞,将瓶口和棉塞用牛皮纸包扎好,置于高压灭菌锅中,在 147.1 千帕压力下,灭菌 30 分钟。冷却后,按无菌操作每瓶接入 2 平方厘米斜面母种 1 块,使菌丝一面向上悬浮于液面,在 22℃～25℃下静止培养 2～3 天。当菌丝延伸到培养液时,置往复式摇瓶机上进行振荡培养,振荡频率为 80～100 次/分,振幅(冲程)为 6～10 厘米。温度控制在 22℃～25℃,培养 3～4 天。当培养液呈浅黄色、清澈透明、有许多菌丝小球和有菇香味时,即可使用。如培养液浑浊,有酸臭味,则表明已被杂菌污染,不可使用。

第八节　杂菌污染和虫害的防治

食用菌的制种过程中,常发生杂菌污染和虫害,轻则降低成品率,重则使整批菌种报废。因此,必须重视杂菌和虫害的防治。

一、杂菌污染的防治

(一)常见污染杂菌的种类

1. 细菌　常见的有枯草杆菌、乳酸杆菌、马铃薯杆菌等。多发生在母种、原种和栽培种,危害不严重。细菌污染的特点是发生快,一般在接种后 24 小时斜面培养基上就能表现出来。细菌的菌落较小,多数表面光滑,湿润,半透明或不透明,有时还具有各种颜色。细菌个体小,在显微镜下放大 1 000 倍才能看到,菌体呈杆状、球状或弧状(图 2-20)。随着培养时间的延长,菌落发展很快,并占据整个斜面,多数有臭味。

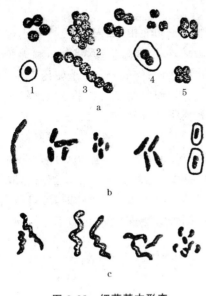

图 2-20　细菌基本形态

a. 球菌形态　b. 杆菌形态
c. 螺旋菌和弧菌形态

1. 单球菌　2. 葡萄球菌　3. 链球菌
4. 双球菌　5. 四联球菌及八叠球菌

2. 酵母菌　常见的有酒精酵母、假丝酵母和白地霉等。是一类单细胞真菌,其菌落和细菌很相似,菌落表面光滑、湿润,有黏稠性。与细菌不同的是酵母菌菌落多呈乳白色,少数为粉红色,比细菌菌落大而厚。酵母菌个体也大,比一般细菌大 10 倍左右,在显微镜下放大几百倍就可看到圆形或卵圆形的菌体(图 2-21)。

酵母菌

图 2-21　酵母菌形态

3. 霉菌　是一类单细胞或多细胞的丝状真菌。它分布很广,空气中有大量霉菌孢子,遇到适宜的条件,就萌发长成新菌丝。它对营养条件要求不严格,很容易在各种培养基上生长,引起菌种污染变质,发生霉腐,是危害原种和栽培种的大敌。霉菌的菌落比细菌、酵母菌都大,呈绒毛状或疏松的棉花状,并有各种颜色,容易识别。霉菌由许多菌丝组成,菌丝成熟后长出孢子,孢子飞散,在适宜的条件下萌发成新菌丝体而扩大蔓延。

污染菌种的霉菌常见的有毛霉、根霉、木霉、青霉、曲霉、链孢霉等。

(二)杂菌污染的原因及防治

杂菌污染的原因,一般可根据染菌部位及其表现,进行分析、确定,然后根据染菌原因采取相应的防治措施。

1. 培养基灭菌不彻底　表现为培养基内外上下均出现杂菌,且污染的菌瓶(袋)数量很多。

高压蒸气灭菌时,多见于灭菌锅内冷空气未排除干净,使锅内温度低于应有温度;压力表失灵,所指压力高于实际压力;锅内灭菌料袋排放过挤,未留空隙,蒸气流通不畅;压力和灭菌时间不足等。常压蒸气灭菌时,多见于灭菌灶结构不合理,可能温度低于 100℃;灭菌时间不足;灭菌过程中加冷水,中途降温;料瓶(袋)排放不合理,温度不均匀,存在死角等。

为保证彻底灭菌,除注意避免上述事项外,最好每批灭菌的瓶、袋、试管,均取出少量保温培养。试管培养 3～5 天,瓶、袋培养 7～10 天,若无杂菌发生,则可认为灭菌彻底。

2. 原菌种带杂菌　表现为接种菌块上及周围出现杂菌,而培养基的其余部分未见污染。

母种或原种,在培养过程中,必须严格检查,特别是培养前期,发现有污染时,要坚决废弃。另外,在接种时,原种应挖除近瓶口的种块和表面菌种,以防带有杂菌。

对于外地购进的菌种,要仔细检查棉塞、瓶(管)口和内部有无杂菌或异常情况,并按无菌操作,挑取少量菌种,接入培养基,在适温下培养观察,以判定原菌种确未污染杂菌时,再大量制种。

3. **接种过程中染菌** 表现为料面发生杂菌,而接种块和培养基内部正常。原因是接种箱(室)灭菌不彻底;接种时,无菌操作不严格,如火焰封口不严;母种试管或原种瓶的外表及口部未用75%酒精擦拭消毒,或接种操作不熟练,使瓶口或管口敞开时间较长等都会增加杂菌污染的机会。经查明原因,予以改进,即可避免料面染菌。

4. **棉塞染菌** 常见于棉塞受潮后污染杂菌,杂菌穿塞进入瓶、袋和试管内引起培养基污染。主要是灭菌不合理,使热蒸气和冷凝水浸湿棉塞。为避免棉塞染菌,棉塞外应包防水纸;灭菌后,将锅盖敞开一些,使水蒸气不致滴在棉塞上,还可以利用锅内余热烘干棉塞;将部分棉塞装入塑料袋内,单独灭菌,在接种时更换受潮的棉塞。

5. **培养室及周围环境差** 培养室附近有猪圈、牲畜棚,周围环境不卫生,或培养室潮湿、不通风,致使空气中杂菌大量孳生,在棉塞上着生繁殖,继而穿塞污染。应改善培养室周围环境,加强培养室内通风降湿,在棉塞上撒布石灰粉,可以减少污染的发生。

导致杂菌污染的原因很多,应针对原因采取防治措施,就可以收到较好的效果。除上述各项防治措施外,还应注意以下几点。

第一,选用抗逆性强的菌株,使用菌龄短、生活力强、长势旺盛的优质母种和原种,以便接种后尽快形成优势,抵制杂菌侵染。

第二,培养基原材料要新鲜,霉变结块的不要使用。做到当天配料,当天装瓶(袋)灭菌,尤其在温度较高的季节,绝对不能过夜后灭菌。

第三,接种箱、培养室要彻底消毒。培养室每隔1周,采用不同杀菌药剂喷洒消毒,以互相弥补并增强杀菌效果。

第四,接种时,室内空气要保持相对静止。高温季节接种,禁止开电扇降温,可安排早晨或夜晚气候凉爽时接种。

第五,培养料中添加1%石灰,可提高防治效果。

第六,培养期间加强检查,发现污染及时清除,以免扩大蔓延。

二、常见虫害的防治

对制种危害最大的虫害是螨类。菌种感染螨虫后,封口菌丝首先被咬食,严重时可将菌丝吃光,造成毁灭性灾害。螨类主要来源于仓库、饲料间或禽舍,通过培养料和蝇类带入制种场所。发现螨类,要采取措施,彻底消灭。

防治方法:菌种培养室应建在远离仓库、饲料间、禽舍的地方;平时注意检查,发现螨类,可用0.5%敌敌畏熏蒸,亦可用新鲜熟猪骨头和黑色糖醋纸片放入室内进行诱杀。

第九节 菌种质量的鉴别

菌种质量的优劣,直接关系到食用菌栽培的成败。在制种和使用时,应掌握好菌种质量标准和鉴别方法,以便择优去劣。鉴别菌种的优劣,除了观察菌丝形态特征和生长特性以外,最可靠的方法是进行小面积的出菇试验,如该菌种产量高,质量好,即为优质菌种。

以下简要介绍几种食用菌的外观鉴别指标,供生产者参考。

一、食用菌母种的外观鉴别

几种食用菌母种的外观鉴别指标见表2-3。

表 2-3　几种食用菌母种外观鉴别指标

菌　种	外　观　鉴　别　指　标
双孢蘑菇	气生型:菌丝雪白、直立、挺拔,呈绒毛状,分枝少,外缘整齐,有光泽。基内菌丝不明显,菌丝生长较快。贴生型:菌丝灰白色,紧贴培养基延伸,纤细、稀疏,呈束状或树根状,分枝多。基内菌丝明显,菌丝生长较慢 镜检时,菌丝有隔膜和分枝,形似腊肠,不产生锁状联合
香　菇	菌丝洁白,呈棉絮状,初时较细,色较淡,后逐步粗壮变白。有气生菌丝,有爬壁现象,不产生色素 镜检时,菌丝粗细不均匀,有隔膜,具锁状联合结构
木　耳	菌丝白色至米黄色,呈棉絮状,平贴培养基生长。菌丝短,整齐,生长旺盛,满管后培养基呈浅黄色至茶褐色。见光情况下,斜面边缘或表面出现胶质琥珀状原基。毛木耳老化时有红褐色、珊瑚状原基出现 镜检时,菌丝粗细不均,根状分枝,分枝较多,有锁状联合。可见到钩状或马蹄状分生孢子
草　菇	菌丝纤细,灰白色或黄白色,半透明。有丝状分枝,稀疏有光泽,似蚕丝,生长速度快。气生菌丝多,爬壁能力强,培养后期产生红棕色的厚垣孢子团块 镜检时,菌丝呈半透明状,有直角分枝和明显节状隔膜。粗细不均,无锁状联合
金针菇	菌丝白色,粗壮,呈细棉绒状。有少量气生菌丝,稍有爬壁能力。后期易产生粉孢子,外观呈细粉样,低温保存时,容易长出子实体 镜检时,菌丝粗细均匀,有锁状联合,锁状突起呈半圆形
平　菇	菌丝白色,浓密,粗壮有力。气生菌丝发达,爬壁能力强,生长速度快,不分泌色素。低温保存,能产生珊瑚状子实体 镜检时,菌丝粗细不匀,分枝多,锁状联合到处可见,锁状突起呈半圆形,多在分枝处产生
猴头菌	菌丝白色,初期生长较慢,呈绒毛状,向四周放射延伸。菌丝紧贴培养基表面,不爬壁,无气生菌丝。嗜酸性培养基,斜面易形成子实体 镜检时,菌丝粗壮,粗细均匀,分枝多,锁状联合多,且锁状大

菌 种	外 观 鉴 别 指 标
银 耳	银耳菌丝白色或淡黄色,生长整齐。气生菌丝直立、斜立或平贴于培养基表面,基内菌丝生于培养基里面,生长速度比一般食用菌缓慢。有时会在培养基表面出现缠结的菌丝团,并逐渐胶质化,形成耳芽 镜检时,菌丝纤细,粗细均匀,有锁状联合,锁状突起小而少 香灰菌丝呈白色,羽毛状,爬壁能力较强。老菌丝变浅黄色、浅棕色,培养基逐渐由淡褐色变为黑色或黑绿色,并出现炭质的黑疤

二、食用菌原种与栽培种的外观鉴别

几种食用菌原种与栽培种的外观鉴别指标见表 2-4。

表 2-4 几种食用菌原种与栽培种外观鉴别指标

菌 种	正常菌种外观鉴别指标	劣质菌种外观鉴别指标
双孢蘑菇	菌丝灰白色,密集,呈细绒状,粗细均匀,上下均匀,没有黄白色的厚菌被,有蘑菇特有香味	菌丝呈细线状或粗索状,变为淡黄色或黄褐色;菌丝萎缩,生长无力,料内几乎见不到菌丝;料面出现厚厚的黄白色菌被
香 菇	菌丝白色,棉絮状,生长均匀,旺盛。菌丝粗细相间均匀,末端成一平面。菌丝紧贴瓶壁,满瓶后有气生菌丝出现,有时会分泌酱油色液体	菌丝柱与瓶壁脱离,表面菌被变为褐色,菌种开始老化
木 耳	菌丝白色,生长密集、均匀,粗壮有力,前缘平面整齐,上下一致,菌种与瓶壁紧贴,长满瓶后出现浅黄色的色素。黑木耳由下而上出现胶质耳基,毛木耳常在表面出现耳基	菌丝稀疏,瓶底积有黄色液体时为老化菌种;菌丝蔓延停止不前,有明显抑制线,则混有杂菌

菌　种	正常菌种外观鉴别指标	劣质菌种外观鉴别指标
草　菇	菌丝黄白色,半透明,蓬松,分布均匀。菌丝密集,有褐红色的厚垣孢子产生	菌丝逐渐稀少,大量厚垣孢子充满料内;菌丝浓密如菌被,上层菌丝萎缩;菌丝稀疏,纤细如蜘蛛丝样
金针菇	菌丝白色,纤细密集,有时外观呈细粉状,长满瓶后,遇低温会出现丛状子实体	菌丝生长稀疏,菌种生活力减弱;菌丝不能向料内延伸,生长区与非生长区界限分明
平　菇	菌丝白色,粗壮,密集,呈绒毛状,粗细相间,分布均匀,有爬壁能力,或刚形成少量珊瑚状菇蕾	菌丝生长稀疏,发育不均;菌丝柱收缩,瓶底有积液;生长缓慢,不向下延伸
猴头菌	菌丝洁白,浓密,上下均匀,表面易形成子实体	菌丝稀疏,萎缩;菌丝纤细,上下生长不均匀,菌柱收缩,瓶底有积液
银　耳	银耳菌丝旺盛,香灰菌丝生长健壮,两者分布均匀,有黑白相间的花斑,黑色色素多,黑色斑纹多,出现洁白的棉毛团和耳基	香灰菌丝稀疏,不深入瓶中;只见香灰菌丝不见银耳纯白菌丝;下半瓶菌丝正常,上半瓶菌丝消失;耳基呈淡红色,产生大量红褐色液体

第十节　菌种的保藏与复壮

保藏的菌种既要成活率高,又要防止衰老退化和杂菌污染。因此,应创造适于菌种休眠的环境,一般采用低温、干燥和减少氧气的方法保藏。

一、母种保藏

(一)斜面低温保藏法

斜面低温保藏是最简便最普通的保藏方法。做法是将长满菌丝的试管母种用硫酸纸包好或放入铝制饭盒内,置4℃~6℃冰箱内可保存3个月。3个月后再转管移接1次,继续放入冰箱内保藏。为了防止培养基中水分的蒸发,可将棉塞与管口剪平,用石蜡封口,也可用无菌胶皮塞换下棉塞,这可以延长保藏时间。

农村若没有冰箱,可把试管用蜡封好,再装在密闭的广口瓶内或包上塑料薄膜,悬在井底保藏。

草菇菌丝体对低温的耐受能力很差,温度在4℃时很快会冻死,不能放在冰箱内保存。一般草菇试管母种可在15℃~20℃的恒温箱内、培养室或干燥清洁的箱、柜中保存,温度要基本稳定,无毒性气体,无日晒,一般45~60天重新移接转管1次,防止菌种老化。

经过冬季保存的菌种,在使用前要进行1次出菇试验和进行复壮工作。

(二)液状石蜡保藏法

将布满菌丝的斜面试管,在无菌条件下灌注1层经灭菌的液状石蜡,这样可防止培养基中水分蒸发,并使菌丝体与空气隔绝,以降低代谢活动。用这种方法保藏的菌种,一般可存放6~8年,但最好每隔1~2年移植1次。用液状石蜡保藏的菌种,可不必放在冰箱内。

(三)生理盐水保藏法

用无菌生理盐水保藏菌丝块,可保藏1~2年。

1. 制备无菌生理盐水 配制0.9%氯化钠溶液,分装入

10毫米×150毫米的试管内,每管装5毫升,塞好棉塞,高压灭菌后备用。

2.接种封藏 从母种斜面上取豆粒大小、带有琼脂培养基的菌丝块,每管接1块。接种后,用无菌胶皮塞封口。然后将石蜡熔化封管口,置室温中保藏,需直立放置。

(四)木屑菌种保藏法

用木屑作为主要基质保藏菌种,保藏期为1～2年。

首先配制木屑培养基,原料配比为木屑78%,米糠20%,石膏1%,糖1%。将培养基装入大试管,装量为管深的3/4,高压灭菌。接种后适温培养,待菌丝长至培养基的2/3时,用石蜡封闭棉塞,并包扎塑料薄膜,置常温下保藏。

(五)厚垣孢子低温保藏法

草菇菌丝经过一段营养生长之后,在适宜的温度下,菌丝体上均可产生红褐色的厚垣孢子。厚垣孢子内藏有丰富的养分,壁膜较厚,对干、冷等不良环境条件有较强的抵抗力。经河北省科学院微生物研究所李育岳、汪麟试验表明,草菇菌丝形成厚垣孢子后,在4℃冰箱内保藏9个月后仍保存活力,菌丝萌发生长正常,并能保持原有的良好生产性能,可作为草菇菌种的一种保藏方法。

具体做法是将草菇母种菌丝体转接于PDA培养基斜面,在32℃条件下培养7天,菌丝长满斜面后再继续培养,使菌丝体上形成多量红褐色厚垣孢子。将形成厚垣孢子的斜面试管种放置4℃冰箱内保藏。使用时,挑取厚垣孢子块接于PDA培养基上,一般经5天菌丝萌发,8天长满管。与在室温下转管保藏的菌种比较,在菌丝萌发和长满管的时间稍有延长,但菌丝生长状态正常。

草菇厚垣孢子种低温保藏方法,操作简便,技术容易掌握,无需添置专用设备,保藏时间在 6～9 个月,适合于一般菌种生产单位使用。

采用低温保藏草菇菌种,可减慢生长速度和减少转管移植次数,是克服双核菌丝多次连续继代、累加菌龄引起菌种衰退的一种有效措施。

(六)液态氮冷冻保藏法

用液态氮冷冻技术保藏菌种是一项先进的技术。

1. **菌种制备** 用液体振荡法培养菌丝球,或用平板培养菌丝体。

2. **制作安瓿管** 一般采用硼硅玻璃,管的大小通常是 75 毫米×10 毫米或能容 1.2 毫升液体的安瓿较合适。选好安瓿后,每管加进 0.8 毫升保护剂,塞上棉塞,在 98.07 千帕压力灭菌 15 分钟。

3. **保护剂** 用 10%(体积比)甘油蒸馏水溶液。

4. **冻结保藏** 将准备好的菌种,无菌分装入加有保护剂的安瓿管内,用火焰将安瓿管上部熔封,浸入水中检查有无漏气。然后将封口的安瓿管放在慢速冻结器内,控制冻结速度(每分钟下降 1℃),使样品逐步均匀地冻结到 -35℃。安瓿管冻结后,立即放入 -196℃ 的液氮罐中。

5. **恢复培养** 将安瓿管从液氮罐中取出,立即放入 38℃～40℃ 的水浴中摇荡至管内冻结物全部融解,打开安瓿管,将管内菌种接入培养基上培养即可。

液氮超低温保藏,是目前长期保藏食用菌菌种最好的一种方法,但所需设备费用较大,成本高,技术复杂,有条件的单位可使用。

二、原种和栽培种保藏

一般情况下，原种培养好后，应立即扩大制成栽培种；栽培种培养好后，立即用于生产栽培。如一时用不完，可将其放在阴凉、干燥、通风的地方存放，存放期不宜超过 20 天，以防菌种老化，生活力下降或污染变质。

三、菌种复壮

菌种在传代和保藏过程中，优良种性会发生退化，出现长势差、出菇迟、产量低、质量次等现象。应适时做好菌种复壮。

(一)加富培养法

菌种在培养继代过程中，定期增加和调整培养基的营养成分。或转接到适生段木上，待长出子实体后，挑选菇(耳)木进行种木分离，获得复壮菌种。

(二)交替分离法

菌种每年进行 1 次组织分离，每 3 年进行 1 次孢子分离，使无性繁殖和有性繁殖的方法交替使用，防止菌种衰老。

(三)顶端菌丝复壮法

菌丝顶端细胞壁薄，酶活性高，新陈代谢旺盛，生命力强。通过移植顶端菌丝，可以筛选复壮菌种。做法是将消毒过的试管斜面放入接种箱内，用紫外线消毒 30 分钟，用消毒的接种刀切取菌丝尖端部分 1 小块接于试管斜面中间。培养到菌丝长好后，从中挑取生长最旺盛的菌种管作为菌丝尖端分离的对象，然后分别接种于备好的试管斜面中，分别在 24℃ 和 25℃ 下培养，待菌丝长满后，再次进行尖端分离，这样反复进行 3～5 次筛选分离，从中挑选出菌丝粗壮、旺盛、发菌快、吃料快、产量高的菌种管，转管后供作生产用种使用。此法可用于香菇、木耳、侧耳、双孢蘑菇、金针菇、猴头菌等多种食用菌的菌种复壮。

第十一节　菌种的分离与繁殖

在自然界，食用菌始终和许多细菌、放线菌、霉菌等生活在一起。因此要获得高纯度的优良菌种，就必须用科学的方法把食用菌从这些杂菌的包围中分离出来。食用菌的分离方法，一般有孢子分离法、组织分离法和基内菌丝分离法等3种，可根据不同的菌类和生产条件，分别采用。

一、孢子分离法

孢子分离法是利用食用菌成熟的有性孢子（担孢子、子囊孢子）或无性孢子（厚垣孢子、节孢子、粉孢子等）萌发成菌丝、获得纯菌种的一种方法，又分为单孢分离法和多孢分离法两种。

（一）单孢分离法

取单个担孢子接种在培养基上，让它萌发成菌丝体而获得纯菌种的方法，生产上一般不采用，这里不作介绍。

（二）多孢分离法

把许多孢子接种在同一培养基上，让其萌发、自由交配来获得纯菌种的一种方法，生产上常用的又有两种收集方法。

1. 种菇孢子弹射法　将种菇消毒后，菌褶朝下插入孢子收集器内（图2-22），移入25℃左右恒温箱内，培养一段时间，种菇的菌盖展开，孢子便从菌褶上降落到培养皿内，用无菌接种针挑取少量的孢子，在试管斜面上划线接种，置于适温下培养，待孢子萌发生成菌落时，选取萌发早、长势旺的菌落进行转管培养和纯化。

2. **钩悬法** 取成熟菌盖的几片菌褶或一小块耳片(黑木耳、毛木耳、银耳),用无菌的不锈钢丝(或铁丝)悬挂于三角瓶内的培养基上方,勿使它接触到培养基或四周瓶壁(图2-23)。将瓶置于该菌适宜的温度下培养。待成熟的孢子落到培养基上,立刻在接种箱中移去菌褶或耳片,孢子继续在瓶中培养,当长出可见的菌丝后进行转管培养。

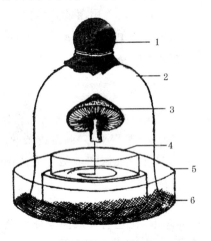

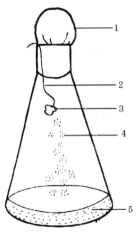

图 2-22　孢子收集器装置

1. 消毒棉塞　2. 玻璃钟罩
3. 种菇　4. 培养皿　5. 瓷盘
6. 浸过升汞的纱布

图 2-23　黑木耳
孢子分离

1. 棉塞　2. 铁丝钩
3. 小块木耳　4. 弹射
孢子　5. 培养基

二、组织分离法

组织分离法是用食用菌子实体或菌核、菌索的一部分组织分离纯菌丝的方法。

(一)子实体分离

利用子实体内部组织进行分离,是获得纯菌种最简便的方法。选择具有优良性状的种菇,用无菌水冲洗几次,并用滤纸吸干,或用75%酒精棉擦拭菌盖与菌柄2次。然后把种菇撕开,用消过毒的小刀在菌盖与菌柄交界处或菌褶处切取一小块组织(图2-24),用接种针将组织块放入盛有培养基的试管斜面中间,置于适温下培养,当组织块上产生菌丝、并向培养基上生长时,即可挑取斜面的菌丝进行转管培养和纯化。

(二)菌核分离

茯苓、猪苓等菌的子实体不易采集,可用菌核分离。将菌核表面洗净,用75%酒精棉消毒后,切开菌核,取中间黄豆大小的1块组织,接种到试管斜面上,在适温下培养,产生菌丝后进行分离纯化。

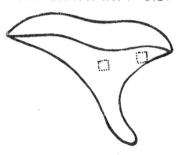

图 2-24 切取组织块的部位

(三)菌索分离

菌索分离常用于蜜环菌的分离。选新鲜的活菌索,用75%酒精棉将菌索表面轻轻擦拭2~3次,然后去掉黑色外皮层(菌鞘),抽出白色菌髓部分,用无菌剪刀剪一小段,接入培养基上,在适温下培养。菌索比较小,分离时容易被杂菌污染,可在培养基中加入青霉素或链霉素抑菌剂。

三、基内菌丝分离法

基内菌丝分离法,就是利用食用菌生育的基质作为分离材料而获得纯菌种的一种方法,又可分为菇木(耳木)分离法和土中菌丝分离法。

(一)菇木(耳木)分离法

将选好的菇(耳)木锯成1~2厘米厚的横断木块,除去树皮和无菌丝的心材部分。将木片浸入0.1%升汞溶液中,经15~30秒钟,然后用无菌水冲洗2~3次,用无菌纱布将水吸干,放在另一块无菌纱布上,用灭过菌的解剖刀把木片劈成火柴梗大小的种木块,用镊子夹取一块放入斜面试管内。参照组织分离法培养转管。

(二)土中菌丝分离法

土中菌丝分离法是利用食用菌地下的菌丝体,在培养基上获得纯菌种的一种方法。挑取清洁菌丝束的尖端、不带杂物的菌丝接种;反复用无菌水冲洗;在培养基中加入一些抑制细菌生长的药物,如1 000毫升培养基加入链霉素或金霉素40微克,或添加0.03%~0.06%的孟加拉红或0.1%的碲酸钾等。

无论采用孢子分离还是组织分离,分离所得的纯种,都要进行出菇试验,确属优良菌种才能用于生产,进一步扩大繁殖使用。

第十二节　食用菌菌种选育

食用菌的菌种选育,是建立在食用菌遗传和变异基础上的。食用菌和其他生物一样,菌种的性能具有一定的稳定性,其优良性状可以在下一代表现出来,这就叫遗传。但是,菌种在传代过程中,由于诸多原因,其性状有可能发生变异。所以,遗传是相对的,变异是绝对的。近代分子遗传学的研究已经查明,生物的遗传物质是存在于细胞核内染色体上的脱氧核糖核酸(DNA),生物个体产生变异的实质,是遗传物质(脱氧核糖核酸)改变的结果。

食用菌菌种的变异包括自然发生和人为造成的两个方面。研究证明,脱氧核糖核酸的改变,可由脱氧核糖核酸本身在复制和转录过程中自发产生的错误而引起;或由于诱变剂的强烈诱发而引起;也可由杂交、重组核酸的载体——染色体而引起。因此,人们可以从食用菌的自然变异中筛选出优良菌种,又可利用各种变异因素或采用适当方法,以改变菌种的遗传物质,有目的地定向进行食用菌育种,培育出新的优良菌种。

一、选　种

选种,也称评选法,是提高菌种质量最简便有效的方法。食用菌在自然界或在人工栽培条件下,由于环境条件的变化,都会或多或少地发生变异。选种就是从自然变异中选择优良的变异,从而获得优良菌种的方法。它应用最广,且不需要特殊设备和技术。先收集各地区各种类型的菌株,然后通过与已有的优良菌株进行栽培和不同性状的观察比较试验,从中挑选出生产性能最好的菌株。我国野生食用菌资源十分丰富,用野生菌株作为选种材料,是选出新菌种的有效途径。

二、育　种

常用的食用菌育种方法,有诱变育种和杂交育种。

(一)诱变育种

诱变育种,是采用物理或化学诱变剂使菌种产生变异的一种育种手段。

1. 制备孢子悬浮液　将新鲜的孢子移入5毫升无菌生

理盐水或磷酸缓冲液中,摇匀后即成孢子悬浮液,其浓度为每毫升含孢子 $10^6 \sim 10^9$ 个为宜。

2. **诱变处理** 常用的诱变剂有紫外线和硫酸二乙酯。

(1)紫外线诱变处理 在遮光的接种箱内,安装 1 只 15 瓦的紫外线灯,灯与箱底间距为 30 厘米左右。取 5 毫升孢子悬浮液置于直径 6 厘米的培养皿中。照射时,先开灯 20 分钟,使波长稳定,然后打开培养皿盖,照射 0.5 ~ 2 分钟。用灭菌的注射针吸取照射过的孢子液,将其涂布于平板上,置 25℃ 条件下培养 5 ~ 10 天,待长出菌落时选纯正、健壮的单菌落移入斜面试管,供测定筛选。

(2)硫酸二乙酯的诱变处理

取硫酸二乙酯 1.2 毫升于 6.3 毫升无水酒精中,制成硫酸二乙酯醇溶液。用 pH 值 7.2 的磷酸缓冲液(磷酸氢二钠 15 克、磷酸二氢钾 2 克,同溶于 100 毫升蒸馏水中配成),制成孢子悬浮液。取 1 毫升孢子悬浮液加入 0.4 毫升硫酸二乙酯醇溶液和 3.6 毫升磷酸缓冲液,于 25℃ 温度下振荡 1 ~ 2 小时后,加入 25% 硫代硫酸钠 5 毫升中止反应。然后用稀释处理后孢子液涂布平板,培养后挑单个菌落移入斜面中继续培养,并进行筛选测定。

(二)杂交育种

杂交育种是通过两个或几个亲本染色体片断的交换或重组而获得新菌种。通过杂交亲本的选择,可以得到融合亲代优点而除去亲代缺点的优良菌种。

进行杂交育种时亲本必须有标记。同宗结合的食用菌,可用营养缺陷型作标记,即在营养特征上表现某种缺陷的变异菌株,它在生长过程中不能合成某种氨基酸或维生素,所以在不含有这种氨基酸或维生素的培养基上不能生长。然后把两个有标记的亲本混合接种在基本培养基上,如果能正常生长,表示杂交成功。异宗结合的食用菌,可利用性别特征作标记。因为异宗结合的食用菌,其孢子萌发形成的单核菌丝,必须经2个单核体的交配形成双核(异核)体后才能产生子实体。绝大多数的异宗结合食用菌在形成双核异核体时,都见有锁状联合现象,可用显微镜观察有无锁状联合来判断有无杂交。而对于无锁状联合的食用菌,可进行颉颃试验。方法是:在同一斜面上进行三点接种(图 2-25),经过一段时间培养,三点菌丝各自生长,一段时间后两种菌丝就会相碰,如果是同种菌丝就能连成一片;而不同种菌丝就各占一方,相接处产生明显的颉颃线。在三点接种中,必须看到两条颉颃线时,才能证明中间的一点是杂交种。

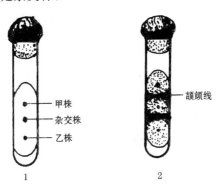

图 2-25 颉颃试验

1. 接种时 2. 培养后

经过初步鉴定的杂交种,再经栽培试验,确定各杂交菌株的生产性能,筛选出超过亲本的优良菌株。

第三章　食用菌的栽培设施与机具

第一节　栽培设施

一、菇　房

菇房是室内栽培食用菌的场所。菇房必须通风换气良好，保温、保湿性能好，光照充足。菇房应建在距水源较近、周围开旷、地势较高、利于排水的地方。方位应坐北朝南，有利于通风换气，冬季还可提高室内温度。屋顶及四周墙壁要光洁坚实，除通风窗外尽量不留缝隙，地面应是水泥地或砖地，以利于清扫和冲洗消毒。通风窗应该钉上尼龙纱网，以防老鼠、害虫窜入。必须有良好的通风换气设备，房顶上设置拔风筒，墙壁开设下窗和上窗，门和窗应该对着通道或床架空当，避免外来风直吹床面。菇房还应设置喷水和调温装置。

菇房的类型分为地上式、地下式和半地下式3种。

（一）地上式菇房

地上式菇房是目前栽培食用菌最基本的一种设施（图3-1）。菇房一般长8～10米，宽8～9米，高5～6米，屋顶装有拔风筒，前后装设门和窗。上窗低于屋檐，地窗高出地面。一般4～6列床架的菇房可开2～3道门，门宽与通道相同，高度以人可进去为宜。

（二）地下式菇房

建在地面以下的菇房适于北方寒冷地区。室内气温变化较小，易保温保湿，冬暖夏凉。但是出入不方便，通风换气较

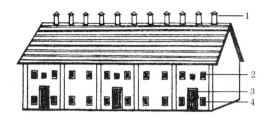

图 3-1 地上式菇房

1. 拔风筒　2. 上窗　3. 门　4. 下窗

差,必须安装抽风排气设备(图 3-2)。利用地窖、人防地道、山洞和地下室改建的菇房亦属此种类型。

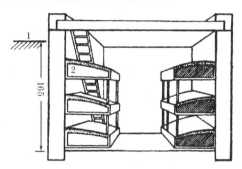

图 3-2 地下式菇房 (单位:厘米)

1. 地面　2. 床架

(三)半地下式菇房

半地下式菇房一半建在地上,一半埋在地下,兼具地上式和地下式优点,但也有通风换气较差和出入不便的缺点(图 3-3)。为此,房顶每隔 2 米左右,应设置 1 个 40 厘米粗的拔风筒。

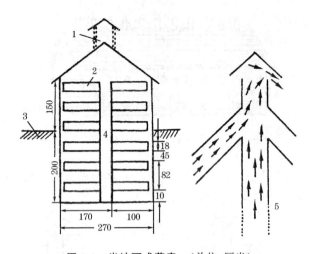

图 3-3 半地下式菇房 （单位：厘米）

1.拔风筒 2.菇床 3.地面 4.通道 5.拔风筒放大

二、塑料薄膜菇棚

采用塑料薄膜大棚代替菇房栽培食用菌，类似于塑料大棚内种蔬菜。它具有建造容易、成本低廉、保温保湿性好、能利用太阳能、有散射光以及容易造成昼夜温差等优点。目前，这种栽培设施在食用菌生产中的应用已越来越普遍。

塑料薄膜菇棚结构形式多样，常用的有两种。

（一）框架式薄膜菇棚

框架式薄膜菇棚，又称拱式薄膜菇棚。建棚地点要求能避风，冬季向阳，夏季可遮阳。棚架材料可用竹、木或废旧钢材，框架高 2.8~3 米，周边高 2 米左右，长 12 米，宽 4~5 米，顶部搭成弧形斜坡，以利流水。框架搭好后覆盖聚乙烯薄膜，外面再盖上草帘，以防阳光直晒，并有利于控制棚内温度。东西侧棚顶各设 1 个拔风筒，棚的东西两面正中开门，门旁设上、下通风窗。棚外四周1米左右开排水沟,挖出的土用来压封薄膜下脚(图3-4)。

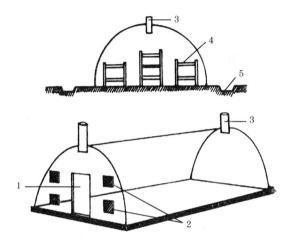

图 3-4　框架式薄膜菇棚
1.门　2.通风窗　3.拔风筒　4.床架　5.排水沟

(二)墙式薄膜菇棚

墙式薄膜菇棚,又称薄膜日光温室,适合于北方寒冷地区。菇棚方位要求坐北朝南,光照充足。一般宽5～7米,长30～50米,包括后墙、东西山墙、后坡、前坡、拱梁、门、通风口和防寒沟等结构。

1. **后墙**　以支撑后坡,并用来防风御寒,用土筑或草泥垛,或用"干打垒"。为防止坍塌,在中间加砌几个26厘米见方的砖垛。后墙宽80～100厘米,高150厘米。

2. **山墙**　东西侧建山墙,以连接和支撑拱梁。其最高点为250～280厘米,分为前后两部分,后短前长,前后坡投影比例以4.5：1为宜。山墙用土建,宽40～60厘米。

3. **后坡**　较厚,由檩、苇箔、草泥和秸秆等构成,起贮热和保温作用。

4. 前坡　坡面覆盖塑料薄膜,以耐老化无滴膜为佳,厚0.08～0.1毫米,起采光增温、保温保湿作用,薄膜外面覆盖草帘,既遮光又保温。冬季为增高棚内温度,在棚内棚膜下可增设黑色薄膜或遮阳网(遮光率85%以上),白天卷起草帘,让阳光进入菇棚,利用日光增温。

5. 拱梁　用钢筋或竹木与檩连结固定,构成前坡和后坡。拱梁间距,钢筋梁为1米,竹木梁为60～80厘米,用4～5道横杆连接东西山墙固定。竹木结构拱梁需用木柱(或水泥柱)支撑固定。

6. 门　在东山墙开设。大小以人进出方便为宜。有条件的可建1个耳房,在耳房的南墙设小门,以便于管理。

7. 通风口　东西山墙正中间各设通风口1个,北墙和南坡地面处每隔3米各设1个,大小以30厘米见方为宜。防寒沟设在菇棚前沿,沟宽30厘米,深50厘米,沟内填碎草、秸秆或马粪,拍实后盖土(图3-5,图3-6)。

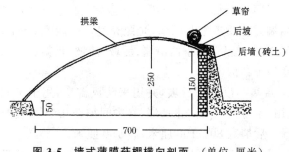

图 3-5　墙式薄膜菇棚横向剖面　(单位:厘米)

三、地沟菇房(棚)

地沟菇房是平地挖沟建造的,四壁和地面都是泥土的简

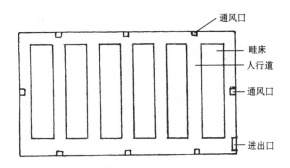

通风口

畦床

人行道

通风口

进出口

图 3-6 菇棚内畦床排列及通风口设置

易栽培设施。它利用土壤是热的不良导体,有利于降低外界温度的干扰,保温性好;又利用土壤是水分的良好载体,具有很高的持水能力,有利于保湿。目前,地沟菇房在河北、山西等地冬季栽培姬菇和金针菇时已普遍应用。

地沟菇房的建造形式,一般有地下式和半地下式两种。

(一)地 下 式

山西农业大学王柏松、江日仁推荐的地下式地沟菇房,东西走向,宽 1.6～2 米(窄型)或 2.5～3 米(宽型),沟长视地形和需要而定,一般为 10～30 米,沟壁高 2～3 米。地沟上架设水泥拱型梁或竹、木弓架,每隔 2～3 米(竹木弓架为 1 米)用铅丝固定 1 根横梁,然后覆盖薄膜,薄膜外用弓形竹片压紧固定。房顶每隔 3～4 米开设 1 个 30 厘米×40 厘米活络天窗,或在菇房两侧开设出口风管,或在拱棚薄膜与沟壁间留有孔洞。最后在拱棚顶覆盖草帘。在两菇房间和四周开排水沟(图3-7)。

(二)半地下式

河北各地多建造半地下式地沟菇房,地沟东西走向偏东5°～8°,长 8～10 米,南北宽 3～5 米。地下深 1 米,挖出的土拍

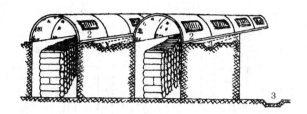

图 3-7　地沟菇房横剖面

1. 菌袋　2. 活络天窗　3. 排水沟

夯成沟壁的地上部分,棚内最高处 2 米,沟北高南低呈 30°角,东西沟壁地上部分开设对称通风口。沟顶用竹木做顶架,薄膜封盖,外加盖草帘或秸秆等覆盖物。

四、地　棚

地棚是一种最简易的食用菌栽培设施,与一般薄膜菇棚比较,具有搭建简便、取材容易、成本低廉等优点。地棚一般宽 1~2 米,长度因场地大小而定。畦上用竹片搭成弓形棚架,两侧用竹竿(或木棒)固定,棚高 50~70 厘米。棚上覆盖塑料薄膜,四周用土压牢,棚顶覆盖草帘。棚内做畦,畦宽 1 米左右,畦四周沿畦壁挖宽、深各 10 厘米的灌水小沟(图 3-8)。地棚与地棚间距 60 厘米,中间挖 1 条浅沟,作为排(灌)水沟和作业道。场地四周挖 50 厘米深的排水沟。

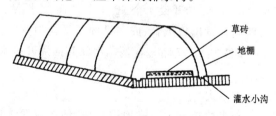

草砖

地棚

灌水小沟

图 3-8　地棚示意图

五、阳　畦

阳畦是北方地区简易而实用的食用菌栽培设施。选择向阳、地势高燥的地方，按东西向做畦。一般畦宽1米，长3～5米，深30～50厘米。畦框夯坚实，框壁要铲平，并抹上麦秸泥。畦北沿筑30厘米高的矮墙，畦南沿筑15厘米高的矮墙。畦上自东向西每隔30厘米设置1根竹木椽子，以便覆盖塑料薄膜和草帘。畦四周挖1条排水沟（图3-9）。

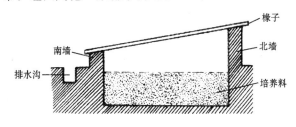

图 3-9　阳畦示意图

六、荫　棚

荫棚，又叫草棚，是夏秋季室外栽培食用菌的场所。棚架高度一般为2～2.2米，以人在棚下行走方便为宜。主柱用竹、木、水泥杆作骨架，埋在地下要打牢固，防止风吹倒塌。棚顶有横梁固定，覆盖树枝、玉米秸、高粱秆、芦苇、茅草等遮盖物，达到"三分阳、七分阴"的光照，亦可在四周种上瓜果、葡萄等，使其藤叶蔓延伸到棚顶遮荫。荫棚四周要围篱笆、挂草帘防风御寒，防禽、畜入侵为害。

七、床　架

为充分利用菇房(棚)的空间,一般设置多层床架,用来铺料或放置菌袋、菌棒。床架应坚固耐用,常用竹木、水泥或三角铁制作,层数为5～6层,每层扎上横档,床面铺上细竹条、竹片或秸秆,再铺上芦席。层距为55～60厘米,底层离地30厘米,最上层离房顶1米左右。床架宽度,单面操作的为75～80厘米,双面操作可为1.5～1.6米,其长度以菇房的宽度而定。床架与床架间距离60～70厘米,以便行走和操作管理。床架在菇房内的排列应与菇房方位垂直,即东西走向的菇房其床架应排成南北向,南北走向的菇房其床架排成东西向,而窗户则开在床架的行间,可避免风直吹床面(图3-10)。

第二节　栽培机具

一、配料机具

(一)切片机

切片机用于把木材、树木枝桠切成小片,是木屑培养料粉碎的预前处理设备。全机由刀盘、飞刀、机架、皮带盘、机罩、喂料口、底刀、出料口等零部件组成,常用的有 ZQ-600 型枝桠切片机(图3-11)和 MH-700 型木材切片机。

(二)粉碎机

粉碎机用于木片、秸秆、野草等物料的粉碎,将其粉碎成一定大小的碎屑。结构由进料口、粉碎室、排风扇、机壳、机座、主轴、锤片等部件组成。常用的锤片式粉碎机(图3-12),粉碎木片用孔径为2～2.8毫米的筛片;粉碎秸秆、草类用孔径为

5～7毫米的筛片。

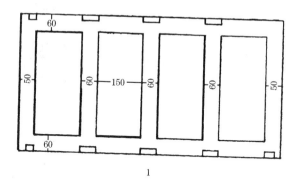

1

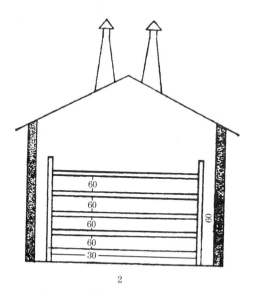

2

图 3-10　床架排列 （单位:厘米）

1. 平面　2. 纵剖面

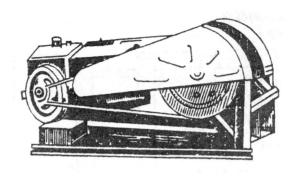

图 3-11　ZQ-600 型枝桠切片机

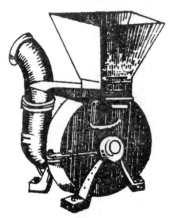

图 3-12　锤片式粉碎机

（三）搅拌机

搅拌机是用于将培养料搅拌均匀的机械，以替代人工用铁锹搅拌。搅拌机结构如图 3-13 所示。

（四）翻堆机

翻堆机是用于培养料堆肥发酵作业的机具。作业时，由人工将粪草培养料送进料斗，经输送带，由辊筒将团状培养料打散后，从高处落下，再由人工将培养料堆积成型。翻堆作业后培养料疏松，粪草混合均匀，有利于通气发酵。

二、装料机具

（一）装瓶机

装瓶机是将培养料装入料瓶的机械。一般采用螺旋挤入式装瓶装袋两用机。由机架、喂料装置、螺旋输送器、传动操作系统、电动机等组成，一般每台每小时可装400瓶（袋）（图3-14）。

（二）装袋机

装袋机是将培养料装入料袋的机械，其结构和工作原理与装瓶机相似，每小时可装500袋。

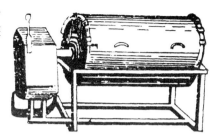

图 3-13　MJ-70 型原料搅拌机

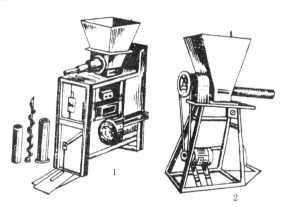

图 3-14　装瓶装袋两用机

1.ZDP-3 型装瓶装袋两用机　2.ZD 型香菇装袋机

（三）半自动冲压式装袋机

半自动冲压式装袋机将装料和压料工序1次完成。速度快，装料紧实均匀，料高一致，料中间的预留孔穴清晰、不塌边。每小时可装1 000袋以上。

（四）周 转 筐

周转筐是盛放料袋的容器。使用周转筐可减少装料、灭菌、接种的搬运次数,节省时间;保证料袋间留有空隙,受热均匀,灭菌彻底,减少污染;同时防止棉塞受潮,预留孔不被挤压堵塞,缩短接种后菌袋培养时间。周转筐多为铁制,呈正方形或长方形,筐内料袋应单层排列。

三、灭菌设备

(一)高压灭菌锅

高压灭菌锅是供料袋、料瓶灭菌的容器。见第二章第三节制种设备二(二)。

(二)常压灭菌灶

常压灭菌灶是对料袋、料瓶进行灭菌的炉灶。见第二章第三节制种设备二(三)。

(三)臭氧发生器

臭氧在空间扩散时迅速渗透到杂菌菌体和微生物的细胞壁,使其蛋白质变性,酶系统破坏,具有广谱杀菌作用。用于接种室和菇房的环境消毒灭菌,可替代紫外线照射和甲醛熏蒸消毒。南京纯淮机电技术研究所研制生产的FCY系列环境消毒灭菌器即属臭氧发生器。

四、接种设备

(一)接 种 箱

接种箱是供料袋(瓶)接菌种用的设备。见第二章第三节制种设备三(二)。

(二)接 种 室

接种室是供料袋(瓶)接菌种用的专用工作室。见第二章第三节制种设备三(一)。

(三)超净工作台

超净工作台是一种提供局部无尘无菌工作环境的空气净化设备,是食用菌菌种制作和料袋(瓶)接种较先进的装置。主要由箱体、操作区、配电系统等组成。其中箱体包括负压箱、风机、静电箱、预过滤器、高效空气过滤器和照明等部件。本设备应安装在灰尘量较低的房内,预过滤器和高效过滤器需按时清洗或更换。

(四)接种机

接种机用于料瓶(玻璃瓶和塑料瓶)木屑菌种的接种,适用于容量 750～1 000 毫升、瓶口直径 30～60 毫米的料瓶。每小时接种量为 1 000 瓶。

五、接种工具

(一)接种铲、耙、刀

接种用的接种铲、接种耙和接种刀。见第二章第三节制种设备三(五)。

(二)长柄镊子

接种时,长柄镊子可代替接种铲或接种耙,镊取菌种块接入料瓶(袋)内。

(三)接种枪

接种枪是移接食用菌菌种的专用工具(图 3-15)。将接种枪插入菌种瓶,菌种进入枪内,迅速送入料袋的接种穴,手压弹簧,菌块即压入料袋。适于段木栽培和袋栽银耳、香菇等,可提高工效 4～5 倍。

(四)打孔器

打孔器又称打洞器。分为段木打孔器和塑料袋打孔器两种。段木用锤形打孔器,由锤身和冲头组成(图 3-16)。锤身为

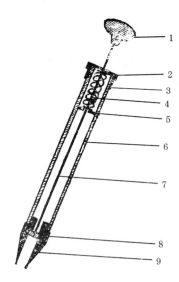

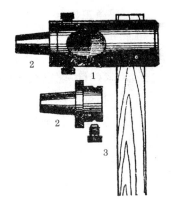

图 3-16　锤形打孔器

1. 锤身　2. 冲头　3. 木柄

图 3-15　棒式接种枪

1. 按钮　2. 销卡　3. 盖子

4. 弹簧　5. 螺母卡　6. 棒身

7. 推杆　8. 顶片　9. 头部

圆柱体,下部中空,一侧开圆孔,以便取出冲下的木材或树皮;冲头下部呈圆锥形,顶端为接合部,下部为冲口,用两个螺丝与锤身相固定。冲头内径分别为 8 毫米、10 毫米、12 毫米,视生产要求调换,在段木上打孔或冲取树皮盖。

塑料袋打孔器通常用镀锌白铁皮制作(空心打洞器),或木条制作(尖形打穴钻),长 12～14 厘米,直径 1.2 厘米(图 3-17)。

(五)皮　带　冲

皮带冲用于冲取树皮盖,与锤形打孔器配套使用(图 3-18)。

(六)电　钻

电钻用于段木上钻接种穴,一般用手提式高速电钻,钻出的穴径为 10～12 毫米,深 18～30 毫米。

图 3-17　塑料袋打孔器

1. 空心打洞器　2. 尖形打穴钻

图 3-18　皮 带 冲

（七）接 种 锤

接种锤的下部为冲头，供打孔用，上部平截，用以敲击种木或树皮（图 3-19）。

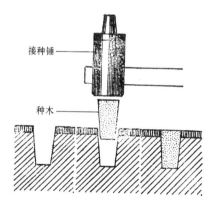

接种锤

种木

图 3-19　接种锤操作示意图

六、增湿机具

（一）喷　壶

喷壶是用塑料或白铁皮制成的喷水工具。根据需要可选用喷眼不同大小、疏密的喷头。

图 3-20　喷雾器

（二）手动喷雾器

手动喷雾器是食用菌栽培常用的喷水工具。根据结构分为背负喷雾器、压缩喷雾器和单管喷雾器(图 3-20)。

（三）高压喷雾器

高压喷雾器是一种高压动力喷雾机械,压力大,效率高,雾化性能好。

（四）离心增湿机

离心增湿机是用于增加菇房(棚)内空气湿度的机具。由电动机、风叶、离心盘、栅环、贮水桶组成。

（五）注　水　器

注水器是用于补充菌棒(菌袋)水分的工具。直接向菌棒内注水,省工省时,且可避免菌棒在搬运中发生破碎和浸水补水所引起的养分损失。常用单管多孔注水器。注水器用不锈钢管或铜管制作,管长 350～400 毫米,外径 5 毫米,内径 3 毫米。管的尾端焊上水管接头,以便与压力供水管相接。管的头部加工成尖锥形,并封死;管壁上从头部起,按孔距 35 毫米等距交错钻 3 行 0.6～0.8 毫米小孔,其总长度为 280 毫米。

七、栽培容器

（一）塑　料　瓶

塑料瓶是一种专用于食用菌栽培的容器。由耐高温高压的聚丙烯塑料制成。白色半透明,容量为 850～1 000 毫升,瓶盖由盖体和泡沫塑料的过滤片组成。

(二)塑料袋

塑料袋又称薄膜袋,多用聚乙烯或聚丙烯薄膜制成。栽培不同的食用菌所用薄膜袋的规格不同。香菇多选用宽15厘米、长55厘米的低压聚乙烯薄膜袋;银耳,一般用宽12厘米、长50～55厘米的低压聚乙烯薄膜袋;黑木耳,常用17厘米×35厘米或17厘米×33厘米薄膜袋;金针菇,用16厘米×38厘米或17厘米×42厘米的薄膜袋。薄膜厚度一般为0.05～0.06毫米。如用高压蒸气灭菌,应选用耐高温高压的聚丙烯薄膜;常压蒸气灭菌可用低压聚乙烯薄膜,这种薄膜呈银白色半透明,质地柔软,拉力强,在100℃灭菌12～14小时,不变形,不破裂。另外,市场上还有一种聚氯乙烯薄膜袋,温度100℃就熔化,而且有毒,不宜使用,应注意鉴别。鉴别方法是:取一小块薄膜,用镊子夹住,点燃,根据燃烧时的特征和气味(表3-1),即可加以鉴别。

表 3-1 塑料的燃烧鉴别法

塑　料	燃烧状	离火后燃　熄	火焰特点	燃烧现象	燃烧气味
聚氯乙烯	难燃	熄灭	黄色、底部绿色,喷浅绿色或黄色火焰	软化,能拉白丝,冒白烟	有刺鼻的辛辣味(盐酸的刺激味)
聚乙烯	易燃	继续燃烧	底部蓝色,顶部黄色	熔化淌滴,无烟	与燃烧蜡烛的气味相似
聚丙烯	易燃	继续燃烧	底部蓝色,顶部黄色	熔化淌滴,膨胀,有少量黑烟	石油味

第四章 食用菌的栽培原料

食用菌从栽培原料上可分为段木栽培、粪草栽培和代料栽培3种。段木栽培,是利用树木作为原料,直接接种栽培,适于香菇、木耳等木腐菌;粪草栽培,以畜禽粪和作物秸秆为原料,经堆制发酵后进行栽培,适于蘑菇、草菇、大肥菇等草腐菌;代料栽培,是以工、农业副产品和下脚料为原料,替代传统的段木和粪草,适于多种食用菌栽培。我国栽培食用菌的原料十分丰富,种类多,来源广,各地可根据本地资源,就地取材,充分加以利用。

第一节 主要原料

食用菌栽培的主要原料包括菇树和耳树、工农业副产物和下脚料、畜禽粪、野草和树叶以及食用菌栽培废料等,简称为主料。它们富含纤维素、半纤维素和木质素等有机物,是食用菌生长的主要营养源。

一、菇树和耳树

菇树和耳树,是木腐食用菌的营养来源,也是这些食用菌人工栽培的培养基质。我国适于木腐菌生长的树木种类多,分布广,在实际生产中,要根据树木材质、树龄和粗度以及对不同菇、耳的亲和力,选用适生树种。据福建三明真菌研究所综合各地的经验,将适于栽培各种食用菌的树种及其材质、树龄和粗度等列表4-1,供参考。

表 4-1　我国主要菇树、耳树一览表

菌 种	树 种	材 质	树 龄	粗 度
香 菇	刺栲(栲树)、米槠(椎树、米槠)、麻栎、栓皮栎、泡栎(小青冈)、青冈栎、刺叶栎、蒙古栎、辽东栎(柞木)、鹅耳枥、中华阿丁枫(覃树)、细柄阿丁枫(细柄覃树)、枫香、杜英	含单宁多的硬质树较好,寿命长,高产	一般为20～40年,有些树种可在10年内利用	直径25厘米以上适合原木栽培,10～15厘米的适合段木栽培
黑木耳毛木耳	栓皮栎、麻栎、辽东栎、青冈栎、喜树、香叶树、胶质刨花楠、杨树、柳树、榆树、槐树、桑树、千年桐、三年桐、枫杨、梨树、椴树	硬质树较好,软质树也可	8～12年生为宜	直径8～15厘米
银 耳	栓皮栎、麻栎、艳栎、青冈栎、悬铃木(法国梧桐)、朴树、相思树、大叶合欢、木麻黄、拟赤杨、杜英、千年桐、三年桐、盐肤木、芒果、鹅掌柴、山乌桕、乌桕、枫杨	软质树较好,硬质树较差	软质树3～5年生为宜,硬质树8～12年生较好	直径8～15厘米为宜
平 菇	杨树、柳树、桦木、柞木、拟赤杨(赤杨叶)、千年桐、三年桐、枫杨、柿树	软质树较好	10～30年生均可	直径10～15厘米适合段木栽培,直径20厘米以上适合砧式栽培
金针菇	构树、柘树、桑树、朴树、桂花树、杨树、柳树、榆树、枫杨、枫香、柳杉	软质树中含单宁少的树种	5～15年生	直径10～20厘米
滑 菇	山毛榉(山青冈)、日本山毛榉、蒙古栎、柞木、米槠、枫杨	硬质树	10～20年生	直径10～20厘米
猴头菌	麻栎、栓皮栎、蒙古栎、辽东栎、桦木	硬质树	30年生以上	直径30厘米以上
茯 苓	马尾松、黄山松、赤松、黑松、云南松		20～40年生	直径15～33厘米

二、工农业副产品及下脚料

适于栽培食用菌的工农业副产品及下脚料,有稻草、麦秸、棉籽壳、玉米秸、玉米芯、木屑、甘蔗渣、大豆秸、高粱秸、花生壳、甘薯藤、马铃薯秧、谷草、甜菜渣、酒糟、棉秆、棉铃壳、花生藤、大豆荚、大麦草、甘薯渣、粉渣等,其营养成分见表4-2。

表 4-2 食用菌培养料营养成分 (%)

材 料	水 分	粗蛋白质	粗脂肪	粗纤维(包括木质素)	无氮浸出物(可溶性碳水化合物)	粗灰分	钙	磷
稻　草	13.5	4.1	1.3	28.9	36.9	15.3	0.31	0.1
麦　秸	13.5	2.7	1.1	37.0	35.9	9.8	0.26	0.1
棉籽壳	13.6	5.0	1.5	34.5	39.5	5.9	—	—
玉米秸	11.2	3.5	0.8	33.4	42.7	8.4	0.39	微量
玉米芯	8.7	2.0	0.7	28.2	58.4	2.0	0.40	0.25
木　屑	—	1.5	—	95.0	—	—	—	—
甘蔗渣	8.5	1.5	0.7	44.5	42.0	2.8		
大豆秸	10.3	7.1	1.1	28.7	47.3	5.5		
高粱秸	10.2	3.2	0.5	33.0	48.5	4.6		
花生壳	10.1	7.7	5.9	59.9	10.4	6.0	1.08	0.07
花生藤	11.6	6.6	1.2	33.2	41.3	6.1	0.91	0.05
谷　草	14.1	2.6	1.3	37.1	35.8	9.1	0.33	0.66
甘薯藤	11.0	4.7	3.6	26.2	45.2	9.3	1.53	0.01
马铃薯秧	11.3	17.50	6.7	17.0	33.7	13.8		
甜菜渣	7.9	4.2	0.6	30.3	39.2	17.8	2.90	0.10

材料	水分	粗蛋白质	粗脂肪	粗纤维（包括木质素）	无氮浸出物（可溶性碳水化合物）	粗灰分	钙	磷
酒 糟	16.7	27.4	2.3	9.2	40.0	4.4	0.38	—
棉 秆	12.6	4.9	0.7	41.4	36.6	3.8	—	—
棉铃壳	8.5	5.3	2.6	39.5	34.3	9.8	0.07	0.01
大豆荚	14.5	10.3	2.5	23.3	34.5	14.9	—	—
大麦草	15.5	3.2	1.3	37.1	34.6	8.3	0.31	0.11
粉 渣	86.0	2.1	0.1	2.8	8.7	0.3	0.06	0.03
菜籽秆	10.0	2.1	2.3	46.2	31.5	7.9	0.65	0.02
废 棉	12.5	7.9	1.6	38.5	30.9	8.6	—	—
糠醛渣	—	4.2	—	71.8	—	14.0	0.34	0.07

此外,麻秆、高粱壳、砻糠、葵花籽皮、葵花盘、谷壳、油菜籽壳、醋糟、茶叶渣、葵花秆、中草药渣等均可作为食用菌的培养料。

三、畜 禽 粪

一般多作为双孢蘑菇、大肥菇、草菇、鸡腿蘑等粪草菌的栽培主料。常用的有马粪、牛粪、猪粪、鸡粪等,其营养成分见表 4-3。

表 4-3　各种畜禽粪成分 （％）

种 类	水分	有机质	氮	磷	钾	钙
马 粪	76	20.0	0.55	0.30	0.24	0.15
马 尿	90	6.5	1.20	0.01	1.50	0.45

种 类	水 分	有机质	氮	磷	钾	钙
牛 粪	83	14.5	0.32	0.25	0.15	0.34
牛 尿	94	3.0	0.50	0.03	0.65	0.01
猪 粪	82	15.0	0.56	0.40	0.44	0.09
猪 尿	96	2.5	0.30	0.12	0.95	—
羊 粪	65	28.0	0.65	0.50	0.25	0.46
羊 尿	87	7.2	1.40	0.03	2.10	0.16
鸡 粪	50	25.5	1.63	1.54	0.85	—
鸭 粪	56.6	26.2	1.10	1.40	0.62	—
鹅 粪	77.1	23.4	0.55	0.50	0.95	—
兔 粪	—	—	0.78	0.30	0.41	—

（一）马 粪

马粪性热,有机质丰富,质地疏松多孔,发酵热高,保温保水性强。

（二）牛 粪

牛粪性冷,肥效长,质地细密,透气性较差,与猪、鸡粪搭配使用为好。

（三）猪 粪

猪粪性冷,肥分高而速效,透气性较差。

（四）鸡 粪

鸡粪性热,发热快,升温高。

四、野草与树叶

（一）野 草

许多野草质地坚硬,含有食用菌生长所需要的营养,如芒箕、类芦、斑茅、芦苇、五节芒、菅草、象草等可代替木屑栽培香菇、木耳、金针菇、平菇和灵芝,其营养成分见表4-4。

表 4-4 几种野草营养成分 （％）

品 名	蛋白质	脂 肪	纤 维	灰 分	氮	磷	钾	钙	镁
芒 萁	3.75	2.01	72.1	9.62	0.60	0.09	0.37	0.22	0.08
类 芦	4.16	1.72	58.8	9.34	0.67	0.14	0.96	0.26	0.09
斑 茅	2.75	0.99	62.5	9.56	0.44	0.12	0.76	0.17	0.09
芦 苇	3.19	0.94	72.5	9.53	0.51	0.08	0.85	0.14	0.06
五节芒	3.56	1.44	55.1	9.42	0.57	0.08	0.90	0.30	0.10
菅 草	3.85	1.38	51.1	9.43	0.61	0.05	0.72	0.18	0.08
象 草	5.91	—	68.8	9.60	—	0.17	0.77	0.40	0.23
干青草	7.30	2.16	28.5	9.11	—	—	—	—	—

（二）树 叶

许多树叶中含有适于食用菌生长的营养成分(表4-5),亦可用来栽培某些食用菌,一般与其他主料配合使用为好。

表 4-5 几种树叶营养成分 （％）

品 名	水 分	粗蛋白质	粗脂肪	粗纤维	碳水化合物	粗灰分
松针粉	16.7	9.4	5.0	29.0	37.4	2.5
榆树落叶	48.3	4.3	2.2	5.0	34.7	5.5
柳树叶	38.0	6.6	3.5	8.2	37.2	6.5
芦苇叶	—	8.6	2.1	54.5	41.2	—

五、食用菌栽培废料

一般栽培过香菇、平菇、银耳、金针菇、草菇等的废料，称为菌糠，仍含有多量的纤维素等有机物，可再次用它栽培食用菌，用量可达 50％～80％。

第二节　辅助原料

在食用菌固体培养料中，用于增加营养和改善化学、物理状态的一类物质，用量较小，一般称为辅料。常用的辅料大致分为下列三类。

一、天然有机物质

主要用于补充主料中有机态氮、水溶性碳水化合物及其他营养成分，如糖、米糠、麸皮、玉米粉、油粕、蚕砂、麦芽根、大豆粉、玉米糠、高粱糠、谷壳糠等（表 4-6）。

表 4-6　天然有机物营养成分　（％）

品　名	水　分	粗蛋白质	粗脂肪	粗纤维	碳水化合物	粗灰分	钙	磷
麸　皮	12.8	11.4	4.8	8.8	56.3	5.9	0.15	0.62
米　糠	9.0	9.4	15.0	11.0	46.0	9.6	0.08	1.42
玉米粉	14.1	7.7	5.4	1.8	69.2	1.8	—	—
玉米糠	10.7	8.9	4.2	1.7	72.6	1.9	—	—
高粱糠	13.5	10.2	13.4	5.2	50.0	7.7	—	—
谷壳糠	13.5	7.2	2.8	23.7	40.5	12.3	—	—
大豆饼	13.5	42.0	7.9	6.4	25.0	5.2	0.49	0.78
菜籽饼	10.0	33.1	10.2	11.1	27.9	7.7	0.26	0.58

品　名	水　分	粗蛋白质	粗脂肪	粗纤维	碳水化合物	粗灰分	钙	磷
棉籽饼	9.5	31.3	10.6	12.3	30.0	6.3	0.31	0.97
芝麻饼	7.8	39.4	5.1	10.0	28.6	9.1	—	—
蚕　砂	10.8	13.0	2.1	10.1	53.7	10.3	—	—
黄豆粉	12.4	36.6	14.0	3.9	28.9	4.2	0.18	0.4
麦芽根	—	30.4	2.7	6.4	—	7.4	—	—
花生饼	10.4	43.8	5.7	3.7	30.9	5.5	0.33	0.58

二、化学含氮物质

化学含氮物质用于补充主料中的氮素营养,如尿素、硫酸铵等。

三、无 机 盐

无机盐用于补充主料中的矿质元素,调节酸碱度,改善化学物理状态,如石膏、碳酸钙、石灰、过磷酸钙、硫酸镁等。

第三节　添 加 剂

添加剂是用于增温发酵、抑制杂菌或刺激生长的一类物质。

一、增温发酵剂

(一)酵 素 菌

酵素菌是日本学者岛本觉也等人研制的,它是由细菌、酵母菌、丝状菌三大类 20 余种产生分解酶的有益微生物群体组成的产品,商品名叫 BYM 农用酵素。具有很强的好气性发酵力和催化分解能力,可使作物秸秆等纤维基质和畜禽粪等有机物迅速发酵,催化分解,促进有机物转化,变为食用菌容易吸收利用的营养。可用于食用菌堆肥的增温发酵,还可用于木屑、棉籽壳、玉米芯等多种培养料的堆制发酵,抑制或杀灭基料中的杂菌和害虫。

(二)生物增温发酵剂

生物增温发酵剂是上海市农业科学院食用菌研究所研制的,是双孢蘑菇培养料堆制发酵的添加剂,还可应用于除木屑以外的多种培养料的堆制发酵。

二、抑 菌 剂

(一)多 菌 灵

多菌灵是广谱性内吸杀菌剂,生产上使用 50% 或 25% 多菌灵可湿性粉剂,用于香菇、金针菇、平菇,拌入培养料内,以杀灭其中的杂菌或抑制杂菌生长,浓度为 0.05%～0.1% (50% 多菌灵)。对猴头菌、黑木耳、银耳和灵芝不宜使用。

(二)克 霉 灵

克霉灵是新型复合杀菌剂,对绿霉、链孢霉等杂菌有特效。用于平菇等食用菌,拌入培养料内,浓度为 0.1%。

(三)甲基托布津

甲基托布津是广谱内吸性杀菌剂,用培养料干重的 0.1% 粉剂混合拌料,可预防木霉污染,常用作平菇、金针菇、滑菇、香菇等木腐菌栽培的抑菌剂。

三、生长调节剂

（一）三十烷醇

三十烷醇用于香菇，浸泡或喷洒菌棒，浓度为 0.5 毫克/千克；用于平菇、凤尾菇、金针菇，浸泡或喷洒菌袋，浓度为 0.5～1 毫克/千克。

（二）萘 乙 酸

萘乙酸用于香菇浸泡菌棒，浓度为 5～10 毫克/千克。

（三）福 菇 肽

福菇肽是从福东链霉菌中提取的天然活性物质，是一种酸性蛋白酶抑制剂。香菇，脱袋后用福菇肽水溶液喷洒，浓度为 6～8 单位/毫升；双孢蘑菇，播种时喷洒床面，浓度为 8～16 单位/毫升；草菇，用于菌床喷施，浓度为 10 单位/毫升。

第五章　食用菌的栽培技术

目前,我国大面积栽培的食用菌已有30多种。其栽培方式大体上可以分为三类。

一是段木栽培法。它是利用砍伐下来的树木,截成木段后直接接种栽培食用菌,是我国传统的食用菌生产方式。这种栽培法,技术和设备简单,且产品质量好,但耗材量大,周期长,产量低,原材料成本高,只适合于树木资源丰富的地区。

二是粪草栽培法。它是利用畜禽粪和各种农作物秸秆进行堆制发酵,作为培养料,进行接种栽培,适于双孢蘑菇、草菇等草生、粪生食用菌。这种栽培法,原料充足,生产工艺简单,技术容易掌握,适合于广大农村发展食用菌生产。

三是代料栽培法。它是利用工业、农业、林业副产品和下脚料,如木屑、棉籽壳、甘蔗渣、废棉、作物秸秆、米糠、麸皮等原料,经适当配制后装入瓶、袋等容器内或铺入床架,以代替传统的段木或粪草来接种栽培食用菌。其优点是:原料来源广泛,取材方便,生产成本低,生产周期短,产量高。可以人为调节培养料的营养成分,满足食用菌对各种养分的需要,从而获得速生、优质、高产,大幅度提高种菇的经济效益。这种栽培法既适合一家一户的小规模栽培,又可工厂化大规模生产,还可以设置人工小气候,做到周年生产,调节市场淡旺季,满足市场需要。因此,食用菌代料栽培法在全国各地迅速推广普及,开创了食用菌生产的新领域。

现将32种食用菌的栽培方式综述如表5-1。

表 5-1　32 种食用菌栽培方式一览表

栽培方式	栽 培 品 种
段木栽培法	香菇、黑木耳、榆耳、灵芝、茯苓
粪草栽培法	双孢蘑菇、大肥菇、草菇、鸡腿蘑、皱环球盖菇、姬松茸
代料栽培法	香菇、平菇、姬菇、凤尾菇、金顶侧耳、阿魏蘑、元蘑、草菇、银丝草菇、金针菇、黑木耳、毛木耳、银耳、金耳、榆耳、滑菇、猴头菌、鸡腿蘑、灰树花、玉蕈、柱状田头菇、大杯伞、长根奥德蘑、竹荪、灵芝、杏鲍菇、白灵菇

第一节　双孢蘑菇栽培

双孢蘑菇,又称白蘑菇。是世界上栽培广、产量多、消费普遍的一种食用菌,是我国重要的出口创汇商品。双孢蘑菇栽培原来主要集中在南方各省、市、自治区,近年来北方地区亦广为栽培,它为农业副产品资源的综合利用提供了一条切实可行的途径。

一、栽培季节

利用自然气温栽培双孢蘑菇,一般 1 年栽培 1 次,即秋季栽培,秋季出菇,越冬管理,春季出菇。具体安排是:原料预湿(7 月中旬)→堆料发酵(7 月下旬)→播种(8 月下旬)→覆土(9 月中旬)→秋菇采收(10 月中旬至 12 月上旬)→越冬管理→春菇采收(4～5 月份)。

以上时间安排,各地可根据当地气候情况灵活掌握。

二、场地与设施

栽培双孢蘑菇可建专用菇房,或搭塑料大棚床架式栽培;亦可建简易的拱棚畦床栽培。见第三章第一节一、二。

三、栽培工艺

双孢蘑菇栽培的工艺流程如下。

原料预湿→建堆→堆料发酵→入床铺料→播种→播种后管理→覆土→出菇管理→采收

四、栽培技术

(一)堆肥原料准备

栽培双孢蘑菇的培养料,统称为堆肥。堆肥原料分为主料和辅料两部分。主料占堆肥总量的 90%～95%,辅料占堆肥总量的 5%～10%。主料包括作物秸秆,如麦秸、稻草、玉米秸秆等和畜禽粪,如马粪、牛粪、猪粪、鸡粪等,是蘑菇生长发育的主要营养来源;辅料包括饼肥(豆饼、菜籽饼、花生饼等),氮肥(尿素、硫酸铵等),过磷酸钙,石膏粉,碳酸钙,石灰等,其作用是补充主料中营养成分的不足,改善堆肥的理化性状。促进微生物的繁殖活动,加快堆肥的发酵进程。

(二)堆肥配方

1. 堆肥的碳氮比　双孢蘑菇堆肥中,粪和草的比例一般为 6:4 或 5:5,使堆肥发酵前的碳氮比为 30～33:1,发酵后碳氮比为 17～18:1 为适宜。堆肥中含氮量过少,不利于微生物增殖,堆温不易升高,拖延堆制时间,影响堆制效果;含氮量过高,如发酵不充分,造成氨、胺含量过高,抑制双孢蘑菇菌丝生长。因而堆肥中主、辅料的用量,必须调整碳氮比的平衡,以满足双孢蘑菇对碳氮比的要求。

2. 堆肥碳氮比的计算方法

(1)堆肥常用原料碳氮含量　见表5-2。

表 5-2　双孢蘑菇堆肥常用原料碳氮含量表　(％)

种　类	碳	氮	种　类	碳	氮
麦　秸	47.03	0.48	干猪粪	25.00	2.00
稻　草	45.59	0.63	干鸡粪	4.10	1.30
玉米秸	42.3	0.48	干兔粪	13.70	2.10
棉籽壳	43.0	1.24	蚕　砂	45.30	1.45
谷　壳	41.64	0.64	豆　饼	45.43	6.30
干奶牛粪	31.79	1.73	菜籽饼	45.28	4.60
干黄牛粪	38.60	1.78	尿　素	—	46
干马粪	11.60	0.55	硫酸铵	—	21
干羊粪	16.24	0.65	碳酸氢铵	—	17

(2)计算举例　堆肥总量为 2 000 千克,粪和草的比例是 6:4,干黄牛粪 1 200 千克,麦秸 800 千克,计算碳氮比及辅料添加量的方法如下。

由表 5-2 中查出麦秸的含碳量为 47.03％,含氮量为 0.48％,通过计算可得出:

800 千克麦秸中的含碳量＝800×0.4703＝376.2 千克

800 千克麦秸中的含氮量＝800×0.0048＝3.84 千克

同样从表中查出干黄牛粪的含碳量为 38.6％,含氮量为 1.78％。计算得出:

1 200 千克干黄牛粪的含碳量＝1 200×0.386＝463.2 千克

1 200 千克干黄牛粪的含氮量＝1 200×0.0178＝21.36千克

因此,堆肥中总碳量＝463.2＋376.2＝839.4 千克

堆肥中总氮量＝21.36＋3.84＝25.2 千克

按要求堆肥的碳氮比为 30∶1

堆肥应有总氮量＝839.4/30＝27.98 千克

尚需补充氮量＝27.98－25.2＝2.78 千克

如用尿素来补充不足的氮素,尿素用量应是:2.78/46％＝6.04 千克。

以上计算是一种理论数值,在生产实践中,因粪、草的质量和堆制发酵过程中氮素的损失等因素的影响,所以氮素实际添加量要稍大于理论数值。

3. 常用堆肥配方　以 100 平方米栽培面积计算,例举配方如下。

配方 1　干牛粪 1 500 千克,麦秸(稻草)2 000 千克,菜籽饼 50 千克,尿素 5 千克,硫酸铵 10 千克,碳酸钙 40 千克,过磷酸钙 10 千克,石膏粉 10 千克。

配方 2　干猪粪 750 千克,干牛粪 750 千克,稻草 1 000千克,麦秸 1 000 千克,菜籽饼 150 千克,尿素 12.5 千克,过磷酸钙 50 千克,石膏粉 50 千克,石灰 50 千克。

配方 3　干鸡粪 1 000 千克,麦秸 2 000 千克,花生饼 100千克,尿素 10 千克,过磷酸钙 10 千克,石膏 50 千克,石灰 50千克。

配方 4　麦秸 2 500 千克,饼肥 100 千克,尿素 30 千克,过磷酸钙 40 千克,石膏 60 千克,石灰 50 千克。

(三)堆肥的堆制与发酵

1. 场地　堆料场地应选择地势高燥、排水方便又要靠近

水源的地方。以水泥地面为好。场地四周开好排水沟,四角挖积水坑,使料内流出的肥水积聚在坑内,再浇回料堆,以免流失。

2. 预湿 麦秸(稻草)在堆料前 2～3 天,先切短成段,摊于地面,均匀喷水浸湿,以湿透为度,含水量为 60% 左右;干粪先粉碎后,加入清水拌匀,湿度掌握在能捏成团、松手散得开为度,含水量 50%～55%。

3. 堆料 堆料前将场地打扫干净,先铺 1 层草,约 30 厘米厚,堆宽 2 米,长度视场地而定,一般不宜超过 10 米。然后在上面铺 1 层粪,以盖没草层为度,粪上再铺 30 厘米厚的草,上面再撒 1 层粪。这样一层草一层粪,按次序往上堆叠,直到料堆高达 1.5 米左右为止。饼肥和尿素一般在堆料中间 3～6 层时加入,上下两头不加,以利充分发酵和吸收。铺料时如草料较干,可适当喷洒一点水调湿。堆料时注意堆形四边垂直、整齐,使料堆底部的宽度与顶部宽度相差不大,以利于保持堆内温度,促进好热性微生物的繁殖。堆料顶部做成弧形,堆顶覆盖草帘,防日晒。下雨时盖薄膜,防止雨水淋入料内,雨后及时揭去薄膜,以利通气发酵。

建堆时,料的含水量必须调控适当,堆料才能正常发酵。如料预湿不足,堆表层粪草干燥失水,容易发生"烧堆";过湿,含水量达 75%～80%,堆内氧气不足,厌氧菌大量繁殖,形成厌氧发酵,会使料发黏发臭。

4. 堆料发酵 堆料发酵分为常规发酵法(一次发酵法)、二次发酵法和酵素菌发酵法等。

(1)常规发酵法(一次发酵法) 建堆后 6～7 天进行第一次翻堆。翻堆就是将上与下、内与外各处调换位置,使料堆各部分发酵一致,成熟均匀。翻堆时分层加入过磷酸钙和石膏粉的一半,并浇水调湿到料内有水流出,手捏料能滴下6~7滴水为宜。第二次翻堆在第一次翻堆后5~6天,含水量用手捏料滴下4~5滴为度。如果料干,要补足水分。第二次翻堆再加入石膏粉的一半。第三次翻堆是第二次翻堆后的4~5天。料内含水量要求在70%左右。如水分不足,应喷水调整。加入石灰粉(碳酸钙),使料的pH值为7.5~8。翻堆时将粪草抖松,防止厌气发酵。料的周围喷1%的多菌灵和1%敌敌畏1次。这时培养料色泽呈浅咖啡色,已有六七成熟。第四次翻堆是在第三次翻堆后的4天左右。翻时进一步把粪草抖松,增加通气,促进发酵腐熟。料的含水量以手捏料滴下1~2滴水为好。如料过湿要翻开晾晒,散发多余水分,重新堆好;如料过干,要喷水调整水分。料内氨气重可加过磷酸钙中和(100立方米料加15~20千克)。第五次翻堆在第四次翻堆后2~3天,堆宽、堆高不变,缩短长度,减少堆的表面积,不再补充水分。堆好后2~3天即可进房(棚)。如第四次翻堆后堆肥已经发酵成熟,就不用进行第五次翻堆。从建堆起整个发酵过程为25~27天。常规发酵法的工艺流程如下。

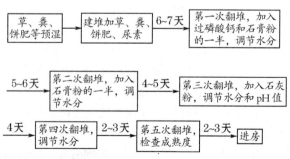

发酵好的堆肥呈深咖啡色,有发酵香味,无臭味,无氨味;生熟适中,草一拉即断;含水量62%左右为宜(手捏料滴下

2～3滴水);粪草均匀,有一定松紧度;pH值为7～7.5。

(2)二次发酵法　又称巴氏灭菌,是近年我国推广应用的一项有效技术,分为前发酵和后发酵两部分。二次发酵法流程如下。

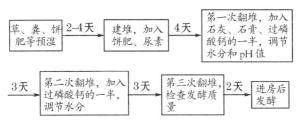

①前发酵:粪草预湿、建堆,建堆要求与一次发酵法相同。粪草需充分湿透,以少调水为原则。尿素和饼肥在建堆时加入,石膏、石灰粉在第一次翻堆时加入,过磷酸钙在第一、二次翻堆时分2次加入。堆期为11～13天,间隔为4、3、3、2天,翻堆3次。翻堆时间亦可不受天数限制,当堆温达70℃以上时,即可翻堆。

②后发酵:经过前发酵的料趁热进房(棚),堆放在床架上部各层,底层不放料。料在床架上采用垄式堆放,以利料的自身发热,升高料温。料进房(棚)后,关闭门窗,放入煤球炉加温或通入热蒸气,温度迅速上升到60℃～62℃后,保持4～6小时。这一阶段叫升温阶段,有利于嗜热微生物的生长,还可将病菌、杂菌、害虫杀死。然后降温至52℃左右,保持3～4天,进入保温阶段,使有益的中温型嗜热微生物(主要是腐殖霉菌和放线菌)大量繁殖生长。这些微生物的活动,可使堆肥内的大分子营养物质分解为简单的易被双孢蘑菇菌丝吸收的小分子营养物质。发酵结束时,腐殖霉菌和放线菌便停止生长,其菌体内的菌体蛋白又是双孢蘑菇菌丝体易吸收利用的营养。

保温阶段是后发酵的主要阶段。时间的长短要根据前发酵料的生熟程度而定,料生则长些,料熟则短些。保温阶段之后是降温阶段,将料温逐渐降低到45℃～50℃,约12小时,当降到45℃以下时,开门窗使料温迅速下降,后发酵全过程结束。完成后发酵的料的标准是:料色呈咖啡色,有香味,略带甜面包气味,无酸臭味,无氨味;草有弹性,有光泽,一拉能断;含水量62%左右,手握料滴下2～3滴水;pH值7～7.5。

(3)酵素菌发酵法 又称两菌结合发酵法。它是用一种生物技术产品——酵素菌,发酵粪、草,制作双孢蘑菇堆肥的新方法。酵素菌是由多种有益微生物组成,它发酵力强,并能产生多种活性酶,可使作物秸秆等纤维基质和畜禽粪等有机物迅速发酵分解。实践证明,酵素菌用于堆肥发酵,可加快堆肥成熟,增加堆肥的有效养分,提高堆肥质量,促进双孢蘑菇菌丝生长,具有省工、节能、增产的综合效应。

酵素菌发酵法的粪草预湿、建堆与常规发酵法相同。建堆时,按1000千克草料添加酵素菌4～5千克、麸皮25千克(两者先混合后再分层撒入堆肥中)。酵素菌发酵堆肥比常规发酵法速度快,一般经过24～48小时,堆料中心温度可升高到50℃以上,建堆后3～4天进行第一次翻堆。第一次翻堆时分层撒入磷肥和石膏粉,浇水调湿至料内略有水流出为度。第一次翻堆后4～5天,进行第二次翻堆,分层撒入石灰粉,使料的pH值为7.5～8,将粪草抖松,防止厌氧发酵。第二次翻堆后经过4～5天进行第三次翻堆。如果堆温超过75℃,应提前翻堆,以防止烧堆。如发现堆料中水分过多,可在堆顶打洞,促使水气上冒,以散失水分;如料过干,要补水调整水分。第三次翻堆后经过3～4天,检查堆肥成熟度,如果堆肥已经发酵成熟,就可不进行第四次翻堆。发酵好的标准是:料松软,富有弹性,草一拉即断,色呈黄褐色至棕褐色,无臭味,无氨味,含水量适中,手捏料滴下 2～3 滴水,粪草均匀,有发酵料香味,pH 值为 7～7.5。整个发酵周期为 16～21 天,比常规发酵法缩短 6～9 天。酵素菌发酵法流程如下。

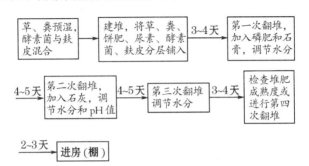

(四)菇房(棚)消毒

堆肥经过常规发酵法或酵素菌发酵法后,在进入菇房(棚)前,先在料堆四周喷 0.4% 敌敌畏和 0.4% 甲醛,再用薄膜覆盖料堆,闷 3～5 小时,以杀虫和灭菌。然后将料趁热放入菇房(棚),铺入床架或畦床。床架栽培,铺料厚度为 15 厘米左右,畦栽为 25 厘米左右。料全部进房(棚)后。迅速密闭菇房(棚),进行熏蒸消毒。每 100 平方米用硫黄粉 2 千克,甲醛 1 千克,敌敌畏 200 毫升,拌和木屑 5 千克,用瓦钵盛装,每隔 6 米放 1 钵。然后点火使硫黄及木屑燃烧,密闭熏蒸 24 小时,可达到杀虫灭菌效果。采用堆料二次发酵法,菇房(棚)在后发酵时已经过高温处理,无需再熏蒸消毒。

(五)播　种

堆肥进入菇房(棚),经过熏蒸消毒或后发酵后,打开门窗或掀起菇棚薄膜进行通风,使药味散失,同时把料层抖松,然后整平床面,稍加拍紧。待料温下降到 28℃ 以下,即可下种。

播种前需对堆肥做最后一次检查。如发现有氨味,应重新翻料,散发氨气;如堆肥过湿,要重翻 1 次或菇房(棚)进行大通风,散发过多水分;如料过干,用澄清的石灰水调节至 63%～65% 为宜。

下种前所用的钩子、瓷盆等工具和菌种瓶外壁用 0.1% 高锰酸钾液或 0.5% 漂白粉洗涤消毒。所用菌种应选用无杂菌、无虫害、菌丝浓密旺盛、具有双孢蘑菇特有香气的菌种。菌种随挖随播。播种方法是:粪草料菌种,采用穴播法。每 8 厘米左右见方的距离挖 1 小穴,放进核桃大小菌种 1 块,把菌种塞入料内,播深 5～7 厘米,在床面露出少量菌种。下种后把料面轻轻拍平,使菌种紧贴培养料。一般粪草菌种每瓶播种 0.5 平方米。颗粒料菌种,一般采取撒播。先用 75% 的菌种,均匀撒在料上,用手轻轻拍料使菌种嵌入料内,再将 25% 的菌种撒在表面,轻轻拍平料面。一般麦粒菌种每瓶播 1 平方米。

(六)播种后的管理

播种后,调节好菇房(棚)的通风和湿度。播后 3 天内,紧闭菇房(棚),稍微通风,以保湿为主。播后 1～2 天菌种萌发出绒毛状菌丝,3 天开始吃料,遇高温(28℃～30℃或以上)天气,应加强通风换气,夜间将通风口全部打开,通风降温,防止菌丝闷热不萌发。3 天后随着菌丝生长,逐渐加大菇房(棚)通风量,促使菌丝尽快在培养料中定植。在正常情况下,播种 7～10 天,菌丝就基本长满料面。此时,应加大菇房(棚)通风,昼夜打开通风口,降低空气湿度,使料面较干,促进菌丝向湿度较大的料内生长,可缩短菌丝发到料底的时间,菌丝抢先占领料层,使杂菌无法侵染孳生。待菌丝发到料底时,如料层表面干燥,可适当喷水调湿,使料面菌丝发足发好。菌种吃料后,如发现生长不快,料色发黑、发黏,原因可能是料过湿,有氨气或厌氧发酵的结果。可从床面戳洞"打扦",增加料层通气性,排除有害气体。也可用镊子插入菌种块旁边的料中,撬松抬高菌种块。撒播的可撬松料面,降低湿度。

(七)覆　土

一般播种后 16～20 天进行覆土。即菌丝长到料底,或基本接近料底时就可覆土。

1. 覆土材料及制备方法　覆土材料有耕作土和草炭等,制备方法因材料而异。

(1)常规的粗细覆土　粗土应选择团粒结构较好的壤土,这种土孔隙较多,持水性强,吸水快,有利于菌丝附着和深入。细土在床面,应选择土质黏性稍大一点的黏壤土,喷水时才能保持颗粒状,有利于通气,防止溶化散开,造成板结。一般粗土粒径大小为 1～1.5 厘米,每平方米用量为 25 千克左右;细土粒径为 0.5 厘米左右,每平方米用量为 18 千克左右。粗、细土敲碎后,用不同的筛网过筛,使粗、细土粒大小基本一致。备好的粗、细土应晒干,撒入石灰粉、多菌灵,灭菌杀虫,贮藏干燥处备用。

(2)草炭覆土　草炭是一种天然的腐殖质含量高的土,是理想的覆土材料。应选用质地疏松的泥炭苔藓作为覆土,质地坚硬的不宜采用。如果酸性强,要加入适量石灰,并掺和一些壤土调制,晒干敲碎使用。覆土的酸碱度要中性微碱,一般要求 pH 值在 7～7.5,太酸或过碱均不适合。

2. 覆土前的准备　覆土前应将料面轻轻搔一搔,拉断表层菌丝,可使土层上生长的菌丝数量增多,然后用木板轻拍并平整料面,使覆土层的厚薄均匀。

3. 覆土方法　覆土一般分两步进行,先覆粗土,待菌丝穿入粗土层后,再覆细土。

(1)覆粗土　覆粗土时,要用粗土盖没料面,土粒要撒开铺匀,排靠紧密。粗土层厚度为 3 厘米左右。覆粗土后,要做好水分和通风的调节,使土层菌丝长足长好。管理上要促使双孢蘑菇菌丝从料面往粗土的下部和内部生长,同时又要控制菌丝在粗土上部表面生长,防止菌丝在粗土层板结,包围粗土。粗土调水原则是先湿后干,调水期间菇房(棚)应加大通风。覆干粗土的调水可分 3 次调入,采取两头轻、中间重的喷水法。最后一次喷水后,捏土粘手、掰开土粒内部湿透无白心、粗土的含水量达到 20%～22% 为宜。

每次喷水时应打开门窗和通风口,最后一次喷水后要通风 5～6 小时,然后关闭门窗和通风口,保持菇房(棚)空气和土层的湿度,诱使菌丝从料面迅速往粗土上生长,通常叫做"关门吊菌丝"。粗土调湿后,一直到覆细土不再喷水,形成上干下湿、内湿外干的状态,促使菌丝在湿润的粗土内部和下部生长,而不致于延伸到粗土的表面和上部。

粗土调水,遇到 25℃ 以上高温时,喷水宜在早晚或夜间进行。每次喷水量,还需根据土质的吸水力而定,喷水量如果超过持水能力,水就流入料中,使料面菌丝萎缩,形成无菌丝的夹层,影响以后出菇。

覆潮湿的粗土,一般不需调水,要加强通风,以免造成菌丝过分闷湿而萎缩死亡。

(2)覆细土　粗土调湿后,菌丝很快长上粗土。当菌丝长到半块粗土高,在土缝间能看到菌丝,部分菌丝穿入粗土中时开始覆细土。覆细土不宜过厚,以盖没粗土为宜,厚度为0.5～1 厘米。覆干细土后当天调水,轻喷勤喷,调湿细土,调至与粗土水分相平或偏干些。覆好细土后,增加通风量,促使菌丝在表面土层干、风量大的环境中不能向上生长,只能在土层中横向生长。促使在粗土上、细土下形成出菇部位。

(八)覆土后的管理

1. 喷结菇水　覆土后菌丝在粗细土中间定位,并且气温降到 18℃左右时,即可喷结菇水。

通常,当菌丝普遍长到细土缝中,进行大通风 2～3 天,抑制菌丝生长,促使竖直上长的绒毛状菌丝联结成线状菌丝,横躺在细土缝中,线状菌丝逐渐转成束状,开始扭结产生原基(菇蕾),即应及时喷结菇水。一般,每平方米用水 2 500 毫升左右,分 2 天喷入,每天 2～3 次,每次约 500 毫升,达到细土能捏得扁,搓得圆,水湿到粗土上部。每次喷水后要进行大通风,使菇房(棚)和土层中的氧气增加,二氧化碳减少,促进子实体的形成和生长,同时,通风的结果,菇房(棚)内湿度降低,抑制土层菌丝继续向土面生长,达到促使菌丝定位结菇的目的。

喷结菇水后大通风 2 天,然后减少通风量,使细土湿度比粗土湿,促使粗土下部和粗土缝间的菌丝继续向上生长(吊菌),逐渐转为线状菌丝,为以后持续出菇做好准备。

2. 喷出菇水　当子实体普遍长到绿豆、黄豆大小时,随着子实体加快生长,需水量增多,就要喷出菇水。出菇水用量为每平方米约 2 500 毫升,分 5～6 次喷入。喷水后,逐渐减少菇房(棚)的通风量,增加空气湿度,保持相对湿度 85%～90%。这样土层内有充足水分,出土后又有较高的空气湿度,使子实体生长快而结实,达到高产优质。一般小菇蕾抗力弱,喷雾加湿时,必须将喷头向上 45°角,使雾状水薄薄落到菇蕾上,切忌直接冲到菇蕾或喷水过多,以致造成菇蕾死亡。

(九)秋菇管理

双孢蘑菇从播种到采收,一般需要 40 天左右,秋季是蘑菇生产的理想季节,抓好秋菇管理是夺取丰产的关键。

1. 水分管理 出菇期水分管理的重点是覆土层喷水和调节菇房(棚)内的空气湿度。覆土层喷水,掌握菇多时多喷,菇少时少喷;前期多喷,后期少喷。当菇出土、长到黄豆粒大小时喷 1 次重水,分次喷,每天喷 2 次,连续 2 天,用水量为每平方米 2 500 毫升左右。为预防水伤或病害发生,喷水前可先通风,使菇体表面干燥后再喷水,喷水后再施以较大的通风,使菇体表面干燥,然后再恢复正常通风管理。喷水应在温度较低的早、晚或夜间进行。在 2～3 潮菇以后,随着气温逐渐下降,床面出菇减少,喷水量要相应减少。菇房(棚)空气相对湿度保持在 80%～90%之间,每天在地面、通道的空间及四周的墙壁上喷雾状水 2～3 次,以满足子实体生长发育所需要的水分。

出菇期的水分管理对双孢蘑菇产量与质量影响很大。因此在调水过程中,除了看菇、看土喷水外,还必须结合当地气候条件、菇房(棚)保湿性能、菌种特性、菌丝强弱以及覆土的厚薄等具体情况灵活掌握。

2. 通风与温度管理 秋菇前期气温高,菇多,呼吸旺盛,排出的二氧化碳多,必须加强通风,降低温度。气温在 18℃以上时,采取早晚通风。秋菇后期气温下降,床面出菇明显减少,应减少通风量,做好保温工作。通风时,菇房(棚)内空气流速应均匀,无死角,可点 1 支香或香烟,在菇房(棚)四周测试一下,如各处烟雾均有缓慢移动时为正常,如有部分地区停滞不动者,即为死角,应设法消除通风死角。

3. 整理床面 每潮菇采收结束时,应及时整理床面。剔除床面上的老根和死菇,立即补覆湿润的细土,然后喷水。未补细土前不宜喷水,因采菇造成土层空洞,喷水容易流入料层而损伤菌丝。秋菇采收 1～2 潮后,有时床面会出现土层菌丝板结现象,应及时打扦松动土层,使板结的菌丝断裂,促使转潮和出菇。

(十)冬季管理

气温降低到 5℃ 以下时,双孢蘑菇停止生长,进入冬季管理阶段。冬季管理的好坏会直接影响春菇产量。

1. 清理床面,撬料补土 松动土层,挑除老根和枯黄菌丝,并用竹扦撬动料层,以增加土层和料层中的透气性,排除二氧化碳和其他废气,对露出土层的菌丝进行补土,以保持菌丝活力。

2. 喷水保湿 保持床面潮湿,每隔 10～15 天向床面喷水 1 次,以细土不发白、捏得扁、搓得碎为度;也可结合喷水补施追肥,增加土层养分。但要防止喷水过多,以免遇寒潮低温时床面结冰,菌丝遭受冻害。

3. 保温通风 菇房(棚)平时关闭门窗和通风口,做好保温工作,保持温度在 3℃～4℃,不能低于 0℃,防止土层和料层遭受冻害,伤害菌丝。每天中午通风 1 小时,以供给菌丝所需氧气,维持微弱的呼吸作用。

(十一)春菇管理

1. 水分管理 当气温稳定在 10℃ 以上后,开始调节土面水分,用轻喷勤喷的方法,喷水量由少到多,随着气温逐渐升高,双孢蘑菇大批出土,喷水量可相应增加,一般每天每平方米喷水 300 毫升左右。在春菇生产后期,调水量还可增加,每天每平方米喷水量 500 毫升左右,促使能结菇的土层菌丝加速结菇。

2. **防低温抗高温** 早春温度变化大,要既防止低温也要防高温。前期温度低,调水和通风应在中午气温高时进行,以提高菇房(棚)内的温度;后期气温较高时,需采取措施降温。

3. **追肥** 多潮出菇后,培养料中营养成分减少,菇型变小,薄皮菇增多,应适量追肥。常用的追肥有 0.3%～0.5%尿素,或 1%葡萄糖,或 2%生豆浆。也可用 2.5～5 千克腐熟的猪、牛尿加少量水煮沸 10～15 分钟,过滤后再加水至 50 升,冷却后喷施。追肥可结合喷水进行,一般当子实体长到黄豆粒大小时喷入土层中。要注意施用浓度和时间,否则会影响产量。

(十二)采 收

双孢蘑菇一般在现蕾后的 5～7 天、菌膜未破时采收。每天采收 2 次,即早晨和下午各 1 次。用手捏住菇盖,轻轻旋转采下,勿伤害周围小菇。丛生的球菇,用小刀小心切下合格的菇,留下小的,不可整丛拉动,否则未长大的幼菇会全部死亡。

第二节 大肥菇栽培

大肥菇又名双环蘑菇,是双孢蘑菇的近缘种,因耐高温,又叫高温蘑菇。菇体白色,菌盖光滑,初为半球形,后为扁球形。它与双孢蘑菇比较,具有下列特性:其一适应性广,耐热,菌丝生长温度为 18℃～32℃,子实体生长温度为 20℃～31℃,适合于夏季栽培;其二抗逆性较强,栽培比较粗放,耐旱,耐水,耐二氧化碳;其三菌丝生长较慢,不产生菌被,不吐黄水;其四开伞迟,易贮运,受伤不易变色。大肥菇在夏季蘑菇淡季上市,具有良好的商业开发潜力。

一、栽培季节

适宜于夏季栽培,以5～7月份为宜。在双孢蘑菇产区,可利用菇棚休闲时间栽培大肥菇,于5～6月份播种,8～9月份出菇结束,不会影响秋栽双孢蘑菇。

二、栽培工艺

大肥菇栽培工艺与双孢蘑菇相似。可参照本章第一节双孢蘑菇栽培的栽培工艺。

三、栽培技术

大肥菇的栽培技术与双孢蘑菇基本相同,但有一定的区别。

(一)配　料

大肥菇堆肥原料以粪、草为主料,配以饼肥、尿素、过磷酸钙、石膏、石灰等辅料,碳氮比以27～28∶1为宜,保证有足够的氮素营养。每100平方米栽培面积的堆肥常用配方有以下2种。

配方1　稻草1 500千克,麦秸1 000千克,干牛粪500千克,菜籽饼100千克,尿素25千克,过磷酸钙25千克,石膏50千克,石灰50千克。

配方2　麦秸2 000千克,稻草500千克,猪、牛粪(干)1 000千克,菜籽饼100千克,尿素20千克,过磷酸钙25千克,石膏50千克,石灰50千克。

(二)堆制发酵

大肥菇堆肥多采用二次发酵,即前发酵和后发酵。

1. 前发酵　建堆前2天,将稻草、麦秸切短后进行预湿,边洒水边用脚踏实,让其吸足水分。料堆宽 3～3.5 米,高 1.5～1.7 米,堆长以生产规模而定。建堆后 5 天,当堆料中心温度达到 70℃左右时进行第一次翻堆,以后每隔 4 天再翻堆 1 次,共翻堆 3 次。每次翻堆都要调节好水分,翻堆后要用 0.1%敌敌畏药液喷料堆及周边,以防害虫。发酵结束后,及时将料搬入菇房(棚)内进行后发酵。

2. 后发酵 将发酵料铺入菇床,接着通入热蒸气(或生炉火)升温,使料温升高到 60℃以上,保持 4～6 小时,随后将料温降至 50℃～54℃,保持 6～7 天,以利嗜热性放线菌和有益微生物大量繁殖。后发酵结束时,培养料呈深咖啡色,无酸败味,无氨臭味,有甜面包香味,且草料有弹性;含水量不超过 60%,用手握料手心有湿印而无水滴为度,料宁可偏干,不能偏湿;pH 值 7.2～7.5。趁热进行培养料翻格,把料层抖松,使粪草混合均匀,料层松紧一致,然后整平床面,稍加拍紧,准备播种。

(三)播　种

料温降至 35℃以下时进行播种,播种量比双孢蘑菇要多些,一般每 100 平方米栽培面积用麦粒种 170 瓶,或用棉籽壳菌种 270 瓶。先将 2/3 的菌种播入 1/3 的料层中,再将 1/3 的菌种封面,然后轻轻拍平料面。

(四)发菌管理

整个发菌期以控温、保湿、控气管理为主。菇房(棚)温度控制在 27℃～32℃,相对湿度保持在 85%～90%。刚播种的几天内,应关闭门窗和通风口,减少通风,让菌丝尽快萌发、定植。菌丝定植后,若床面干燥,可适量喷水补湿,高温时,应在凌晨喷水。因大肥菇耐二氧化碳,整个发菌期只需要少量的新鲜空气,通风量多少应按菇房内的温度、湿度和发菌情况而定。菇房(棚)内每周喷敌敌畏药液(500倍液)防虫。在适宜的条件下,经过 20 天左右,菌丝长满整个料层时进行覆土。

(五)覆 土

覆土材料准备与双孢蘑菇相同。但覆土必须进行严格消毒。方法是:在覆土材料中拌入 0.5％甲醛和 0.1％多菌灵,一般 100 平方米料中加入甲醛 5 千克,多菌灵 1 千克,然后覆盖薄膜封闭 2～3 天后再使用。覆土最好分两次进行。这样容易控制出菇部位,管理亦方便。先覆土 2～2.5 厘米厚,要求厚薄均匀。1 周后当土缝中出现菌丝时,开始覆第二次土,厚 0.5～1 厘米。覆土总厚度为 2.5～3 厘米,较双孢蘑菇薄些。覆土后将覆土充分调湿,含水量应达 24％～25％。以后覆土要经常保持湿润。覆土后约 15 天即可出菇。

(六)出菇管理

菇房(棚)温度应控制在 27℃～28℃,相对湿度保持在 90％以上。在没有菇蕾时,适当通风,增加新鲜空气,这样有利于原基快速形成。出菇后应重喷水 1 次。大肥菇生长适温高,长速快,需水量较多,以后每天要喷水 2～3 次,做到细喷、勤喷,同时加强通风换气,促进子实体生长。大肥菇的菇潮较明显。一般 7～8 天为一潮菇。

(七)采 收

大肥菇应在幼嫩时采摘,以菌盖直径 2.5～3 厘米采收为宜。每潮菇采收后,要及时补土喷水,在菇房和床面喷敌敌畏药液(500倍液)杀虫。

第三节　香菇栽培

香菇,又名香蕈、香菌、冬菇。是我国著名的食用菌,也是我国创汇很高的出口商品。它不仅肉质脆嫩,口味鲜美,香气浓郁,营养丰富,又能预防和治疗多种疾病,深受国内外消费者喜爱。目前,香菇产品畅销 64 个国家和地区,已发展成为第二种世界性食用菌品种,产销前景广阔。

一、香菇段木栽培法

段木栽培法是我国几百年来沿用的香菇栽培法,也叫砍花栽培法。是将菇树砍倒后,在树干上用斧砍许多伤口,靠天然传播孢子落入砍口而发菌。这种方法受自然条件影响大,并且菌丝生长发育缓慢,一般 2 年左右才能出菇,产量得不到保证,不能适应香菇生产发展的需要。目前推行的香菇段木栽培法,是将菇树伐倒,经过适当干燥,截成段木,集中堆放菇场,把人工培养的菌种接在段木上,通过精心管理,使菌丝体在菇木中定植,生长、发育成香菇。这种栽培法,成功率高,出菇早,产量高。

(一)栽培工艺

原木(砍倒的树木)准备→人工接种→发菌期管理→养菌期管理→出菇期管理→采收

(二)栽培技术

1. 原木准备　原木准备包括原木的选择,原木的适时采伐和干燥及原木的去枝和截段。

(1)原木选择　原木是香菇生产的物质基础。凡适合香菇生长,且能使香菇早产、高产、优质的树木,都可作为原木使用。作为香菇栽培的原木,一般应具备下列条件。

第一,树皮厚度适中,不易脱落,木材不易腐朽。

第二,不含有毒物质和异味,如树脂、树脂酸、醚类、醇类及樟油等杀菌性物质。

第三,木质坚实,营养丰富,心材少,边材多。

第四,适合本地区生长的树种。有丰富资源。

①树种:我国适于香菇生产的树种有 200 多种,主要树种见第四章第一节表 4-1。壳斗科、桦木科和金缕梅科的树木是较理想的树种。

②树龄和粗度:原木的树龄和粗度与出菇的快慢和菇木的寿命有密切关系。太老太粗的原木,出菇迟,但寿命长,出菇的年数较多;幼小的原木,出菇早,但出菇年数少。树皮薄的树,树龄可大些;树皮厚的树,树龄可小些。一般认为厚皮树以 10~25 年生为宜,薄皮树以 20~50 年生为适,树皮中等的以 15~30 年生为好。原木粗度,一般以胸高直径在 12~20 厘米之间较适合。

(2)原木的适宜采伐期 原木内积累养分最丰富的时期为适宜砍伐期。一般掌握在晚秋时树叶基本枯黄、大量落叶、至翌年春季树木萌芽前为采伐适期。其好处是:①树木处于休眠状态,树干贮藏的营养最丰富;②树木含水量少,树液流动不快,形成层细胞活动极慢,树皮与边材部贴得最紧,砍树后树皮不易剥落;③气温低,空气相对湿度小,香菇接种后容易成活,虫害和杂菌少;④有利于树木砍倒后留下的树茬重新萌芽。

采伐期要和接种期相吻合,在接种前 1 个月采伐,经过一段时间的干燥后,树木所含水分正适合于菌丝生长,不必另行调节水分。由于各种树木的含水量不同,采伐期也不一样,一般含水量高的宜早砍,含水量低的宜迟砍。砍伐时一定要注意切勿损伤树皮。

(3)原木的干燥 刚砍下的树木因含水量大,不利于香菇菌丝的生长,必须使其适度干燥,以达到菌丝生长的最适湿度。

　　原木含水量一般要求干燥至 45％～50％为宜。刚砍伐的
菇木是不适宜立即接种的。但是，菇木过干，对菌丝的发育也
不合适。干燥时间的长短应视砍伐期、场地、气候、树种、粗细
等而异，以干燥至树木无萌发力为止，或以电钻在树木上打洞
而树液不渗出为度。也可根据树木横断面出现裂纹来判定干
燥程度。原木断面呈茶褐色，裂纹大，且接近树皮，即为过干
了；树心不见裂纹为过湿；树心出现细短的裂纹为适宜，此
时即可进行接种。在正常情况下，一般菇树的干燥时间为 7～
15 天，而枫香木则要 30 天，因为枫香木保水力强。

　　干燥方法是：树木砍倒后，断口涂上浓石灰水消毒，以防
杂菌侵入，不砍尾，不去枝，不锯段，原条放着，让水分从枝叶
蒸发，这样干燥快，且可减少养分的流失。

　　(4)原木的去枝和截段　原木干燥适当后，应立即去枝并
截段。去枝时，不要齐树身砍平，应留下 4～5 厘米(图 5-1)。
因桠杈的营养较丰富，而且砍口又小，这样可以减少杂菌侵入
树身和增加出菇量。

图 5-1　去枝方法

左：正确　中：不正确　右：不正确

154

去枝后,将树干锯成一定长度的段,即为段木。段木的长度,一般在1米左右,为搬运方便,树干粗的要短,树干细的可长些。侧枝的直径在6厘米以上的均可作段木。

原木锯段后,立即搬运到菇场,伤口及断口及时用浓石灰水消毒,并把大、中、小不同的段木分别按"井"字或"山"字形堆放,堆上用枝叶覆盖,以免风吹雨淋、阳光直晒引起腐烂或干燥脱皮。堆放在通风处,减少杂菌繁殖。

原木截段应与接种密切配合,如间隔时间很长,往往由于原木太干,菌丝成活率很低,造成原木大量废弃。因此,截段和接种应根据实际的劳力和种菇数量做好安排,分期分批、交替进行,以保证每批段木接种时含水量比较适中。

2. 段木接种 就是把培育好的香菇纯菌种接到段木中去,让菌丝在其内生长发育。纯菌种接种,可使菌丝很快在段木中定植生长。

(1)菌种的准备 接种前必须准备好菌种。菌种的好坏,直接影响香菇的产量和品质。选用的菌种必须具备下列条件:①品种优良,适应性强。要适合本地区的气温条件,选用出菇早、产量高、抗逆性强的良种。②菌种新鲜,活力强。具香菇特有的芳香味,菌龄不超过3个月。如瓶内菌膜多而厚,有黄水,说明菌种已存期过久,不能使用。③纯菌种,无杂菌。

在段木接种前,对菌种可进行活力测定。方法是:在无菌条件下,把菌种瓶打开,用灭过菌的粗铁丝钩,挖去菌种表层菌膜,待露出淡黄色木屑见到白色菌丝体后,塞回棉塞,放在室内培养;或用上法把含有菌丝的木屑接种到斜面培养基上,放在室内培养。在适宜温度(22℃~26℃)下,2~3天可看见菌丝萌发,呈短绒毛状,5~6天后,淡黄色的木屑被白色菌丝覆盖,这样的菌种,说明是新鲜的,生长是旺盛的。如果菌丝不萌发或萌发缓慢,便是不好的。

(2)接种时期　主要取决于菇场的气温和空气湿度。在气温 5℃～20℃、相对湿度 70％～85％时进行接种,既有利于菌种定植,又能有效地控制杂菌。一般来说,长江流域宜在 2 月下旬至 4 月份进行接种,最好在 3 月上旬完成为好。华南地区冬季气温较高,可在 12 月份至翌年 3 月份接种,最好在春雨到来之前的 1～2 月份完成。

(3)接种工具　接种用的工具,一般有电钻、打孔器、手摇钻、皮带冲等。使用电钻,打孔工效快,省力,也便于掌握接种穴深度。

接种木屑菌种,宜用内径 12.5 毫米的锤式打孔器,与 14 毫米的皮带冲(取树皮盖)配套使用。接种棒形木块菌种,则应根据种木直径,选用相应规格的打孔器。

(4)接种方法　接种前先做好段木的消毒。可用火熏段木或用药剂处理。火熏段木,是在接种前挖一地槽,地槽里堆放柴草、树叶,点燃后将段木逐个架在地槽上熏烤,不时转动,将树皮表面均匀烤一遍。药剂处理可用 0.2％高锰酸钾溶液喷洒段木。

①木屑菌种接种法:主要包括打穴、装菌和上盖等 3 道工序(图 5-2)。

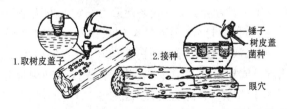

图 5-2　木屑菌种接种法

打穴:这是接种的第一步。打穴要考虑到合理密植,这样菌丝繁殖快,可提早成为成熟的菇木而早出菇,也促使菌丝及早长满整个菇木,减少杂菌的寄生危害。具体操作是:先在地面垫好枕木,将段木架在枕木上,以便操作和避免泥土沾污。用电钻或打孔器在段木要接种的地方打穴,深度为 1.5～1.8厘米,眼穴距 10～15 厘米×8 厘米。眼穴交错成梅花形,使菌丝在段木中生长均匀。过细的段木也可采用螺旋形打穴。

装菌:打穴后,要尽快将菌种接入,以防眼穴壁干燥及杂菌侵入。菌种放入眼穴直至穴底,用手指稍压,松紧适中,约八成满。因香菇菌丝是好气性的,装入菌种过多,空气缺乏,菌丝生长缓慢,并且还会冲开树皮盖。

上盖:接菌后,用直径大于眼穴 1.5～2 毫米的树皮盖盖在菌种上。用锤敲紧密封,以防水分蒸发及雨水浸入或菌种脱落。树皮盖在接种前预先打好,当天取盖要当天用完。冲取树皮盖要选择同一树种,如树种不同,遇上气候变化,两者的膨胀系数和收缩系数不一致,盖子就有脱落的危险。另外。也可用封蜡代替树皮盖。封蜡配方是:石蜡 70%,松香 20%,猪油10%,装于空罐中,用火熔匀,涂于装上菌种的眼穴及其周围。段木接种的各项工作,最好固定专人操作,实行流水作业。边打穴、边装菌、边上盖,全部工序当天完成。

②木块菌种接种法:木块菌种分楔形、棒形两种。接种楔形木块菌种时,先用斧形凿在段木上凿成深 2 厘米的裂口,凿口与段木呈 45°角,然后将楔形木块菌种塞入裂口中,轻轻锤紧,使种木与段木的木质部密合(图 5-3)。接种棒形木块菌种,打接种穴的方法与上述木屑接种时相似。但其点菌密度稍大,且种木植入后锤平即可,不必上盖或涂蜡(图 5-4)。

3. 菇木管理 接种后的段木称为菇木。菇木管理分为发

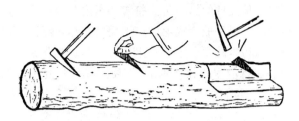

图 5-3　楔形木块菌种接种示意图

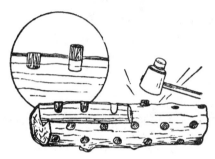

图 5-4　棒形木块菌种接种示意图

菌期、养菌期和出菇期3个阶段。

（1）发菌期管理将接种的菇木，堆放在适于菌丝生长的良好环境，使菌丝恢复活力，并在菇木内定植成活。

①菇场选择：以排水良好、通风多湿的环境为宜。

②管理：这期间必须着重做好菇木的保温、保湿工作。具体做法是：把接完种的菇木用"井"字形（图 5-5）或覆瓦形方法堆垛在避风向阳、排水保湿的环境中。堆垛上覆盖树枝叶或茅草，也可用塑料薄膜覆盖，以保持菇木相对稳定的温湿度。无论哪一种堆放方式，都不要堆得太大，以免造成中央部分空气不流通。为了使菇木内的菌丝蔓延均匀，应定期将菇木上下翻转换位。用塑料薄膜覆盖的，每3～5天要掀开1次，扇动换气；如遇干旱，每天早晚要在树枝叶上淋水，增加菇木堆的湿度；下大雨或连续下雨后，应加强通风，防止菇木堆内积水或湿度过大影响菌丝呼吸。菇木堆垛后，若气温在 10℃～15℃

之间,经2周后,菌种上首先长出气生菌丝,气生菌丝长到树皮盖和形成层,然后侵入木质部,并逐渐扩展。接种1个月后进行菌种成活情况的检查,如树皮盖已被菌丝长牢固定,掀起树皮盖,可见眼穴内充满白色绵毛状菌丝,表示菌丝生长良好。用木块菌种接种的,若拔出原为黄色的菌种下端,冒出一层白绒毛状菌丝,说明成活。经过40~50天,在菇木两头的断面及接种穴旁边看到白色菌丝的痕迹,说明菌丝已向形成层蔓延,应进入养菌期管理。

图 5-5 "井"字形堆放法

(2)养菌期管理 目的是促使定植成活的菌丝向菇木内部迅速蔓延,以及防止杂菌污染。这个阶段除了需要具备温暖条件外,还需要通风好,排水好,稍干燥,并有适度日照。

①菇场的选择:理想菇场的条件有三:第一,南或东南向的山坡,避免西向及凹地、谷地。第二,通风、排水良好,地面干燥,空气相对湿度60%~70%。第三,在常绿阔叶树下,郁闭度在60%~70%,日光、细雨能稀疏透过,即俗话所说的"七阴三阳,四干六湿"的环境。没有树木的地方,可人工搭荫棚。

②菇木堆放的方法:应根据地形、地面干燥程度、气温、风

向、光照、菇木种类和粗细等具体情况而定。一般干燥的环境则堆放宜密，倾斜度低；潮湿的环境则应稀些，倾斜度高些。堆放前，应将不同树种、粗细、长度的菇木分开，以便管理。在搬动菇木时，要轻拿轻放，防止树皮摔破。常用的堆放菇木的方法有3种。

第一种，"井"字形堆放法。此法适用平地堆放，在空气潮湿或菇木过湿的情况下采用。做法是：下部用石块或木头垫起，以免沾上泥土，便于通风。由于上下层菇木所受到的温、湿度不一致，每隔1～2个月上下翻倒1次。"井"字形堆放占地面积小，在场地小的菇场可以堆放多量菇木。

第二种，覆瓦式堆放法。适用于较干燥的平地或斜坡。做法是：堆放菇木的地方，垫好两块石头，高30～50厘米，两石距离约1米。在石上架1根菇木作枕木，枕木上排上3～4根菇木，木与木之间的距离与菇木的粗细相同，以利通风。在第一排菇木近顶端处再横放1根枕木，排放第二排，如此反复排放。枕木最好用较粗的菇木，使排与排之间空隙较大，空气能够均匀流通。上下两排的菇木要互相错开，以利通风。这种排放方式由于菇木的一头着地，能吸收水分。菇木与地面的角度，可根据地面的干湿程度而定(图5-6)。

第三种，蜈蚣式堆放法。适用于陡坡和斜地以及不大通风和湿度较大的菇场。做法是：在堆放菇木的地方，打下1根有杈的木桩，然后将1根菇木的一头放在杈上，一头着地，另取1根菇木与其交叉堆放，从坡下至坡上，照此交叉堆放，形如蜈蚣足(图5-7)。这种堆放方法占地面积大，也不易堆放平稳，一般较少采用。

③管理：这一阶段要做好以下几方面的管理工作。

翻堆：每1～2个月要将菇木上下左右互相调换1次。既

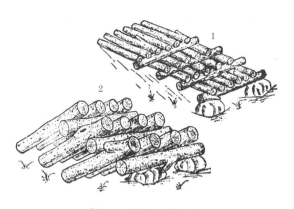

图 5-6　覆瓦式堆放法

1. 斜坡堆放　2. 平地堆放

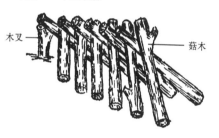

图 5-7　蜈蚣式堆放法

要调头又要换位,以调节菇木的湿度,使菌丝均匀生长。翻堆不仅能使菌丝生长均匀,而且由于翻堆的震动,还可以刺激菌丝生长。因此,尽可能多翻几次。菇木中菌丝发育到生理成熟时,经常翻堆震动菇木,可起到"敲木催蕾"的作用,以促进早现蕾、早出菇。翻堆时要注意保护树皮,当出现菇蕾后应停止翻堆,以免菌丝断裂引起菇蕾死亡。

防治杂菌:要不断清除菇场的杂草和枯枝落叶,保持菇场的清洁、通风,预防杂菌的发生。发现有栓菌、云芝、革菌、裂褶菌等各种杂菌时,应及时除去,并用波尔多液喷洒。香菇在一个场地连续栽培,往往造成杂菌的危害加重,所以应每隔几年调换 1 次场地。

注意日照和温湿度调节：为了防止菇木日晒、风吹和雨淋，调节好日照和温、湿度。应加盖覆盖物进行控制。在雨季要注意通风及排水；高温干旱时应适当浇水，做到降温保湿；阳光强时要遮荫，阳光弱时要去掉遮蔽物；温度低时要保温，温度高时要散热。

（3）出菇期管理　一般春季接种的菇木，如果管理得好，到秋季菌丝已充分发育，菇木即已成熟，进入架木出菇阶段。

鉴别菇木的成熟度，一般是凭经验来判断的。成熟的菇木有味，重量减轻，敲打时发出浊音，用手压树皮有松软弹性感觉，在树皮表面开始出现瘤状的突起，剥开有一种香菇特有的香味，有时出现少量香菇。最好的方法是将菇木锯断，菇木的整个断面呈淡黄色，树皮和木质部以及年轮已区分不出来，这说明菌丝在菇木中已经充分发育，具备了出菇条件，这时应把菇木移往出菇场管理。

①出菇场的选择：出菇场应选择具备下列条件的场地（表5-3）：其一，场地潮湿，以六成湿四成干为宜，空气相对湿度以 80%～85% 为好。其二，场内三阴七阳，透光度以 35%～40% 为宜。温度保持在 13℃～18℃。其三，最好是风小而又较温暖的缓坡地，坡向为东坡，能照到朝阳，避免西风西照。其四，靠近水源，在干旱时以便及时补水保持湿度。

出菇场与发菌场相比，其生态环境的异同见表5-3。

表5-3　出菇场与发菌场的生态环境

发 菌 场	出 菇 场
（1）气温基本恒定于 25℃左右	（1）气温在 15℃左右，有温差刺激
（2）堆场湿度 70%～75%，要求干湿交替，使菌丝深入内层	（2）堆场湿度 80%左右，菇木内含水量要求比菌丝阶段提高 10%

发 菌 场	出 菇 场
(3)要求七阴三阳	(3)三阴七阳的场地,有充足的光照
(4)湿度不足,可直接在菇木上淋水	(4)出菇时不能直接在菇体上喷水
(5)菇木前期呈"井"字形堆叠,后期以覆瓦或蜈蚣式堆叠	(5)菇木呈"人"字形堆放

②架木方法:为便于管理和采收香菇,可将菇木搭成"人"字形(图 5-8)。其方法是:先在菇场埋 2 个木叉,架上横木,横木离地面约 65 厘米。环境湿可架高些,干燥则架低些。在横木两侧呈"人"字形交错排列菇木,木与木之间的距离应在 10厘米左右,以免影响出菇。

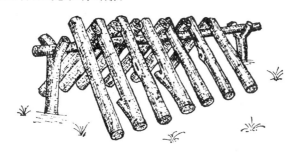

图 5-8 "人"字形架木

③补水:菇木进入架木管理后,如温、湿度适合,一般几天后就有菇蕾长出。如气候干燥,雨水少,湿度低,应进行人工补水。补水可用人工或机械喷淋,每天少量多次,注意细水轻浇,连续浇淋菇木 3～5 天;也可将菇木放在蓄水池、小水沟中,上面压以重石,浸泡 12～24 小时进行催蕾,促使出菇,使出菇整齐一致。

4. 采收 出现菇蕾后,在适宜温、湿度条件下,经过 7～

10天便可采收。香菇一般有七八成熟,即在菌盖边缘向内卷成"铜锣边"、菌膜刚破裂时,采摘最适宜。在适宜的采收期内,可根据商品加工需要,确定相应的采收标准。采菇时用拇指和食指捏住菌柄的基部,左右旋转,轻轻拧下,注意不要碰伤周围小菇,也不让菇脚残落在菇木上,否则菇脚烂在菇木上,这一部分就不再出菇。采菇时还应注意不要损伤菇木的树皮,不要将菌柄拔起来,不然会使菌柄基部和树皮一起剥落,影响菇木的寿命。

5.采菇后菇木管理 发菌较差的新菇木,当年秋季很难成批出菇,应继续养菌,等到翌年春天再催菇。产过菇的菇木,易于吸水和被杂菌、虫子危害,要注意防潮湿和防治杂菌和害虫。不要让阳光直射,以免菇木内的菌丝被晒死。在雨季要尽可能不使雨淋,以防长期过于潮湿引起菌丝死亡。进入寒冷干燥的冬季已很少出菇,应进行越冬管理。将菇木堆放在避风向阳的地方,适当覆盖,保湿保温培养菌丝体。开春以后,气温逐渐回升,可接受雨水任其自然出菇,或人工补水催菇。采收春菇以后,当平均气温超过18℃时,菇木也很少出菇,这时应做好蔽荫调湿的越夏管理,给菌丝体创造一个休养生息的环境,到秋季继续进行出菇管理。一般菇木可产菇3~5年。

二、香菇代料栽培法

段木栽培香菇,受到树木、地区、季节、环境条件等限制,影响香菇生产的发展。近年来,各地采用木屑、甘蔗渣、棉籽壳、玉米芯、野草等代料栽培香菇获得成功,并大面积推广。此法不但节省大量木材,降低生产成本,而且原料来源广,生产周期短,产量高,受季节和环境影响小,可以在平原地区大面积生产。据上海市农业科学院食用菌研究所试验表明,用木屑、米糠代料栽培香菇,从接种到出菇只需 3～4 个月,至采收结束共 10～11 个月,生产周期比段木栽培缩短 1/2 以上,每 100 千克木屑料可收鲜菇 60 千克左右,比段木栽培增产 3～4 倍。代料栽培是香菇生产行之有效的途径。

代料栽培香菇主要有两种形式,即压块栽培和菌筒栽培。两种栽培方式所用原料及基本工艺相同。只是前者挖瓶(脱袋)压块后于室内出菇;后者脱袋后直接于室外荫棚或塑料大棚内出菇,管理更为方便,很适合于乡镇进行集约化经营。目前,菌筒栽培法已代替压块栽培法。现主要就菌筒栽培法分述如下。

(一)栽培季节

香菇属低温性菇类,菌丝生长适宜温度在 25℃左右,转色的温度为 18℃～22℃,子实体发生阶段要求 15℃左右,且有较大的温差。根据香菇对温度的要求,各地区可视当地气候情况,只要确保香菇菌丝生长、菌筒转色与出菇阶段处在人为控制较适宜的环境条件下,可分别实行春季、夏季、秋季和冬季栽培。

根据华北地区的气候特点,香菇栽培季节安排如下。

1. 北部山区 冬季严寒,夏季凉爽,选用低中温型菌株,于春、夏、秋三季栽培,四季出菇,尤以春季 2～3 月份栽培为好。

2. 中南部地区 春、秋两季栽培。春栽用中高温型菌株,于 1～2 月份培养菌袋为好,4 月份进入转色出菇,度夏后秋季继续出菇;秋栽,用低中温型菌株,于 9～10 月份培养菌袋,避开 7～8 月份高温,11 月份至翌年 5 月份出菇(冬季进入日光温室)(表 5-4)。

表 5-4　华北地区香菇制种与栽培时间安排

类　别	月　　份											
	1	2	3	4	5	6	7	8	9	10	11	12
原种、栽培种	—	···	···	—	···	—	···	—			—	—
培养菌袋			···	···	—			—	···			
脱袋、转色、出菇	···				—	—	···	···	···	···	···	···

注：···为北部山区，—为中南部地区

(二)场地与设施

香菇代料栽培采用室内发菌与室外出菇的两区制栽培方式。场地和设施应与两区制栽培方式相适应。

1. 发菌室　供接种后菌袋发菌的房间。要求干净、通风、光线暗，干燥，夏季凉爽，冬季保暖。单间面积以 16～24 平方米为宜。

2. 菇场　根据出菇时的气候环境建造不同类型的菇棚，以供发好菌的菌筒(菌袋脱袋后的圆柱形菌筒，又叫菌棒或人造菇木)出菇。

(1)荫棚　适于南方气温高的地区和北方夏季出菇。

(2)塑料薄膜日光温室　适于北方寒冷地区和寒冷季节出菇。

(3)整畦床　供排放香菇菌筒用的菇床，一般畦长 6～10 米，宽 1.2～1.4 米，高 0.2 米，床面略呈龟背状。床与床之间设人行道，宽 50 厘米，两排畦床中间开设浸水沟，沟宽 60 厘米，深 70～80 厘米，长度视场地面积而定(图 5-9)。

(4)设排筒架　菌袋脱袋后，菌筒依托排筒架在畦床面作鱼鳞式排放。排筒架的搭法是：先沿畦床两边每隔 2.5 米打 1

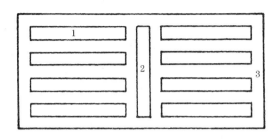

图 5-9　畦床平面图

1. 畦床　2. 浸水沟　3. 人行道

根木桩,桩的粗细为 5～7 厘米,长 50 厘米,打入土中 20 厘米,然后用木条或竹竿与木桩连接形成 2 根直杆,在直杆上每隔 20 厘米处,钉上 1 只铁钉,钉头露出木杆 2 厘米,在靠钉头处排放直径 2～3 厘米、长度比畦床宽 10 厘米的木条或竹竿作为横杆,供排放菌筒用(图 5-10)。搭架后,在畦床两侧每间隔 0.5～1 米插上横跨床面的弧形竹竿或竹片,作为拱膜架,供覆盖塑料薄膜用(图 5-11)。

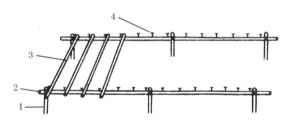

图 5-10　排筒架

1. 架脚　2. 直杆　3. 横杆　4. 铁钉

(三)栽培工艺

香菇代料栽培的工艺流程如下。

原料准备→配制培养料→装袋→灭菌→接种→菌袋发菌→脱袋排场→转色管理→出菇管理→采收

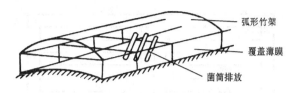

图 5-11　拱膜架

(四)栽培技术

香菇代料栽培技术,主要包括原料准备、培养料配制、装袋、灭菌、接种、菌袋发菌、脱袋排场、转色与出菇管理等项技术环节。

1. 原料准备　包括配制培养料的原料、塑料袋及其配件和消毒药品等。

(1)配制培养料的原料　主要有木屑、麸皮或米糠、石膏粉等。亦可根据当地资源,选用棉籽壳、玉米芯、甘蔗渣、大豆秸和野草作为原料,与木屑搭配使用。

(2)塑料袋及其配件

①塑料袋:用高密度低压聚乙烯筒料,筒径扁宽 15 厘米,厚 0.05 毫米。裁成 55 厘米长的段,用棉纱线把每一段筒料的一端捆扎紧,并在烧红的铁板上把扎紧的一端熔化后粘成一个小疙瘩密封。一般 10 千克筒料可裁成 140~160 个袋。

②棉纱线:用于袋子扎口。常用 21 支纱线和 25 支纱线,每栽培 1 万袋香菇约需 2 千克。亦可用塑料带代替。

③胶布:用于接种穴封口。使用时将其剪成 3.5 厘米×3.5 厘米的小方块。食用菌专用胶布每筒可封口 1 000 穴。亦可用透明胶带代替,其成本比胶布低。

(3)消毒药品　常用的有酒精、甲醛、高锰酸钾、石灰、石炭酸、来苏儿等。

（4）其他　有塑料薄膜,用于菇场覆盖菌筒。通常用高压聚乙烯薄膜,料质柔软,无色透明。选用幅宽 3 米、厚 0.06 毫米的薄膜为宜。备用量为 60 千克/1 万袋。

2. 培养料配制

（1）培养料配方

配方 1　木屑 79%,麸皮 15%,玉米粉 5%,石膏 1%。料水比为 1：1.2～1.3。

配方 2　棉籽壳 40%,木屑 35%,麸皮 20%,玉米粉 2%,蔗糖 1%,石膏粉 2%。料水比为 1：1.22～1.27。

配方 3　甘蔗渣 50%,木屑 30%,麸皮 18%.石膏 2%。料水比为 1：1.25～1.3。

配方 4　木屑 20%,玉米芯 60%,麸皮 15%,玉米粉 4%,石膏 1%。料水比为 1：1.25～1.35。

配方 5　芒萁 20.7%,类芦 20.7%,斑茅 20.7%,芦苇 20.7%,麸皮 15%,石膏 1.2%,蔗糖 1%。料水比为 1：1.3～1.35。

（2）配制方法　按照配方要求,称取原料和水,混合搅拌,配制成培养料。具体做法如下。

①过筛：先把木屑、麸皮等主要原料和辅料,分别用 2～3 目的铁丝筛过筛,剔除小木片、小枝条及其他硬物,以防装料时刺破塑料袋。

②混合与搅拌：在水泥地面上,把木屑、棉籽壳等主料堆成小堆,再把麸皮、玉米粉、石膏等辅料由堆尖分次均匀地撒下,用铁锹反复拌和,然后将事先溶化好的蔗糖水和定量的清水,分次洒入料内,用铁锹反复翻拌,使料水混合均匀,用铁丝筛过筛,打散结团。拌料力求均匀,操作速度要快,从拌料至装袋开始,以不超过 2 小时为宜,防止拌料时间过长,料发生酸

变。在气温较高的季节配料时,料中可添加 0.1% 多菌灵(50% 浓度)防杂菌。

3. 装袋　配制好的培养料,让其吸足水分后,就应立即装袋。装袋的方法是:用手将培养料装入袋筒内,边装边轻轻压实,用力均匀,使袋壁光滑而无空隙,装满袋后再把袋口合拢,用棉纱线紧贴料面扎紧。为保证装袋质量,提高工效,最好用装袋机装料,1 台装袋机,配备 6～8 人操作,1 人铲料上机,1 人递袋,1 人装袋,3～5 人扎口,1 天可装 2 000 袋左右。

装袋时,一要快装,从拌料到装袋结束,力争在半天内完成,尤其在热天,防止料发酵。二要松紧合适,不能过松或过紧。过松,菌筒难成形,且气生菌丝旺盛,菌膜厚,影响产量;过紧,发菌慢,菌丝长势弱,且灭菌时袋筒易膨胀破裂。装袋的松紧度,以单手握抓起料袋,袋表面有轻微凹陷的指印为宜。三要轻拿轻放,不拖不磨,避免人为弄破袋壁。

4. 灭菌　装袋后要立即进锅灭菌。灭菌有高压蒸气灭菌和常压蒸气灭菌两种。一般多用常压灭菌灶蒸料灭菌,料袋进入蒸仓后,立即旺火猛攻,使之在 3～5 小时内迅速上升到 100℃,保持锅内水沸腾,使温度维持 100℃,持续 8～10 小时,才能达到彻底灭菌的目的。灭菌时,料袋要排放整齐,每蒸屉放 3～4 层,袋间留有一定空隙,与仓壁四周留足 10 厘米空隙,以利热蒸气流通和冷凝水回流到锅中。最好用周转筐装袋,把周转筐直接堆放在蒸仓内,这样进出袋方便,菌袋搬动次数少,可减少破损,且排放整齐,缩短进出袋时间,工效高。

5. 接种　灭菌后的料袋及时搬进冷却室,"井"字形 4 袋交叉堆叠,让料袋散热冷却。待袋内温度下降到 28℃以下,方可接种。接种前,将料袋、接种用具等放入接种箱(室)内,每立方米空间用 40% 甲醛 10 毫升、高锰酸钾 5 克,二者混合熏蒸

30 分钟,菌种瓶(袋)表面和操作人员的手用 75%酒精擦拭消毒。接种时应严格无菌操作。接种方法是:用直径 1.5～2 厘米的实心木制(或铁制)钻头(消毒后),在料袋的一面打 3 个洞,另一面打 2 个洞,洞与洞之间交叉等距。然后用接种器从菌种瓶里取出菌块迅速接入洞中,填满,使菌种穴口密合,不留空隙。再贴上预先消毒过的 3.5 厘米×3.5 厘米的四方胶布(或透明胶带)封住菌种穴口,每瓶菌种接 80 穴左右。接种时一般 3 人配合操作,边打穴、边接种、边贴胶布,要求动作熟练迅速。接种时,选用菌丝洁白健壮、绒毛状、分布均匀、纯度高、不松散、与木屑互相连结成块的菌种;菌龄应掌握在满瓶后 20 天内,表面及瓶壁无褐色菌膜、不吐黄水的为好。这样的菌种生活力强,接种后萌发快,可提高成品率。如菌种出现脱壁、萎缩,即为老化菌种,不能应用于生产。

6. 发菌培养　接种后将菌袋搬入发菌室。发菌室使用前经消毒药水喷雾或熏蒸消毒,并在地面或培养架上撒石灰粉。菌袋排放地面,按"井"字形叠高 8～10 层,排列时接种口对外侧,不要重叠,以利通风发菌。排放培养架可堆叠 3～4 层。堆垛之间要留有一定距离,以便于管理,有利于菌袋通气。

发菌期间要认真做好温度、湿度、通风、光照调节、定期翻堆,防止杂菌污染和适时补充氧气等管理工作,创造良好的环境,促进菌丝萌发,快定植、健壮生长。

(1)温度　发菌室的温度以 20℃～24℃、堆温以 24℃～26℃为好。温度高于 28℃,应通风降温。如在 14℃～18℃的温度培养,菌丝生长虽慢些,发菌期稍延长,但菌丝生长健壮,不影响产量。

(2)湿度　发菌期间宁干勿湿,空气相对湿度以 65%左右为宜。湿度高,容易孳生杂菌。

(3)通风　通风结合调温进行。气温高时,早、晚通风;气温低时,中午通风;料温高时多通风。

(4)光照　暗光培养,防止菌丝形成菌膜。发菌室的窗户应糊上报纸,门上挂门帘遮光。脱袋前10天,适当增加光照,光线刺激有利于脱袋后转色。

(5)翻堆　一般于接种后10天开始第一次翻堆,以后每隔10天翻1次堆,并检查菌丝生长情况。翻堆时做到上、中、下、里、外均匀对换,使菌袋发菌条件均匀,发菌整齐。翻堆时要轻拿轻放,防止袋壁破损。

(6)防止杂菌污染　翻堆时认真检查有无杂菌污染,一旦发现杂菌,及时进行处理。杂菌斑直径在5厘米以内的,可以注射95%酒精或20%的甲醛溶液于污染处,再用手指轻轻按摩其表面,使药液渗入,然后用胶布贴封注射口。污染严重已产生杂菌孢子的菌袋,先用湿报纸包好,控制孢子飞散,然后移出发菌室深埋或烧毁。

(7)补充氧气　进行微孔补氧。方法是:在菌丝生长线后1～2厘米处,用针(或细钉)扎刺1圈。第一次在菌穴菌丝向四周扩散蔓延5厘米后;第二次在发菌中期,促菌丝加快蔓延;第三次在菌丝满袋时,可减少瘤状突起发生引起的营养消耗,有利于早出菇,可防止畸形菇的发生。

7. 脱袋与转色管理　脱袋与转色是香菇代料栽培管理中的重要环节,要选择好脱袋最佳期,以便脱袋后菌筒更好地转色。脱袋过早,即菌丝未达生殖生长阶段,不但难转色,即使转色,其菌膜薄、色淡、菌筒水分散失快,造成脱水不出菇,且袋内的香菇菌丝刚长好,未达到生理成熟就脱袋,也容易污染。菌丝达到生理成熟后,应尽快脱袋。脱袋过晚,袋内形成的菌蕾因缺氧闷死而烂掉,或出畸形菇,延误了出菇最佳期,影响产量。

(1)掌握脱袋最佳期　脱袋最佳期为菌丝长满袋后 10～15 天。在正常发菌条件下,一般从接种日算起,早熟品种 60～65 天,中晚熟品种 75～90 天。

这时,菌丝由白色转为淡黄色,接种穴或袋壁局部出现红色或褐色斑点。表面菌丝起蕾发泡,瘤状突起明显。见光后菌袋内出现原基。手抓菌袋有松软弹性感。

(2)脱袋注意事项　①下雨天、刮风天不脱袋,因菌丝突然受不良条件刺激后会影响正常转色与出菇。②气温高于 25℃或低于 12℃不脱袋。③受杂菌污染部分保留薄膜不脱,以控制其蔓延。④做到边脱袋、边排放、边覆盖薄膜,避免菌筒干燥和不良环境影响。

(3)脱袋与转色方法　脱袋前,先将菌袋搬至菇棚内"炼袋"2～3 天,让菌袋适应菇棚小气候。然后用消毒的刀片沿菌袋纵向划破袋壁,剥去薄膜脱袋。如遇天气不适宜,可先割开袋,隔 1～2 天再行脱袋。脱袋的菌筒立式倾斜 80°角排放于畦床的排筒架上,宽 1.4 米的畦床,排放 8～9 筒,间距 3～4 厘米。菌筒排放后立即覆盖薄膜．只要温度不超过 25℃,不揭膜通风,创造高湿环境,以利菌丝恢复生长。3～4 天后,菌筒表面布满绒毛状白色菌丝,于第五天开始,适量通风,每天上、下午揭膜通风 30 分钟,加大菌筒表面的干湿差,使菌丝与空气、光线接触,迫使绒毛状菌丝逐渐倒伏,分泌色素,出现黄水,此时延长通风时间,连续喷水 2 天,每天 1～2 次,冲去粘在菌筒上的黄水,喷水后晾干菌筒表面,以手摸不粘时再覆盖薄膜。经 10～12 天转色管理,菌筒表面由白色转为粉红色,逐渐变为茶褐色,最后在菌筒外面形成薄树皮样的红棕色或深褐色菌膜,转色结束。转色的温度以 18℃～22℃为好,最高不超过 25℃,最低不低于 15℃,昼夜温差不宜过大;空气相对湿度 85%～90%,菇棚内保持空气新鲜,有散射光(表 5-5)。

表 5-5　袋栽香菇脱袋转色管理程序

| 天　数 | 菌筒外观 | 操作要点 | 菇棚环境条件 | | | | 注意事项 |
			温度（℃）	湿度（％）	光照	通风	
1～4	白色绒毛状菌丝继续生长	脱袋菌筒排放于菇床或畦面,罩紧薄膜	23～25	85	散射光	25℃以下不揭膜通风	气温超过 25℃时揭膜通风 20～30 分钟
5～6	菌丝逐渐倒伏,分泌色素	掀动薄膜,增加菇床内的空气流通量	20～22	80～85	散射光	每天揭膜通风 2 次,每次 20～30 分钟	防止菇棚内湿度过大、菌丝不倒伏
7～8	菌筒表面吐出黄色水珠	每天喷水 1～2 次冲洗黄水	20	85	散射光	喷水时随即通风,待菌筒晾至不粘手时盖膜	第一天轻喷,冲淡黄水,第二天重喷,冲洗黄水
9～12	由粉红色逐渐变为红棕色	观察温湿度变化和转色进程	18～20	83～87	散射光	每天通风 1 次,每次 30 分钟	温度不低于 12℃或超过 22℃
13～15	外表形成棕褐色的"人造树皮"	温差刺激,干湿交替,光照刺激,促发菇蕾	15～18 昼夜±10℃以上	85	散射光	白天罩膜,晚上通风 1 小时,昼夜温差 10℃以上	防杂菌污染

转色的好坏与香菇菌筒出菇的迟早、菇潮的潮次、产量的高低、质量的好坏有着密切的关系。转色的褐色分泌物具有生物活性物质的成分,它附着在菌筒上,一是对菌筒起保护作

用,二是具有催蕾促菇作用。菌筒转色有4种颜色,即深褐色、红棕色、黄褐色和灰白色。以红棕色最理想,深褐色和黄褐色其次,灰白色最差。一般说。菌膜深褐色的出菇迟,出菇稀,菇体大,质量好,产量较高;菌膜红棕色的出菇正常,稀密适当,菇体中等,质量好,产量高;菌膜黄褐色的出菇稍早,菇较密,菇体较小,质量一般,产量较高;菌膜灰白色的,出菇早而密,菇体小,质量差,产量低。

(4)转色异常的防止

①转色太淡:转色太淡,影响出菇,且菌筒易被杂菌侵染。转色太淡的原因是:菌袋刺孔通气太多,导致料内蒸发失水;菇棚保湿差,畦床太干;脱袋后没有及时覆盖薄膜或者覆盖的薄膜已经破损,无法保湿。上述种种原因,使菌筒表面失水变干,致使转色太淡。发现这种现象后,可向菌筒喷水补湿,增加菇棚湿度,适当控制通风,诱发气生菌丝,转入正常转色管理。

②菌丝徒长不倒伏:若脱袋后5～6天,绒毛状菌丝仍不倒伏,要在午后掀起薄膜3～4小时,让菌丝接触更多的光线和干燥空气,或用2％的石灰水喷洒菌筒,迫使绒毛状菌丝倒伏。

③菌筒表面局部脱落:脱袋后3～5天,菌筒表面瘤状菌丝膨胀、起泡,局部脱落,影响正常转色。原因是:脱袋太早,菌丝体未达到生理成熟;脱袋后遇到恶劣的条件,使表面菌丝紧缩脱落。挽救办法是:创造适宜的温度、湿度环境,保持每天通风2次,经过1周的管理,让菌筒表面重新长出新的菌丝,再转入正常转色管理。

(5)影响转色的因素　①菌丝体生长情况。菌丝生长洁白、健壮的转色快。②菌龄。适龄菌丝体转色正常,色泽鲜明。

175

③空气。成熟菌丝体必须接触空气才能转色。④水分。要做到干湿交替。⑤温度。25℃转色快,15℃以下转色慢。⑥光线。光线充足转色快,颜色深;光线暗,转色慢,色泽浅。

8. 出菇管理

(1)催蕾 香菇是低温变温结实型真菌,只有通过"变温"的刺激,才能进行生殖生长。冷冷暖暖、干干湿湿、明明暗暗以及畦床薄膜盖盖掀掀,是促成子实体形成的重要手段。

催蕾管理的要点是:①昼夜温差在10℃以上,连续3～4天;②空气相对湿度90%左右,变温同时进行干湿刺激;③给以散射光的刺激;④增加通风量。

具体做法是:菇床白天盖紧薄膜,温度保持在20℃以上,有一定的光照,夜间揭膜通风,菇床温度、湿度急速下降,日夜温差在10℃以上,连续3～4天,菌丝就会互相交织成盘状组织,随着周围菌丝不断地输送水分和养分,盘状组织逐渐膨大,菌筒表层出现不规则的白色裂纹,菇蕾就会从裂纹中长出。

(2)保蕾成菇管理 菇蕾出现后,应及时采取保蕾成菇措施,防止菇蕾枯萎死亡。管理上应调节好温度、湿度、通风和光照等4个因素。①温度:增减遮盖物和调节通风强度,使温度保持在15℃～25℃。②湿度:早、晚喷水,菇小少喷,菇大多喷,保持空气湿度80%～90%,菇体成熟时停止喷水。③通风:早、午、晚各通风1次,保持菇床空气流通,防止畸形菇。④光照:根据商品菇对菇色的不同要求,调整菇棚遮盖物的厚度,保持"三分阳、七分阴"或"四分阳、六分阴"的较强散射光。

(3)补水促菇管理 头潮菇采收后,继续利用温差和干湿差两个刺激,进行补水促菇管理。方法是:菇棚停止喷水,揭膜通风,使菌筒晾干,7～10天后给菌筒注水或浸水,使菌筒含水量接近原重量为准。经过一干一湿后,菌筒覆薄膜保温保湿,促使菌丝恢复生长,3～5天后开始温差刺激,昼夜保持10℃以上温差刺激,迫使菌丝体分化菇蕾,形成新的菇潮。第二潮菇采收后,按上述方法继续补水促菇管理,可集中采收3～4潮菇,有效地缩短生产周期。

三、花菇培育技术

花菇是香菇中的上品,以菊花形的白色花纹菇为最优,其肉质肥厚致密,质地细嫩,风味浓郁,味鲜美,口感好,为国际市场畅销商品。栽培花菇与普通香菇比较,在同样条件下,花菇与普通香菇的成本相差无几,产值提高1倍以上,利润增加2～3倍。

(一)花菇形成的机理与条件

花菇是香菇的一种特殊变态。在香菇生长阶段,当遇到日温昼高夜低、空气日干夜湿的特定气候环境时,香菇菌盖表皮细胞分裂变慢,而菌肉细胞分裂加快,使表皮细胞与菌肉细胞的分裂生长处于十分不协调和不同步的状态,发展到一定程度就出现"皮包不住肉",菌盖表皮细胞不得不开裂而裸露出肉质部分,菌盖表面出现龟裂,形成菊花状或鱼鳞状或伞骨状等多种形状的裂纹,这种特殊形态的香菇叫做花菇。也可以说,花菇是香菇抵抗恶劣环境的一种自我保护的特殊形态。

花菇形成需要下列特定的生态环境。

1. 低湿　要求空气干燥,环境干燥,地面蒸发量低,空气相对湿度在65%～70%之间。

2. 低温与温差大　有利于加速菌盖开裂和加深裂纹。

3. 强光刺激　可以加速菌盖表面水分的蒸发,促进菌盖开裂。光照度以1 500～2 000勒为宜。

4. 风速　一定的风速,可加速菌盖表皮干燥和开裂。

5. **海拔**　海拔高的山区,气温低,昼夜温差大,有利于花菇形成。

(二)花菇培育技术

培育花菇,备料、培养料配制、装袋、灭菌、接种、培养等工序与普通香菇栽培基本相似,但有其不同的技术要求。

1. **品种选择**　选择菇蕾发生量少、菇蕾抗逆性强、耐干旱、花纹形成快、朵型大而圆整、菌肉肥厚、菌柄粗短的中低温型或低温型及菌龄较长的 939,241-4 和 135 等香菇品种。

2. **菌袋培养**

(1)培养料配制　所用木屑,要选用硬质树种,皮层较多,以柞木屑为好;木屑要粗细搭配,粗粒(直径 2～3 毫米)占50%左右;因木屑颗粒较粗,要求前一天晚上先用水把木屑预湿,使木质软化,含水量均匀,不易刺破袋壁;料水比掌握在1∶0.9～1 为宜,不要偏湿,以免头潮菇太多,营养消耗大,不利于花菇后期管理,影响产量和质量。

(2)菌袋转色与导出黄水　培育花菇,管理上菌袋不脱去薄膜,以便创造一个内湿外干的特殊环境。由于不脱袋,菌袋转色只在接种穴附近和培养料与袋壁之间有空隙处以及形成瘤状突起的部位,而袋壁与菌丝紧贴的地方不转色。所以花菇菌袋完成转色不像普通香菇脱膜菌袋那样色泽均匀一致,而是成为灰褐相间的花花菌膜。转色过程中菌袋内往往分泌酱色黄水,应及早排除,如酱色黄水滞留,容易感染杂菌发生酸败,使菌袋腐烂。

(3)出菇管理

①菇棚场地选定:菇棚必须综合考虑设置方向、朝向、日照、排水和通风,以阳光充足、土质干燥、接近水源的地方,尤以山地为好。菇棚应是东西宽,南北窄,畦床以南北走向为好,

178

以利南北方向通风。菇棚遮荫要稀疏,日照调节为"七阳、三阴"或"八阳、二阴",以增强光照,加强蒸腾作用,使菇体表面水分蒸发干燥。菇棚四周围栏,东西向围密一些,南北向稀疏一些,以人站在棚外能较清楚地看到棚内为宜,以利通风。

②排场:菌袋经过4～6个月的培养,表面见有棕褐色菌膜进入生理成熟阶段,即可转入花菇培育管理。选择晴天早晨或傍晚把菌袋搬进菇棚,竖靠在畦床排筒架上,畦面应铺上塑料薄膜,防止地面水分蒸发,保持菇棚干燥。

③温差催蕾:菇棚内加大温差刺激,白天用薄膜覆盖,保温增温,使畦床温度保持在20℃～22℃,夜间掀膜通风降温,使昼夜温差达10℃以上,连续4～5天的温差刺激,菌丝扭结形成原基,现出菇蕾。

④开穴露蕾:培育花菇,为创造一个袋内湿袋外干的条件,采用菌袋不脱袋栽培方法,形成的菇蕾包在袋内,这样可保护小菇蕾正常生长发育。当菇蕾长至1～1.5厘米时,应及时在菇蕾边沿割开袋膜,让菇蕾伸出袋外继续生长。因此,在整个长菇期间,每天或隔天对全部菌袋检查一遍,不然会闷坏菇蕾。开穴露蕾的方法是:用利刀沿着菇蕾外圈割开2/3或3/4的割口,能让菇蕾从割口伸出为度。割袋开穴时应小心,切勿刺伤幼蕾。开穴应选择晴天进行,开穴时间应适宜,如过早开穴,菇蕾小,自身积累营养不足,根基浅,难于抵抗外界干燥环境,易发生枯萎或菌盖过早开裂,只能形成劣质的花菇丁;如太迟开穴,菇蕾过大,会受到袋膜压迫,影响菇蕾正常发育,容易形成畸形菇。菇蕾发生后还应进行选优去劣,选留长势粗壮圆整、大小一致、分布均匀的菇蕾,每袋保留6～8个为宜,其余的用手在袋外将菇蕾捏除,以免损耗养分和水分,使保留的菇蕾获得充足的养分和水分,形成大型的优质花菇。

⑤控制温湿度：培育花菇需要较低的温度，以控制菇体缓慢生长，使菌肉加厚而坚实。长花菇的最佳温度为8℃～12℃，菇棚温度以6℃～16℃为宜。当菌盖长至2～3厘米时，表面颜色变深、生长发育良好时，即可降低空气相对湿度，加大菇棚通风量，促进空气对流，最好有一股微风吹拂菌盖表面，进行干燥刺激。当空气相对湿度在65%左右维持1天以上，同时给以较强的直射光刺激，光照度增至1 500～2 000勒，幼蕾表皮开始出现微小裂纹，形成纹理，继续维持3～5天，菌盖裂纹增多加深，纹理变白，花菇即可形成。在自然条件下，应充分利用低温、干旱的冬、春季节的晴朗天气，促使天然花菇的形成。

⑥菌袋补水与养菌复壮：花菇采收完一潮菇后，菌袋要"休息养菌"恢复生机活力，为下一批花菇的生长发育积累充足的养分。出二三潮菇后，菌袋内部水分已消耗很多，需要人工补水。补水应在菌袋"休息养菌"后8～10天进行。补水以采取向菌袋中间注水为好，以利保持菌袋内湿、外干的环境。注水的方法是：用长度350～400毫米、外径5毫米、内径3毫米的不锈钢管或黄铜管，做成注水器，注水器头部加工成锥形，封死。管壁从头部起，按孔距35毫米的等距，交错钻3行直径0.6～0.8毫米的小孔，其总长度为280毫米左右。注水器尾端用胶管接上喷雾器，靠喷雾器压力注水；或在棚上方设置加水桶，接上注水器，靠自然水压注水。菌袋注水前，先用直径6毫米的尖头铁丝，从菌袋端面中心插入打孔，深度达菌袋的3/4，然后将注水器插入菌袋孔中，利用压力将水注入菌袋。注水量，一般以补足至原菌袋重量的2/3为宜。注水的水温最好低于菌袋温度10℃，注水后的温差刺激有利于菇蕾整齐发生。

第四节　平菇栽培

平菇的学名叫侧耳。是目前世界上栽培最广泛的一种食用菌,产量仅次于双孢蘑菇;也是我国目前消费量最多的一种菇类蔬菜。平菇抗逆性强,适应性广,用生料栽培,方法简便;可以利用多种农副产品资源,如棉籽壳、玉米芯、豆秸、麦秸、稻草等为原料,生产成本低,投资小,见效快,效益高。近年来,我国平菇生产迅速发展,遍及全国各地,它不仅丰富了城乡人民的菜篮子,而且较好地补充了农村经济收入。

一、栽培季节

按照各地的自然气候特点,选用不同温型品种,可以实行四季栽培。春栽,选用中温型品种;秋栽,选用低温型品种;冬栽,选用低中温型品种;夏季高温可选用高温型品种(表5-6)。

表5-6　平菇不同温型的菌株

温　型	出菇温度(℃)	栽培季节	菌　株　名　称
低　温	2～20	秋、冬	糙皮侧耳,野丰118
中　温	14～24	春、秋	佛罗里达,亚光1号,CCEF89,冀微28
高　温	22～30	夏	HP-1,侧5
广　温	10～28	春、夏、秋、冬	冀农11,8301

二、场地与设施

平菇室内栽培,可利用空闲房屋;室外栽培,可建阳畦、塑料大棚、荫棚等设施。亦可将种蔬菜的塑料大棚做适当改造,开设通气洞,用于平菇栽培。

三、栽培工艺

平菇很适合于代料栽培,可以袋栽、床架栽培和阳畦栽培。其工艺流程如下。

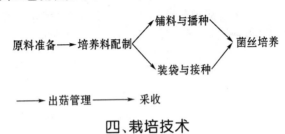

四、栽培技术

(一)袋式栽培法

1. **原料的选择与处理**　平菇袋栽一般采用生料栽培,原料的质量好坏直接关系到栽培的成败。原料应新鲜,无霉变、无虫蛀,不含有农药或其他有害化学药品。栽培前应放在阳光下暴晒 2~3 天,以杀死料中的杂菌和害虫。玉米芯、豆秸、稻草、麦秸、花生壳、芦苇叶等原料,应预先切短或粉碎,最好先进行堆积发酵处理,使质地变软,容易被平菇菌丝吸收利用。

2. **培养料配制**

(1)培养料配方

配方 1　棉籽壳 99%,石灰 1%。

配方 2　棉籽壳 50%,玉米芯 49%,石灰 1%。

配方 3　玉米芯 76%,棉籽壳 20%,麸皮或玉米粉 3%,石灰 1%。

配方 4　玉米芯 50%,豆秸 47%,麸皮 2%,石灰 1%。

配方 5　木屑 89%,麸皮 10%,石灰 1%。

配方 6　稻草 99%,石灰 1%。

配方 7　花生壳、花生秆 78%，麸皮 20%，石膏 1%，蔗糖 1%。

配方 8　甘蔗渣 50%～69%，木屑 30%～49%，石灰 1%。

配方 9　苇叶 94%，麸皮 5%，石膏 1%。

配方 10　麦草 85%，玉米粉 15%。

气温高时，配方中应加入 0.1% 多菌灵（50% 浓度）或克霉灵等抑菌剂，石灰添加量可增加为 1.5%，以防杂菌污染。

（2）配制方法　按上述配方要求，准确称料，将料充分混合，加水拌匀。要掌握适宜的料水比，春栽气温低，空气湿度小，培养料中加水适当多一点，料水比以 1:1.3～1.4 为宜；秋栽气温高，空气湿度大，加水适当少一些，料水比以 1:1.25～1.3 为合适。不同的料含水量不一样，料水比也不同。棉籽壳绒长的可适当多加些水，绒短的可少些。拌好的培养料要堆闷 2 小时以上，让培养料吃透水；玉米芯、豆秸等最好堆闷一夜，让水分浸入内部。有条件的最好将培养料进行堆积发酵处理，不仅能改善培养料的理化性质，而且可减少杂菌和病虫害的危害。堆积发酵的方法是：在水泥地面铺 1 层麦秸，约 10 厘米厚，把培养料放在麦秸上，料少时堆成 1 米高的圆形堆，料多时堆成高 1 米、宽 1 米的长条形堆，每隔 30 厘米左右，用木棍扎通气眼到料底，以利通气。然后料堆上覆盖麻袋或塑料薄膜。当料堆中心温度升到 55℃～60℃ 时维持 12～24 小时，进行翻堆，内倒外，外倒内，继续堆积发酵，使料堆中心温度再次升到 55℃～60℃，维持 24 小时，再翻堆 1 次。经过 2 次翻堆，培养料开始变色，散发出发酵香味，无霉味和臭味，发酵即可结束。然后用 pH 试纸检查培养料的酸碱度，再用石灰调整 pH 值为 8 左右，待料温降到 30℃ 以下时再行装袋接种。

3. **装袋与接种** 选用高密度聚乙烯薄膜筒,宽 20～22 厘米,长 40～45 厘米,厚度为 0.02～0.025 毫米,装干料 0.7～0.8 千克。采用两头袋口接种,它集中了袋口菌种优势,有利于抑制杂菌,且杜绝菌袋中部因缺氧和高温造成死菌,同时减少了用工量和防止菌袋中部出菇。操作方法是:先将薄膜筒的一头用绳扎紧,从另一头开始,先装入 1 层菌种,然后装料至接近筒口,用直径 2.5 厘米锥形木棍,从上往下打 1 个通气孔,往孔内填小块菌种,接着在料面撒 1 层菌种封顶,再用聚丙烯绳将袋口扎紧。

装袋与接种要严格技术操作规程。①装袋前,要把料再充分拌 1 次。料的湿度以用手紧握料指缝间见水渗出而不往下滴为适中,培养料太干太湿均不利于菌丝生长。装袋时,要做到边装袋、边拌料,以免上部料干,下部料湿。②袋的粗细、长短要一致,便于堆垛和出菇。③装袋时要轻装轻压,用力均匀,防止薄膜袋破损。要注意松紧合适,一般以手按有弹性,手压有轻度凹陷,手托挺直为度。压得紧,透气不好,影响菌丝生长;压得太松,则菌丝生长散而无力,在翻垛时易断裂损伤,影响出菇。④接种时选用菌丝洁白、粗壮、浓密、交织成块的优质菌种;菌种不宜掰得太大或太碎,以杏核大小为宜。菌种用量 10%～15%。⑤做到当天拌料,当天装袋接种完毕,不要过夜,尤其在气温高时,以防料发酵变质。

4. **堆垛发菌** 菇棚消毒后,把接过种的料袋搬运到菇棚内,在畦床上堆垛发菌。堆垛的层次,要看气温高低而定。夏秋季气温高时,堆放 2～4 层,料袋堆成“井”字形,交叉排放,便于散热,垛与垛间留 60～70 厘米宽的人行道,便于操作和通风换气,还要留出一定的空地,以便翻堆倒垛。春季或冬季气温低时,畦床应铺上 1 层稻草或麦秸,以免下层温度太低影

184

响发菌,同时增高堆垛,堆放 10～12 层,上面再覆盖塑料薄膜或草帘保温,提高堆温,促进菌丝生长。覆膜保温时,要注意定期揭膜通风,防止因缺氧而抑制菌丝生长。菇棚未建好时,亦可采用露地发菌。露地发菌场地要求干燥、洁净、凉爽,堆垛上盖一层草帘遮荫,雨天加盖塑料薄膜,雨后揭膜,使温度保持在 20℃ 左右为宜。发菌管理的要点如下。

(1)保持温度,注意堆温变化 堆垛发菌后,要定期在料袋间插温度计观察堆温,注意堆温变化。发菌温度以 25℃～30℃ 为好,高于 30℃,应及时散堆,加大通风量,防止高温烧坏菌丝。温度低于 20℃,应设法增温保温。

(2)通风换气 菇棚每天通风 2～3 次,每次 30 分钟。气温高时早晚通风,气温低时中午通风。

(3)保持干燥 菇棚内空气相对湿度以 60%～70% 为好。

(4)光线要暗 弱光有利于菌丝生长。

(5)翻堆 堆垛后每隔 5～7 天翻垛 1 次,将下层料袋往上垛,上层的往下垛,里面的往外垛,外面的往里垛,使受温一致,发菌整齐。翻垛时发现有杂菌污染的料袋,应将其拣出,若发现有菌丝不吃料的,必须查明原因及时采取措施进行处理。

(6)通气补氧 采用两头扎口封闭式发菌,在发菌早期,袋内含氧量可以满足菌丝生长的需要。随着菌丝生长量增大,袋内供氧量不足,就会影响菌丝正常生长。当接种后 10～15 天、袋两头菌丝各长进料内 2～3 厘米时,可在菌丝生长线的后部 1～2 厘米处用大头针(缝衣针)围绕菌袋等距离刺孔 8～10 个,或用削尖的竹筷由袋口往里扎孔 3～4 个,或将袋两头扎紧的绳稍加松开,利用松绳后袋口薄膜的自然张力,让新鲜空气进入袋内,以通气补氧,促进菌丝健壮生长。

(7)预防鼠害　防止老鼠咬破料袋,引发杂菌污染。

5. 发菌阶段常遇到的问题及解决办法

(1)菌丝不萌发、不吃料　发生原因:料变质,孳生大量杂菌;培养料含水量过高或过低;菌种老化,生活力很弱;环境温度过高或过低,接种量又少;使用复方多菌灵或多菌灵添加量过多,抑制菌丝生长;培养料中加石灰过量,pH值偏高。

解决办法:使用新鲜无霉变的原料;使用适龄菌种(菌龄30～35天);掌握适宜含水量,手紧握料指缝间有水珠不滴下为度;发菌期棚温保持在20℃左右、料温25℃左右为宜,温度宁可稍低些,切忌过高,严防烧菌;培养料中添加抑菌剂,多菌灵以0.1%为宜,勿用复方多菌灵药剂;培养料中添加石灰应适量,尤其在气温较低时添加量不宜超过1%,pH值7～8为适宜。

(2)培养料酸臭　发生原因:发菌期间遇高温时未及时散热降温,杂菌大量繁殖,使料发酵变酸,腐败变臭;料中水分过多,空气不足,厌氧发酵导致料腐烂发臭。

解决办法:将料倒出,摊开晾晒后进行堆积发酵处理,加入石灰调整pH值到8～8.5;如氨味过浓则加2%明矾水拌料除臭;如料已腐烂发黑,只能废弃作肥料。

(3)菌丝萎缩　发生原因:料袋堆垛太高,产生发酵热时未及时倒垛散热,料温升高达30℃以上烧坏菌丝;料袋大,装料多,发酵热高;发菌场地温度过高加之通风不良;料过湿且又装得太实,透气不好,菌丝缺氧亦会出现菌丝萎缩现象。

解决办法:改善发菌场地环境,注意通风降温;料袋堆垛发菌,气温高时,堆放2～4层,呈"井"字形交叉排放,便于散热;料袋发酵热产生期间及时倒垛散热;拌料时掌握好料水比,装袋时做到松紧适宜。

（4）发菌后期吃料缓慢,迟迟长不满袋　发生原因:袋两头扎口过紧,袋内空气不足,造成缺氧。

解决办法:解绳松动料袋扎口或刺孔通气。

（5）软袋　一般在料表面长有菌丝,但袋内菌丝少,且稀疏不紧密,菌袋软而无弹性。发生原因:菌种退化或老化,生活力减弱;高温伤害了菌种;料的质量差,料内细菌大量繁殖,抑制菌丝生长;培养料含水量大,氧气不足,影响菌丝向料内生长。

解决办法:使用健壮优质菌种;适温接种,防高温伤菌;原料要新鲜,无霉、无结块,使用前在日光下暴晒 2～3 天;发生软袋时,降低发菌温度,袋壁刺孔,排湿透气,适当延长发菌时间,让菌丝往料内生长。

（6）袋壁布满豆腐渣样菌苔　发生原因:培养料含水量大,透气性差,引起酵母菌大量孳生,在袋膜上大量积聚,形成豆腐渣样菌苔,布满袋壁,料内出现发酵酸味,影响菌丝继续生长。此种情况尤以玉米芯为培养料时多见。

解决办法:用直径 1 厘米削尖的圆木棍在料袋两头往中间扎孔 2～3 个,深 5～8 厘米,以通气补氧。不久,袋内壁附着的酵母菌苔会逐渐自行消退,平菇菌丝就会继续生长。

（7）菌丝未满袋就出菇　发生原因:菇棚内光线过强或昼夜温差过大刺激出菇。

解决办法:注意遮光和夜间保温,改善发菌环境。

6. 出菇管理　发菌阶段,在温度 25℃ 左右、空气相对湿度 60% 左右、暗光和通风良好条件下,一般中高温型平菇 25 天左右,低温型 30～35 天,菌丝即可长满袋。当部分菌袋出现子实体原基时,表明菌丝体已经成熟,这时即可适时转入出菇管理。菇棚消毒,灌水浸湿待晾干后,按菌袋菌丝成熟早晚分别整齐地堆放于畦床,堆高 7～8 层,一般 150 平方米菇棚可堆放 5 000～6 000 袋(干料 3 500～4 000 千克)。然后解开菌袋两头扎口,当料面见有小菇蕾出现时,用剪刀剪去袋两头的薄膜,暴露料面,以促使菇蕾迅速生长。

(1)出菇管理要点

①拉大温差,刺激出菇:平菇是变温结实,只有加大温差才能正常出菇。利用早晚气温低时加大通风,使温度降至 15℃左右,加大温差,刺激出菇。低温季节,白天注意增温保温,夜间加强通风降温;气温高于 20℃以上时,应加强通风和进行喷水降温,以加大温差,刺激出菇。

②加强水分管理:出菇场地要经常喷水,使空气相对湿度保持在 85%～90%。在料面出现菇蕾后,特别要注意喷水,向空间、地面喷雾增湿,切忌向菇蕾上直接喷水,只有当菇蕾分化出菌盖和菌柄时,方可少喷、细喷、勤喷雾状水,补足需水量,以利于子实体生长。在采收一二潮菇后,菌袋内水分低于 60%时,应给予补水,采用注水或浸泡的方法,用粗铁丝在菌袋上扎 3～4 个眼,可使水容易浸入菌袋。

③加强通风换气:低温季节,1 天 1 次,每次 30 分钟,一般在中午喷水后进行;气温高时,1 天 2～3 次,每次 20～30 分钟,通风换气多在早、晚进行,切忌高湿不透气。通风换气必须缓慢进行,避免让风直接吹到菇体上,以免菇体失水,边缘卷曲而外翻。

④增强光照:散射光可诱导早出菇、多出菇;黑暗则不出菇;光照不足,出菇少,柄长、盖小、色淡、畸形。但不能有直射光,以免把菇体晒死。

(2)出菇管理中的注意事项 ①出菇棚内,应按菌袋菌丝成熟早晚,分畦堆放,使出菇整齐一致,有利于同步管理。②

菌袋进入出菇管理时,先解开两头扎口,不要急于把袋口完全张开,以防料表面失水干燥,影响正常出菇。

7. 采收 在适宜条件下,从子实体原基长成菇体大约 1 周,当菌盖充分展开,菌盖边缘出现波状时及时采收。如交售外贸,应按外贸要求的规格适时采收。采菇时大小菇 1 次采完,无需摘大留小。

8. 采收后的管理 采菇后清理料面,剔除死菇、菇根及杂物等,喷水 1 次,保温保湿,让菌丝充分恢复。经 7~10 天见有菇蕾出现时,再按出菇要求管理。采完二潮菇后,一般菌袋发生失水,应给以补水。

(二)床架栽培法

室内床架式栽培,一般可利用空闲房屋或日光温室大棚,床架的排列以南北向为好,架宽 70~80 厘米,长度看房屋的宽度而定,层距 50 厘米左右,架距 60~70 厘米,以便于管理。

1. 培养料配制 室内床架栽培的培养料配制与袋式栽培相同。

2. 铺料与播种 菇房和菇床消毒后,将培养料铺入菇床的薄膜上,整平压实,厚 10~15 厘米,气温高时稍薄,低时可稍厚。播种一般采用层播和点播法。层播:先在菇床上铺 5~6 厘米的料,撒 1 层菌种,再铺上其余的料,料面再撒菌种,压平压实后覆盖薄膜。点播:铺料后,按 10 厘米×10 厘米的距离在料面打穴,深 5 厘米,将菌种接入穴内,料面再撒一层菌种,轻轻压平压实后盖上薄膜。一般每平方米栽培面积用培养料 10~15 千克(干重),用菌种 4~5 瓶,播种量掌握在干料重的 10%~15% 为宜。

3. 发菌管理 发菌阶段的管理重点是调温、通风和防止杂菌污染。室温保持在 25℃ 左右,播种后 2~3 天,菌种萌发,开始吃料并逐渐向四周延伸发展。5～10天内要特别注意料温的变化,如料温不超过30℃,一般不要揭膜通风。在正常情况下,播种后10～15天,料面即可长满菌丝。此时,随着菌丝生长量的增加,呼吸量增大,需氧量增多,要注意适当通风和掀动覆盖的薄膜,除去薄膜内的积水,每天掀膜2～3次。若培养料过湿,播种后菌丝吃料慢,应提前掀膜通风换气,使料中的水分蒸发;若料温超过30℃,也应掀膜换气降温,以防烧菌。发菌阶段一般为30天左右,因不同品种和播种后的温度差异,发菌时间会有变化,早熟品种20～25天就开始现蕾,气温低时,发菌时间可长达50天左右。

4. 出菇管理　当菌丝吃料到底、料面见有子实体原基时,即可转入出菇管理阶段。这时可将料面覆盖的塑料薄膜揭开,或用弓形支架支起,室温保持在15℃～20℃,空气相对湿度控制在90%左右,加强通风换气,并有一定的散射光照,以促进菇蕾形成和子实体生长。在菇蕾期,不能直接向床面上喷水,每天只能向地面和空中喷雾状水,以保持适宜的空气相对湿度。待菌盖长至豆粒大小时,可少量直接喷雾,随着子实体的生长,逐步加大喷水量和增加喷水次数。一般每天喷水2～3次。从出现子实体原基到采收,需7～10天。

(三)阳畦栽培法

平菇阳畦栽培,设备简单,成本低,管理方便,能充分利用休闲地;栽培后的废料可就地当农作物基肥使用。

1. 阳畦建造　见第三章第一节栽培设施。

2. 培养料配制　与袋式栽培法相同。

3. 铺料与播种　在阳畦内先铺1层培养料,撒1层菌种(四周多撒些,中间部分少撒些),这1层菌种量约占总量的2/5。然后再铺1层培养料,再撒上1层菌种,这层菌种量多些,约占总量的 3/5。菌种上覆盖一些培养料,以刚盖住菌种为宜。这样表层菌丝很快生长并取得优势,可防止杂菌侵入污染。播种完毕将培养料表面整平,用木板压实。松紧度要适宜,切勿过实。播种后,贴着料面先盖 1 层报纸,再盖 1 层塑料薄膜,以防止塑料薄膜上的冷凝水直接滴在料面上引起杂菌污染。然后,在畦上支架竹竿或木棍,并覆盖塑料薄膜和草帘,以保温保湿和防止阳光直接照射,保证菌丝正常生长。

4. 管理 接种后,应注意畦内培养料温度的变化,使料温不超过 30℃ 为宜。一旦料温上升到 30℃ 时,应立即支起塑料薄膜进行通风散热,必要时可在早晚和夜间将塑料薄膜揭开进行降温。发菌经过 30 天左右,菌丝长满培养料后,揭去料面塑料薄膜和报纸,加强通风透气,促进原基形成。当出现菇蕾后,应适时喷水,增高畦床湿度,使空气相对湿度保持在 80%～90%。一般每天喷水 2～3 次。喷水掌握少而勤的原则,喷雾状水,切勿大水喷灌。

(四)"两菌结合"栽培法

平菇"两菌结合"栽培法,是用日本岛本觉也研制的酵素菌产品将培养料发酵后栽培平菇的新方法。其特点:一是酵素菌在发酵过程中产生多种活性酶。能将作物秸秆、谷壳、藤蔓、树叶、杂草等难于利用的植物纤维质原料,进行充分地发酵,成为容易被平菇菌丝分解、吸收、利用的基质,使廉价易得的秸秆资源得到更有效的利用,降低了平菇生产成本。二是酵素菌由多种微生物组成,发酵力强,增温快,持续时间长,可有效地抑制和杀灭培养料中的霉菌和腐败细菌,栽培时无需添加多菌灵等农药抑菌剂,防止菇体中有化学农药残留,提高了产品质量,菇肉鲜嫩、味美纯正,口感好。三是酵素菌发酵,改善了基质的理化性状,增加了有效养分,能促进菌丝生长、发菌快,出菇早,产量高。

1. 配料 玉米芯或农作物秸秆(粉碎)93.5%,麸皮5%,石灰1%,酵素菌0.5%。充分混合,加水拌匀,含水量为50%左右,以手捏成团、撒手即散为度。

2. 堆料发酵 将拌好的料堆成山形,夏季堆高80厘米,冬季堆高100厘米,底宽100～120厘米,盖上干净的麻袋或草帘,以稍稍通气又能保温遮光为宜。当料堆中心温度上升到45℃以上时,进行第一次翻堆,以后每天翻堆1次,一般翻堆3～4次后,当发酵料颜色变深、有浓香的酒曲味时,散堆降温,再调节料的含水量为60%左右,即可装袋(或铺料)接种。

3. 发菌、出菇和采收 发菌、出菇和采收按平菇的常规栽培方法实施。

五、预防栽培人员发生孢子过敏

平菇子实体成熟后会大量弹放出孢子,往往形成孢子烟雾,下落成1层白粉。孢子被人大量吸入后会引起过敏反应,发生咳嗽、多痰、胸闷、头痛、低烧,好像患了感冒,应注意防护。平菇要及时采收,防止子实体老熟时大量释放孢子;采菇前,打开菇棚门和通风洞,空间喷水,使孢子降落,以减轻孢子在空气中扩散;工作人员要戴防护口罩,一旦发生过敏反应,应停止在菇棚内继续操作,服用脱敏药物,并及时请医生诊治。

第五节 姬菇栽培

姬菇系商品名,又称小平菇。是一种菌盖直径小、菌柄长的商品平菇。其肉质细嫩,价格比一般平菇高1倍以上,多以盐渍品出口,深受客商欢迎。

栽培姬菇,可选用平菇的某些菌株,其菌袋制作与培养与平菇袋栽法相同,但出菇场所、出菇管理和采收规格与普通平菇有所不同。

一、栽培季节

低温季节栽培,成功率高,菇的品质好。河北省中南部于10月份栽培,11月份至翌年3月份为理想出菇季节。

二、栽培菌株

一般多用平菇西德89、西德33、冀农11和无孢平菇5号等菌株,尤以西德89菌株为好,其纤维素含量低,肉质嫩,菇形圆整,菌盖色泽较深,商品性能好。

三、地沟菇棚出菇

菌袋长满菌丝后进入地沟菇棚出菇[见第三章第一节"地沟菇房(棚)"]。地沟菇棚保湿保温性好,光照弱,二氧化碳浓度较高,容易形成菌盖小、菌柄长的商品菇。地沟中央为通道,菌袋按南北向码放成墙式。堆10~12层高。

四、出菇管理

菌袋进入地沟菇棚后,打开袋的两端袋口,喷水降温,给予温差刺激,促菇蕾形成。温度保持在8℃~15℃,空气相对湿度为85%~90%;有一定的散射光,光照度以20勒左右为宜;视菌盖、菌柄生长情况及时调整通风量,防止发生畸形菇。

五、适时采收

菌盖直径达到0.8~2厘米、柄长4~6厘米时为采收适期。采收时,一手按住菌柄基部培养料,一手轻轻采下。一般每隔 10～15 天可采收 1 潮菇,共采收 3～5 潮菇。以棉籽壳为培养料的生物学效率为 80%～100%。

第六节　凤尾菇栽培

凤尾菇又名漏斗状侧耳,是侧耳中的一个种。它适应性强,较耐高温,生长周期比平菇少 20～25 天,而且栽培方法简便,可以利用多种农作物秸秆和副产物进行生料栽培,是适宜于我国各地栽培的一种食用菌优良品种。

一、栽培季节

凤尾菇较耐高温,春季栽培不受初夏气温高的影响,适于春夏气温高的地区栽培。一般春、秋两季栽培,寒冷地区可以夏季栽培。春栽以 3～4 月份、秋栽以 8～9 月份为宜。

二、场地与设施

与栽培平菇相同,可以因地制宜在室内或室外栽培。

三、栽培工艺

一般多采用阳畦、大床和袋式栽培。其工艺流程如下。

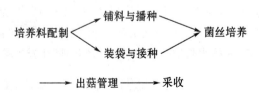

四、栽培技术

(一)阳畦栽培法

1. 配料 称取棉籽壳 99 千克,石灰粉 1 千克,加水 160～170 升,充分搅拌均匀。培养料的含水量因栽培季节、阳畦土质不同而有差异。秋季比春季略大些,沙土地比黏土地略大些。料与水的比例一般掌握在 1∶1.6～1.7 为宜。拌料后将棉籽壳堆闷 23 小时,使料充分吸水。

2. 铺料与播种 每平方米下料量一般为 17～22 千克棉籽壳。春季可多下些料,秋季宜少下些料,以减少料层厚度,防止料温过高。播种量以 10%～15% 为宜。

播种以层播为好。层播一般采用 2 层播种法,在阳畦内先铺 1 层培养料,撒 1 层菌种(四周多撒些,中间部分少撒些),菌种量约占总量的 2/5。然后再铺 1 层培养料,再撒上 1 层菌种,这层菌种量约占总量的 3/5。菌种上覆盖一些培养料,以刚盖住菌种为宜。播种完毕将培养料表面整平,用木板压实。松紧度要适宜,切勿过实。最后,在阳畦南北向支上竹竿或木棍并覆盖塑料薄膜,再盖上草帘,以避免阳光直接照射,影响菌丝生长。如果有条件,可在培养料面盖上报纸,再将塑料薄膜直接覆盖在报纸上,这样,可防止薄膜上的冷凝水直接滴在料面上引起杂菌污染。

3. 管理 与平菇阳畦栽培相同。凤尾菇在适宜的温、湿度条件下,播种 15～20 天菌丝即可伸展长满培养料,25 天左右即可采收第一潮菇,菇潮间隔 10 天左右,可连续采菇 4～5 潮,生长周期 60～70 天。

(二)大床栽培法

室内大床栽培凤尾菇受自然条件的影响小,温度、湿度比较容易控制,可以全年栽培,周年供应鲜菇。

1. 配 料

配方1 棉籽壳98千克加碳酸钙2千克(或石灰粉1千克),用水130～150升,边拌边洒入清水,使含水量达65%左右。

配方2 稻草要求新鲜、无霉变,切成10厘米长的草段。用0.5%石灰水(即pH值12～13),将稻草浸泡12小时,使其纤维软化,第二天捞起,盛于竹筐内,用水冲洗掉石灰水,使稻草成中性(pH值在7～7.5),控干水,使含水量在65%左右。

配方3 麦秸、玉米秸、玉米芯、甘蔗渣、花生壳等,将其粉碎成糠麸状。100千克上述秸秆糠加过磷酸钙2千克,尿素0.2千克,多菌灵0.02千克。最好添加豆秸糠2千克。将过磷酸钙、尿素、多菌灵先溶在水中,然后再与秸秆糠混合。料水比为1：1.5～1.8,用手紧握料时,手指缝间渗出水珠,但不滴落为宜。将配好的培养料堆积发酵,使料温上升至50℃以上再维持2天。

2. 上床与播种 采用层播。在床架的塑料薄膜上铺1层培养料,撒上1层菌种,再铺上1层料,再撒上菌种,照此法播2～3层,上面1层菌种适当多些,使菌丝很快长满料面,以控制杂菌侵染。接菌后用木板将料面轻轻拍平实,使菌种和培养料紧贴在一起,以利菌丝恢复生长。培养料的厚度为10～15厘米,天热时料要薄一些,天冷时料可厚一些,接菌量以10%～15%为宜。播种后把塑料薄膜覆盖在上面,保持床面湿润,以利发菌。

3. 管理 播种后室温保持在18℃～20℃。一般接种12～14天菌丝可以长满培养料,这时要揭去薄膜,适当喷冷水,加强通风和适当光照,促进原基分化,经 1～2 天即见菇蕾。如果菌蕾迟迟不能发生,可以用铁钩刮去表面的老菌丝,施行搔菌刺激,同时夜间把菇棚门窗打开,加强通风和给以低温刺激,菌蕾就会逐渐长出。在采完第一潮菇后,可将培养料浇透水 1 次,用塑料薄膜覆盖,让菌丝充分恢复,积累营养,3～4 天后揭去薄膜,进行出菇管理,可出第二潮菇。一般可连采 4～5 潮菇,生长周期 60 天左右。

(三)塑料袋管式栽培法

塑料袋管式栽培法是香港中文大学生物系张树庭教授研究成功的一种栽培方法。它具有操作简便、易于管理、生产周期短、产量高等优点,适合于家庭栽培。

1. 材料准备

(1)培养料　棉籽壳和石灰粉。

(2)通气管　选用直径为 3～4 厘米、长约 75 厘米的塑料管或竹管,并在管上打 24～28 个小孔,以便通气。

(3)装料袋　用塑料薄膜制成长 60 厘米、宽 20 厘米、两头开口的袋。

(4)塑料薄膜培养框　用细竹、木条、铁丝等扎成框架,架高 70～80 厘米,大小视菇房面积而定。框架扎好后,四周和上面包以塑料薄膜。上面的薄膜应是活动的,可以打开喷水。在框四周距离地面 10 厘米高处的塑料薄膜上打一些小孔,以便通气。

2. 配料、接种和装袋　配料为棉籽壳 98%,生石灰粉 2%。料水比 1：1.5～1.6,培养料含水量为 65%～68%。将棉籽壳放在缸内,用开水浸泡 1 小时左右,待棉籽壳充分吸水后捞出,冷却至不烫手时挤去多余水分,然后拌入石灰粉,再以 10：1 的比例拌入菌种,充分拌匀后,即可装袋。

装袋时,先将通气管套在塑料袋中央,管口留在袋外,把袋的下口用细绳扎紧后再装培养料,要边装边压紧,上下松紧适宜,装至 50 厘米左右高时,把袋的上口用绳扎紧。这样就形成一个圆柱状菌丝体培养坯(图 5-12)。

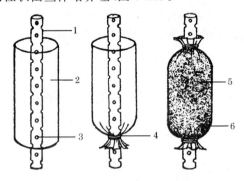

图 5-12 菌丝体培养图

1. 通气管 2. 塑料袋 3. 小孔
4. 扎住下口 5. 培养料 6. 扎口后的塑料袋

3. **菌丝体培养** 将培养坯竖立在菇房床架上,通气管口向上,以便通气。室内光线宜暗些,温度保持在 22℃～25℃之间。培养 20 天左右,当看到料表面布满白色菌丝后,即可出菇。

4. **出菇管理** 将培养好的菌丝体坯脱去塑料袋,拔出通气管,放在塑料薄膜框内的砖上,1 平方米面积的塑料薄膜框内,可放 4～5 个菌丝体坯(图 5-13)。在这个阶段应注意适当喷水,一般每天应喷 2～3 次水。菇蕾出现后,应增加喷水次数,使框内的空气相对湿度维持在 80%～90%。喷水时将框上面的活动薄膜打开,喷完后再盖好,以保持框内湿度。管理上除了注意保湿和适当通风外,还应给以充足的散射光,以促进子实体分化。菇蕾出现后经过 5～7 天即可采收。采完第一潮菇后,再过5～6天又可采收第二潮菇,一般可连采4～5潮菇。

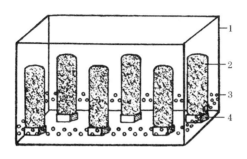

图 5-13　子实体培养图

1. 塑料薄膜培养框　2. 菌丝体坯　3. 小孔　4. 砖

第七节　金顶侧耳栽培

金顶侧耳又名金顶蘑、玉皇蘑。因生长在榆树上,又称为榆黄蘑。是侧耳中的一个品种,盛产于黑龙江、吉林等地,是我国东北地区著名食用菌之一。其色泽金黄艳丽,味鲜美,有独特香味。具有生活力强、适应性广、抗逆性强、栽培周期短、产量高等优点,现已驯化栽培成功并推广各地。

一、栽培季节

金顶侧耳属中高温型菇类,菌丝生长适宜温度 23℃～27℃,子实体生长适宜温度为 14℃～28℃。南方一般春季 3～4 月份,秋季 9～10 月份栽培;北方一般春、夏、秋栽培。寒冷地区可以秋季室内发菌,越冬后早春入棚出菇,解决淡季蔬菜供应。

二、栽培工艺

金顶侧耳可以袋栽、床栽和畦栽,与平菇栽培方法基本相似。工艺流程如下。

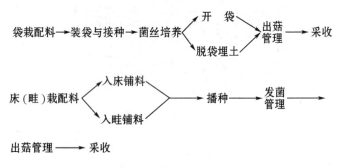

三、栽培技术

(一)原料准备

金顶侧耳对纤维素、半纤维素、木质素、淀粉的分解能力很强。一般棉籽壳、木屑、纸屑、秸秆(稻草、麦秸、玉米秆、玉米芯、豆秆)、甘蔗渣、花生壳、谷壳等均可作为栽培原料。要求新鲜,无霉烂,栽培前在阳光下暴晒 2~3 天,以减少杂菌感染。

(二)培养料配制

1. 培养料配方

配方 1　阔叶树木屑 78%,麸皮 20%,石膏 1%,磷酸二氢钾 1%。料水比为 1:1.2~1.3。

配方 2　碎稻草(或甘蔗渣)78%,麸皮(或米糠)18%,豆粉 3%,碳酸钙 1%。料水比为 1:1.2~1.3。

配方 3　棉籽壳 60 千克,麸皮 7 千克,饼粉 3.5 千克,石灰粉、石膏粉、磷肥各 0.7 千克。料水比为 1:1.2~1.3。

上述配方在拌料时加入 0.2％多菌灵,可减少杂菌危害。

2．配制方法　见平菇栽培。

(三)栽培方式

1．袋栽　按平菇袋栽法装袋接种,接种的菌袋置于 20℃～25℃、黑暗或有弱光的培养室内培养,一般接种后 2～3 天菌丝恢复生长,8～10 天覆盖料面,25 天左右菌丝便可长满全袋。然后移入菇房(或菇棚),温度控制在 18℃～28℃,空气相对湿度维持在 80％～95％,定时通风,给予昼夜温差刺激,当袋内见有菇蕾后,打开袋口,有适度的散射光,光照度以 60～100 勒为宜,促使菇蕾迅速分化并长成色泽鲜黄的子实体。

北方寒冷地区,秋冬春气温低,可在秋季制作菌袋,发好的菌袋在 5℃左右的菜窖里越冬,翌年于春季塑料大棚内出菇。方法是:大棚内做深 30 厘米、宽 1 米的畦床,将越冬的菌袋脱膜,切成两半,断面向上摆放在畦床内,注满水,待水渗下后,菌块上覆 2 厘米厚的菜园土,用喷壶将土喷透水。10 天后开始出菇,第一潮菇采收后,向畦床灌水催蕾,可继续出 3～4 潮菇。

2．床栽　培养料铺入多层床架,厚 10～15 厘米,用穴播或撒播法播种。播种后覆盖塑料薄膜,保温保湿。管理方法与凤尾菇床栽相似。

3．畦栽　做畦,播种后做好发菌和出菇管理。

(1)做畦　畦床南北向,宽 30～40 厘米,深 20～40 厘米,长 4～5 米,北墙比南墙高 20～40 厘米。畦床挖好后灌水,使土壤含水量达 18％～20％。

(2)铺料与播种　培养料内拌入总用种量的 80％菌种,倒入畦内,铺平压实,料厚 7～10 厘米,再把剩余的 20％菌种撒播在料面上,用木板拍平,稍加压实。菌种用量以 12%～15% 为宜。最后,料面盖 1 层报纸和塑料薄膜,畦上覆盖草帘遮荫。

（3）发菌管理　主要是保温调湿,温度以 23℃～27℃ 为宜,料的含水量稳定在 60% 左右。每天抖动薄膜 2～3 次,以排除冷凝水和通风换气。经 25～30 天菌丝布满料面并长透到料底,揭去报纸,架起薄膜,加强通风换气,喷水降温,给菌丝冷的刺激,加大温差,2～5 天后即可现蕾。

（4）出菇管理　菇蕾长出后,要加强温度和湿度管理,温度保持在 18℃～20℃,喷水要细、少、勤,使料的含水量控制在 70%～80%,空气相对湿度控制在 90%～95%,经 7～8 天即可采收。

（四）采　收

金顶侧耳菌盖充分展开、边缘内卷变薄、尚未弹射孢子时即应采收。头潮菇采收后,应清除老根,将松动的培养料轻轻压平,盖上薄膜,待显蕾后再揭开薄膜,进行出菇管理。一般 1 次栽培可采收 3～4 潮菇。

第八节　鲍鱼菇栽培

鲍鱼菇又称黑鲍菇,是平菇的一个种。在自然界多发生在夏季至秋季,是适合夏季栽培的一种高温型侧耳。鲍鱼菇的菌盖肥厚,柄粗短,黑褐色。菇体营养丰富,肉质脆嫩,味道鲜美,在国际市场上享有盛誉,颇受东南亚及我国港澳台人们的喜爱。

一、栽培季节

鲍鱼菇属高温型侧耳,菌丝生长温度为 20℃～32℃,以 27℃～28℃最适。子实体发生的适宜温度为 25℃～30℃,25℃以下和 30℃以上都不利于子实体的发生。我国南方地区 5～10 月份为栽培适期,北方地区以 6 月初至 8 月下旬为适期。各地区可根据当地气候情况安排生产。

二、场地与设施

栽培场地可选在通风、干净的室内或室外大棚。夏季气温太高时也可转移到半地下式的菇棚或防空洞等阴凉通风处。

三、栽培工艺

塑料袋和罐头瓶等均可用作栽培容器,以袋栽为主。栽培工艺流程如下。

培养料配制→装料→灭菌→接种→菌丝培养→出菇管理→采收

四、栽培技术

(一)培养料配制

常用的配方有如下几种。

配方 1　棉籽壳 37%,木屑 37%,麸皮 24%,糖 1%,碳酸钙 1%。

配方 2　棉籽壳 88%,麸皮 10%,糖 1%,碳酸钙 1%。

配方 3　木屑(阔叶树)75%,麸皮 23%,糖 1%,碳酸钙 1%。

配方 4　稻草 50%,木屑 26%,麸皮 23%,碳酸钙 1%。

以上配方的料水比为 1:1.5。各配方中添加 3%玉米粉,可提高产量。

(二)装袋、灭菌、接种

装袋、灭菌和接种的方法和要求与平菇袋式栽培法相似,可按常规方法实施。需要注意的是,培养料一定要吃透水,灭菌后 pH 值会有降低,要调整为 7.5～8,接种后,用直径 1.5～2 厘米的锥形木棒在料的中央从上到下打一通气孔,这样可加速菌丝生长,一般菌丝可提前 1 周长满袋。

(三)菌丝培养

把菌袋置于 25℃～28℃暗光的条件下进行培养,随着菌丝生长,呼吸量增大,要加强通风换气,一般 30～35 天菌丝可长满袋并出现原基。

(四)出菇管理

菌袋见有原基出现后,可将塑料袋口薄膜外卷或将袋口薄膜剪去,露出料面。不要脱去塑料袋,以免菌筒表面出现分生孢子梗柱,顶部全是黑色的孢子囊,影响正常出菇。如遇此情况,可用清洁水把黑色孢子囊冲洗掉,再放好让其出菇。出菇较适宜的方法是:开袋后,清除料面的残物,将菌袋直立排放于床架上或在地面堆叠成墙状,往料面、墙上、地上及空中喷雾状水,少喷勤喷,使空气相对湿度保持在 90%左右,但要注意菌袋表面不能积水,否则料易腐烂变黑。菇棚要通风换气,保持菇棚在 25℃～30℃的适温,菇棚应有散射光照。一般开袋 5～7 天可见菇蕾,从菇蕾出现至采收也需 5～7 天。采完第一潮菇后,清理料面的菇脚及死菇,停水 2 天让菌丝恢复生长后再进行出菇管理,一般间隔 15～20 天后可收第二潮菇,总共可出 3～4 潮菇。生物学效率 70%～80%。一般头潮菇的产量约占总产量的一半。整个栽培周期需 60～70 天。

(五)采　收

当菌盖在 3～5 厘米、边缘稍内卷、呈灰黑色或黑褐色、柄长 1～2 厘米、未弹射孢子时,这时采收的菇品质优良,鲜嫩可口。若菌盖上翘、孢子弹射时再采收,不但风味欠佳,且不易保存。采收的鲜菇应把菌柄基部黄色部分切除,以防煮食后有苦涩味。

第九节　元蘑栽培

元蘑的学名为亚侧耳,俗称黄蘑、冻菌。属担子菌亚门,伞菌目,侧耳科。是我国东北长白山地区著名的野生食用菌。一般于秋末冷凉季节,发生在椴、槭、桦、毛赤杨等阔叶树倒木、立枯木上。菇体黄绿色或污黄色,呈覆瓦状丛生,形似平菇。菌盖直径 3～12 厘米,呈半球形、扇形或肾形,表面稍黏,有微细绒毛,菌柄侧生很短。元蘑肉厚,质细嫩,味美可口,干菇清香,有独特风味,营养丰富。据中国医学科学院卫生研究所《食物成分表》记载,每 100 克干元蘑中,含蛋白质 7.8 克,脂肪 2.3 克,碳水化合物 69 克,粗纤维 5.6 克,灰分 5.1 克,钙 21 毫克,磷 220 毫克,硫胺素 0.12 毫克,核黄素 7.09 毫克,烟酸 6.7 毫克。元蘑还具有明显的抗癌作用,其提取物对小白鼠肉瘤 180 和艾氏瘤的抑制率为 70%,高于金针菇和滑菇。元蘑已由黑龙江省应用微生物研究所驯化栽培成功,是北方地区一种很有开发前景的食用菌品种。

一、栽培季节

元蘑性喜低温,北方地区以秋季栽培为宜,9～10 月份为栽培适期。

二、场地与设施

栽培场地选在干净的空闲房舍或搭建日光温室塑料薄膜菇棚,用床架式出菇,亦可像平菇栽培那样,采用地面堆放一头出菇。

三、栽培工艺

采用玻璃瓶或塑料薄膜袋作为容器,进行熟料栽培。工艺流程如下。

培养料配制→装瓶(袋)→灭菌→接种→菌丝培养→出菇管理→采收

四、栽培技术

(一)培养料配制

1. 培养料配方 常用的培养料配方有以下几种。

配方1 硬杂木屑78%,麸皮17%,玉米面1.5%,豆饼粉1.5%,蔗糖1%,石膏1%。

配方2 硬杂木屑80%,麸皮15%,豆饼粉3%,蔗糖1%,碳酸钙1%。

配方3 硬杂木屑50%,麸皮10%,玉米芯38%,蔗糖1%,碳酸钙1%。

2. 配制方法 上述配方所用原料要新鲜,无霉变和虫蛀,玉米芯粉碎成粒状。将各种原料混合均匀,然后将事先溶开的蔗糖和定量的清水,分次倒入混合料内,反复翻拌,使料水混匀,不能存留有干料或结块。含水量以60%~65%为适宜。堆闷1~2小时后备用。

（二）装　料

瓶栽用 500 克装罐头瓶,袋栽用 17 厘米×35 厘米的低压聚乙烯薄膜袋。料装到瓶肩部或袋高的 2/3 处。装料要松紧合适,料面弄平,中央用直径 1.5～2 厘米的锥形捣木打 1 个通气孔,以利于菌丝往料内生长。然后,瓶口包扎塑料薄膜,袋口装上套环,塞上棉塞。

（三）灭　菌

用常压蒸气灭菌,温度上升 100℃保持 8～10 小时,以确保灭菌彻底。

（四）接　种

待料温降至 25℃左右时,在接种箱(室)的无菌环境下进行接种。打开瓶口或袋口,迅速接入菌种,马上将瓶(袋)口扎好,移入培养室发菌管理。

（五）菌丝培养

把接好种的料瓶(袋)置于 20℃～25℃的暗光条件下进行培养,随着菌丝生长,呼吸量增大,培养室内要加强通风换气,一般经过 30～40 天菌丝可长满瓶(袋)。

（六）出菇管理

元蘑的生育期为 90～120 天。菌丝长满瓶(袋)后,继续培养 10 天左右,让菌丝充分成熟。然后打开瓶(袋),排放于菇棚(房)的床架或在地面上堆叠成墙状,往料面、墙上、地上及室中喷雾状水,少喷勤喷,使空气相对湿度保持在 90%左右,但瓶或袋表面不能积水,否则料易腐烂变黑,影响菇蕾形成。要加强菇棚(房)的通风换气,保持菇棚(房)的温度在 10℃～20℃,并有散射光,光照度 100～2 500 勒。一般开瓶(袋)后的 25 天左右可见菇蕾形成,菇蕾出现至采收需 15 天左右。采完第一潮菇后,清理料面的菇脚及死菇,停水 2～3 天让菌丝恢复生长后再进行出菇管理，一般间隔 20～25 天后可出现第二潮菇。生物学效率为 80% 以上。

（七）采　收

菌盖在 5～8 厘米、边缘稍内卷、未弹射孢子时采收，这时菇质优良，鲜嫩可口。

第十节　草菇栽培

草菇原系热带和亚热带高温多雨地区的腐生真菌，野生于腐烂的稻草上，俗称稻草菇。由于其食用和栽培都起源于中国，故又称为中国菇，后由华侨将栽培技术传至日本、马来西亚、缅甸、菲律宾、印度尼西亚、新加坡、泰国、韩国等地，后又传到非洲的尼日利亚和马达加斯加；近年来，一些欧、美国家也开始栽培。我国是世界上生产草菇最多的国家，据 1991 年统计，年产量达 15 万吨，居世界首位。最早栽培草菇是以稻草为原料，最近几年已开始用棉籽壳、麦秸、废棉等多种植物纤维素基质作培养料。以往都是以田间草把栽培为主要方式，近年来已发展为利用温室、塑料薄膜大棚、拱棚等栽培。过去，栽培草菇较多的是广东、广西、福建、湖南、江西、台湾等南方各省、自治区，近年来已发展到上海、江苏、浙江、安徽、山东、河北、山西、北京、天津等省、市。这充分说明，草菇的适应性很强，有广阔的发展前景。

一、栽培季节

草菇喜高温，对温度变化反应敏感，昼夜间忽高忽低的温差，很不利于草菇的生长发育。因此，北方地区草菇栽培适期应选定在夏、秋季，气温基本稳定，日最低温度在 23 ℃以上的

6～8月份较为稳妥。如栽培设施保温条件好,栽培期还可适当提前和推后。南方地区气温高,从4～10月份可连续生产,一般有春菇、夏菇、秋菇之分。

二、栽培料配制

(一)栽培料的预处理

稻草、麦秸等草菇培养料中,一般含有丰富的木质素、纤维素和半纤维素等高分子化合物,难以被草菇菌丝吸收利用。另外,稻草、麦秸的表皮细胞组织中含有多量的硅酸盐,也阻碍草菇菌丝的生长繁衍。近年来,各地在栽培实践中,对培养料进行预处理取得明显的增产效果。不同培养料的预处理方法亦有差异。

1. 稻草 使用前先暴晒1～2天,然后放入1%～2%石灰水中浸泡8～12小时,用脚踩踏,以清除和破坏稻草表皮细胞组织中的部分蜡质和硅酸盐,使稻草变得柔软、紧实并充分吸水,捞出后再用于栽培。稻草经过石灰水浸泡,杀死部分杂菌孢子,也减轻害虫和霉菌的危害。

2. 棉籽壳 先在日光下暴晒2～3天,然后每100千克棉籽壳中加入石灰粉5千克,用清水拌匀后,堆闷一夜,然后进行堆积发酵。其程序是:在阳光充足的地方,地面平铺10厘米厚麦秸,把堆闷一夜的棉籽壳堆积在麦秸上,料少时堆成1米高的圆堆,料多时堆成1米高、1米宽的长条堆。堆后将棉籽壳稍加压实,在料堆顶部每隔0.5米用直径4～5厘米木棍插通气孔眼至料底部,以利通气,进行好气发酵。料堆外面覆盖双层塑料薄膜,四周压严,防止苍蝇钻入产卵生蛆。在料堆中心温度上升到60℃,维持24小时后进行翻堆,使上下、里外发酵均匀。翻堆后继续覆盖塑料薄膜,当料堆中心温度再次升至 60℃时,经 24 小时左右发酵结束。发酵好的培养料呈红褐色,长有白毛菌丝,有发酵香味,无霉败及氨臭味。

3. **废棉** 放入 pH 值 10～12 的石灰水中浸泡一夜,然后捞出沥干后堆积发酵,发酵方法同棉籽壳。废棉堆积发酵时升温高,应注意观察堆温变化,随时进行揭膜通风降温,控制料堆中心温度不超过 70℃为宜。

4. **麦秸** 先将麦秸压扁破碎,使其质地变软,然后用 2％ 石灰水浸泡,用脚踩踏,浸泡时间为一昼夜。将浸泡的麦秸堆成垛,压紧实,覆盖塑料薄膜,保温保湿,以利发酵。当麦秸堆中心温度上升到 60℃左右时,保持 24 小时,然后翻堆,将外面的麦秸翻入堆心,使草堆内外发酵均匀。翻堆后中心温度再次上升到 60℃左右时,再保持 24 小时,发酵即告结束。发酵时间一般为 3～5 天。发酵好的麦秸,质地柔软,表面脱蜡,手握有弹性感,金黄色,有麦秸的香味,无异味,有少量的白毛菌丝。麦秸物理性能得到改善,变得疏松,通气性好。麦秸通过发酵处理,促使高温放线菌繁殖生长,纤维素分解菌增加,加速麦秸中纤维素、半纤维素等大分子物质的降解,同时借发酵热杀死某些不耐高温的有害微生物(如各种霉菌),这样有利于草菇菌丝的发育。

(二)培养料的配方

按照草菇生长发育所需要的碳、氮、无机盐等营养的需要,经科学的栽培比较试验和实践的经验积累确定的培养主料、辅料和水的配合比例,即为培养料的配方。培养料配方是否适宜,直接影响到草菇的产量和栽培效益。培养料应根据当地资源条件,就地取材。现将栽培实践中常用的培养料配方举例如下。

配方 1 干稻草 53％,干稻草粉 30％,干牛粪粉 15％,石灰 1%,石膏 1%,水适量。pH 值 7.2。

配方 2　干稻草 33%,人粪尿 26%,鸡、鹅、鸭粪 0.8%,火烧土 40%,过磷酸钙 0.2%,水适量。pH 值自然。

配方 3　棉籽壳 100 千克,石灰 5 千克,水 180 升。pH 值自然。

配方 4　废棉 100 千克,稻草粉 10 千克,麸皮 10 千克,牛粪粉 10 千克,水适量。pH 值 8～8.5。

配方 5　食用菌栽培废料 40%,麦秸 40%,棉籽壳 12%,过磷酸钙 3%,石灰 5%,水适量。pH 值自然。

(三)培养料的配制方法

按照配方的要求比例,准确称量培养料,放在水泥地面或塑料薄膜上进行拌料。拌料时,把稻草、棉籽壳、废棉等主料堆成小堆,再把麸皮、畜禽粪、圈肥等辅料,由堆尖分次撒下,用铁锹反复翻拌,使主辅料混合均匀。

在配制培养料时,必须注意控制含水量和酸碱度。草菇培养料的含水量以 70%～75% 为适宜。拌料用水量要适量。培养料含水过多或过少均不利于菌丝体的生长。过多,透气不良,氧气不能满足菌丝体的需要;过少,则会造成生理干旱。基质含水量不仅直接影响着菌丝体的生长发育,而且也是出菇的重要因素。只有基质含水量充足时,才能正常形成子实体。草菇喜偏碱性的环境,适宜的 pH 值为 8～9。棉籽壳、废棉培养料一般酸性较大,培养料内需添加石灰调整。

三、栽培技术

(一)大田栽培法

大田栽培,是我国稻草栽培草菇的传统方法,在南方各省、市、自治区普遍使用,是一种成本低、省工、简便易行的栽培方法。由于受外界条件变化影响较大,产量不稳定。

1. 建造菇床 草菇菌丝虽然生长在稻草上,但实际上有部分菌丝和子实体着生于菇床的土壤上。土壤可供给草菇菌丝以营养和水分,同时水分还有调节温度的作用。据统计,春菇有 20%～30% 的产量生于畦边土上,而秋菇则有 60%～70% 产于地脚,称"地脚菇"。因此,菇床土壤类型的选择对产量有很大的影响。

(1)选地 要选择疏松、有机质丰富、具有一定肥力的砂壤土(最好 4 份沙、6 份土)。这种土壤有利于贮存供应养分,通气性好,有利于保温、保湿。保水性能差的沙土或土质过黏以及盐碱地均不适合作为草菇栽培场地。

种春菇,应选择南向、宽敞、阳光充足、西面和北面有遮蔽物的地方,以减少西北风的袭击,提高土温和维持草堆温度。种夏菇、秋菇,要选择较阴凉通风的荫棚或树荫、瓜棚下作为菇床,以避免烈日照射场地温度过高。草菇生产用水多,水源要方便。夏、秋季雨水多,应注意排水。

(2)翻地与杀虫 栽培前 1 周,场地进行耕翻并打碎土块,日晒 1～2 天,让其风化。然后耙平,同时撒入石灰粉或向土中喷浇 1% 的茶籽饼水或辣椒水,驱杀土中害虫和蚯蚓。经 2～3 天再喷洒 0.1% 敌敌畏、除虫菊、烟草水,杀死床土中蝼蛄、蛞蝓、蜗牛、马陆等害虫,也可泼洒氨水,有杀虫、灭菌和增加肥力的作用。

(3)做畦 畦床的走向,随气温高低而不同。春菇,气温较低,做成东西向畦床,以利于菇床均匀接受阳光。夏菇、秋菇,气温较高,做成南北向的畦床,有利于通风。畦床一般宽 100 厘米,高 10～15 厘米,畦长不限,一般 6～7 米。床面中间高,四周较低,呈龟背形,中间适当压实,两旁疏松。畦与畦之间挖

1条深约30厘米,宽70～80厘米的浅沟,用于排水、灌溉,管理和采收作为作业道。场地四周挖1条较宽、较深的环场水沟,作为排水、灌水用,并防止虫、鼠等侵入。

(4)施基肥 稻草中含有较丰富的营养,基本可满足草菇菌丝及子实体生长发育的营养需求,但要提高产量,就要适当增施有机肥、磷肥和氮肥等基肥。常用肥料及施用方法见表5-7。

表5-7 施肥种类及方法

肥料种类	肥料/稻草用量	处理方法	施肥位置与方法
干猪、牛粪粉	5%或10%	发酵后粉碎	撒于畦面四周(或草层),施后与表土混合并压实
牛粪60%,磷肥1%,鸡粪20%,石灰1%,麸皮15%,饼粉3%	5%或10%	发酵7天,每2天翻堆1次	撒于畦面四周,或夹在每层草之间的四周
干牛、猪粪粉90%,麸皮10%	10%	发酵至无臭,晒干粉碎	撒于畦面四周,或夹在每层草之间的四周
浓氨水	—	用水稀释50倍	施于畦面四周,增加肥力及杀虫
硫酸铵	—	用水稀释100倍	洒于畦面
尿素	—	用水稀释200倍	洒于畦面
磷酸二氢钾复合肥	0.2%	粉碎末	100升水加200克肥溶于水,浸稻草或撒于草层边缘
火烧土	50%	敲碎	撒于畦面及草层间

播种前 1 天将床面表层土预湿至手捏成团、放下即碎为度。

2. 堆草和播种　大田栽草菇,主要以稻草为原料。堆草前要把稻草浸湿,将其踩踏,使之吸足水分变软。堆草后草堆迅速升温,杀死杂菌,分解养分。浸草时间长短,视稻草种类而异。早稻稻草,叶多、茎软,纤维少,浸水 15～20 分钟即可。晚稻稻草,茎粗硬纤维多,干物质量大,浸水时间要 50～60 分钟。浸水时间不足,没有浸透,则稻草发酵慢,养分难于分解,影响草菇正常生长发育。浸水时间过长,则吸水过多,通气不良,草堆腐烂快,也不利于菌丝生长。浸水一定要均匀,如果干湿混合堆叠草堆,则难于控制堆内的温、湿度,效果不好。

堆草是稻草栽培草菇很重要的一个环节。堆草的方法各地不尽相同。但无论用哪种方法,都要做到整齐、紧实,有利于保温、保湿、发酵及养分的吸收。堆形要下宽上窄呈梯形,以扩大出菇面积,也便于管理。

现将常用的两种堆草方法介绍如下。

(1)小草把堆草法　这种方法使用比较普遍。它的优点是堆草紧实整齐,省草,简便,产量高。堆草时要求做到浸水均匀,堆垛紧实。下种得当,淋水合理,草被适中。

操作方法是:取浸湿的稻草(约 0.5 千克干稻草)将其扭成"8"字形,拦腰扎紧。堆草时,将草把弯头朝外,一捆捆排紧在床土面上,中间填入浸湿的乱稻草,用脚踏实,使堆中心稍高。排好第一层草把后,在离外沿 10～12 厘米处,撒 1 圈麸皮(或其他营养辅料),然后在麸皮的外圈,播入 1 圈菌种。第一层播种后,接着堆第二层。第二层稻草把的外沿向内缩进 5 厘米左右,依然弯头向外排列,中间空隙填满乱稻草,踩实,播种做法同第一层。第二层堆完播种后,堆制第三层。第三层草把同样向内缩进 5 厘米左右,还是弯头向外,中间空隙填入湿稻草,踩实。第三层播种与第一、二层不同,在整个表层撒上辅料和菌种。播完后堆第四层,堆法和前 3 层相同,但不再播种。堆成的草堆成为上窄下宽的长条梯形。一般堆高约 0.5 米,草堆两侧留有 15～20 厘米的床面,以利于生长地脚菇。草堆中上层温、湿度和通气条件好,草菇菌丝生长好,出菇多;而草堆下层温度低,湿度大,通气不良,不适草菇生长。因此,播种时,在草堆中上层菌种多些为好。如 50 千克稻草用 6 瓶菌种,则第一层播 1 瓶,第二层 2 瓶,表层 3 瓶,可促使草堆中、上层多出菇,有效地提高草菇产量。菌种只能播在草层四周边缘和草堆表面,不能播在草堆中心,以免高温烧坏菌丝体。草堆的层次和高度,可视栽培季节和当地气温情况而酌情增减。在昼夜平均气温较低时,为有利于保温、保湿,把草堆适当堆高些,由堆 4 层改为 5 层,堆高 70 厘米左右为宜;夏季高温季节可改 4 层为 3 层草堆,以防高温烧菌。

堆草播种完毕,要进行踩踏和淋水,由 1 个人站在草堆上面,用跳跃式小步踩草前进,另 1 个人向草堆淋水,边淋边踩,直至草堆压实,至基部流水为止。草堆含水量为 80% 左右。踩踏、淋水后,草堆顶上加盖压实的乱稻草(俗称“龙骨草”),厚 18～24 厘米,草堆呈龟背形,再盖上草被。

(2)乱草堆草法 机械收割脱粒的稻草甚乱,无法捆成整齐的草把,可用此法堆草。做法是:先用小绳在畦面划好堆的规格(如惊蛰至谷雨堆宽 0.5～0.6 米,立秋至秋分堆宽 0.45～0.55 米,寒露至冬至堆宽 0.6～0.7 米,长度不限)。在长方形的格上先放 1 圈基肥,再放少量梳直的草,然后放菌种,随后即堆草。堆草时由两人操作,1 人将浸好的稻草扎成草把(每把干草重约 500 克)并稍为梳直,另 1 人将草把放在

215

畦面,一手按着畦内一端,另一手握住畦外的一端,在草把的中央用力向畦内扭折,即成一草枕,草枕压在菌种上,扭折的一端向外,草尾向内互相交错,从畦的一端堆向另一端,并将草枕逐一压紧拍实。畦中心填以"填心草",使畦心稍高于畦的两侧,以免以后畦心积水。然后在草枕离边 1.5 厘米处放上第二层菌种,接着堆第二层草把,向内缩进 1.5 厘米,使草堆呈梯形。然后人站上草堆"踩水",踩至草枕往畦边有水流出为度。最后一层草枕上再压上 10～15 厘米厚的"龙骨草"。"龙骨草"的做法同叠草枕相似,从畦头开始,草枕折缘向同一方向,逐个叠至畦尾,使畦呈屋脊形,起保温、保湿作用,防止雨水入堆心。最后盖上临时草被,将稻草束分开骑在龙骨草之上。

3. 换固定草被 堆草初期,稻草未经发酵,草堆难于压实,且水分也不易调得理想,一般只盖上简便的临时草被。春菇栽培一般在堆草后 6～7 天换固定草被。秋菇栽培则在堆草后 4～5 天更换,更换草被后可以进一步改善草堆的温、湿度及环境,促进小菇大量发生及迅速生长。换草被时,检查并调节草堆水分。在草堆中部抽取稻草数根,以手拧之有水珠溢出但不滴下,水分即合适。过干需补足水分,一边淋水,一边踩踏,见到草堆上有少量的水渗出为宜。水分适合时,只踩实即可。换固定草被的方法有以下几种。

(1)搭竹架盖固定草被 先在草堆两侧各扎两根横竿,第一根横竿离第一层草把约 25 厘米,第二根横竿与第三层草把一般高,横竿要距离草堆 10 厘米,草堆两旁每隔 2 米左右插 1 根直竿与横竿相连,搭成 1 个保护架。然后,用直草遮挡排列在保护架四周,直草的草头向下,草尾向上,厚度约 1.5 厘米。草堆顶上盖横向直草,把两侧草被压住。最后盖上塑料薄膜。这种方法,既能通风透气,保温、保湿,又可挡风防雨,避免阳光直射,成菇率高。

(2)直接盖草被法 其方法与搭竹架盖固定草被基本相同,不同之处是不搭竹架,直接在草堆四周覆盖直草,草头着地,草尾向上,然后在草堆顶部横压1层草防雨保温,最后用喷壶把整个草堆淋湿,覆盖塑料薄膜。

(3)荫棚法 草堆建好后,不盖草被,直接覆盖塑料薄膜,然后在离草堆1～1.5米高的空间搭荫棚。这种方法,省工、省草,可避免三伏天气的高温,有利于秋菇栽培。

4. 播种后的管理 管理主要应抓好控制温度、调节湿度和通风与光照等技术措施。

(1)控制堆温 堆草播种后,由于稻草发酵放出热量,应特别注意控制草堆内的温度。

正常情况下,堆草后从第二天起堆温便开始上升,4～5天后草堆中心温度可达到50℃以上,这时草堆表面温度也可达到30℃～40℃。这样的温度范围适合菌丝体的生长蔓延。温度适宜,播种后第二天就可以看到菌丝自播种处向四周蔓延生长。再过2～3天,菌丝迅速扩展到草堆边缘,在草把表面有大量白色、半透明、粗壮的菌丝体,表明菌丝生长正常。否则,就要查明原因,采取措施。如堆温过高,尤其是草堆表面温度过高,超过45℃时,对菌丝的生长发育会产生不利影响,且容易烧死菌丝,导致鬼伞等杂菌丛生,消耗稻草的营养,影响菌丝扭结和子实体形成。这时要掀开覆盖的草被或塑料薄膜,通风散热,降低堆温。必要时可在草堆中央浇适量的水来降温,使草堆中心温度保持在40℃～45℃,草堆表面温度控制在35℃左右较为合适。如果草堆温度上升很慢,堆中心温度达不到40℃以上,应设法促进堆温上升。因草堆不够紧实,应进行浇水踩踏；如水分过多，应少浇水，加强通风，也可加厚草被，使之增温。在正常情况下，草堆温度上升后不久，便逐渐下降，当堆心温度降至32℃～42℃时，草堆四周开始出菇。如果草堆中心温度低于28℃或高于45℃时，菌丝生长受到抑制，都会影响正常出菇，为了控制堆温，每天用温度计插入草堆中心，检查草堆温度的变化。

在春末夏初和秋分、寒露这段季节里栽培草菇，经常会遇到寒潮，低温对草菇的生长非常不利。此时，要在晚上增厚草被，覆盖塑料薄膜。

暑热季节，天气炎热，经常会出现成批小菇死亡。遇到这种情况，可在早上将水放进菇场四周沟中，以降低温度，并于早上淋水保持湿润。夏天中午有时会突然下大雨，致使草菇成批死亡。此时应立即松开草被，以利通气，减少死菇。

（2）调节湿度　草堆含水量与出菇迟早及产量高低关系密切。草堆含水量应保持在70％～75％，否则就会影响菌丝体生长和子实体发育。播种后，每2～3天要检查1次草堆含水量。做法是：从草堆的上、中、下层各抽取几根稻草，用手拧紧，有水珠而不下滴，说明含水量适宜；无水珠则太干；如有水珠下滴，表明含水量太多。太干的草堆，可结合踏草浇水；太湿的草堆应停止喷水，打开草被和塑料薄膜，加强通风，加大水分的蒸发量。在高温季节，天气晴朗，烈日照晒，水分蒸发量大，尤其当堆内温度高时，蒸发量更大，这时应特别注意向草堆内浇水，以保持草堆有一定含水量，还可降低堆内温度。

调节草堆含水量，不宜直接往草堆上浇水，把水浇到草被上，经常保持草被有适当的湿度，以间接使草堆保持良好的湿度。根据天气和草被的干湿和出菇情况，灵活机动掌握浇水量和浇水次数。天气湿度大，草被潮湿，应少浇水或不浇水；出菇多,可适当多浇水;处于菌丝生长期仅有少量出菇时,应少浇水。在正常天气情况下,出菇前每天上午对草被浇水1次,出菇时每天早晚各浇水1次,以淋湿草被为度。如果草堆表面太干,可拿掉草被,用喷雾器往上轻轻喷水,喷水的水源要清洁,不能用污水。同时,要避免使用太凉的井水,宜用与料温相近的温水喷雾。盛夏季节切忌直接向草堆重淋水,严禁中午前后向草堆上洒水。

草堆的干湿度,原则上应在播种前一次性调节好,管理过程中注意做好保湿,在出菇过程中尽量少喷或不喷水。喷水过多,易引起烂菇死蕾。

南方沿海多台风暴雨,对草菇生产影响较大。草堆一旦湿度过大,会出现菌丝自溶、死菇和烂菇现象,可采用揭开或覆盖塑料薄膜的做法来调节湿度,也可撒干牛粪粉于整个草堆或将干牛粪粉塞进第二层草把,以便吸收草堆的水分。同时可掀起草被日晒1~2小时,然后将草堆踩实,几天内不淋水,降低草堆湿度,以促进菌丝生长。

(3)加强通风　草菇菌丝生长阶段,一般需要氧气较少,管理上侧重于保温、保湿,草被可加厚些。出菇阶段,对二氧化碳很敏感,应及时将草被减薄,在原有厚被基础上除去20%～30%的草量,有利于透气。必要时,每天早晚浇水前,用手翻动草被,使积聚在草堆表面和内部的二氧化碳和氨散发,补充新鲜空气。下大雨时,草被外面应覆盖塑料薄膜,防止草堆受暴风雨侵袭。雨后要及时揭去塑料薄膜,松动草被,使堆内二氧化碳等废气散出。

初夏栽培草菇,气温较低,在草被外面可覆盖塑料薄膜,以提高堆温,使堆温均匀,湿度一致。但塑料薄膜不能盖得太严,以免造成草堆内部不通气,菇蕾缺氧闷死。特别是白天太阳光直射时,不能用塑料薄膜覆盖,以免阳光照晒造成草堆温度过高,又不能散发,就会烧死菌丝。一般可白天揭膜散热,晚间盖膜保温。出菇期间,不要覆盖塑料薄膜,以免闷死菇蕾。如遇低温、阴雨和刮风天气,晚上要覆盖塑料薄膜。

(4)增加光照　草菇菌丝生长阶段,一般不需要光照。在出菇阶段,需要有一定的光照,以利刺激菌丝体扭结,促进子实体形成。如果草被盖得太厚,草堆上光照不足或完全见不到光线,出菇就会减少或完全不出菇。在出菇前,应将草被减薄些,使之轻微透光,每天结合通风掀开草被,以增加光照。

(5)后期追肥　草菇在生长发育过程中,消耗了草堆中大量养分,尤其在采收2～3潮菇后,草堆中的养分逐渐减少。产菇后期追肥,可调整和补充营养,有利于延长采菇期,有一定的增产效果。常用的追肥方法有以下几种。

①施干牛粪粉:在采摘草菇时,摘1个草菇后,立即施上1撮干牛粪粉,一般在收完第二潮菇后进行。

②追尿水:采收第二潮菇后,把人尿煮过消毒后,按3∶7的比例对入清水,放入喷雾器内,均匀地喷于草堆四周。每天喷2次,一般100千克稻草喷6千克左右尿水。追肥前1天不浇水,以便易于吸收。

③喷施发酵过的发酵糠麸液:将米糠40%,花生麸30%,石灰5%,熟尿25%,混合后置于大缸中发酵15～20天,腐熟后,把发酵过的混合料煮后并过滤,取滤液按4∶6比例对入清水,喷于草堆上。

④追化肥:采收完第三潮菇后,草堆未完全腐烂,堆温尚保持在32℃以上时,追施1次化肥。做法是用尿素或硫酸铵配成0.5%溶液,用削尖的竹筒灌进洞内。施肥完毕后,用稻草把小洞塞紧,并紧压草堆顶部。

(二)农田套种栽培法

近年来,各地在合理利用土地资源,发展立体农业,探索玉米地、菜地、果园间套种草菇,取得菇粮、菇菜、菇果丰产丰收,创造了有益的经验。

1.玉米地套种草菇 利用玉米秆高、叶茂能遮阳等特点,为草菇提供高温、多湿、遮荫等较适宜的生态条件。

河北省东光县职业教育中心邢勇在玉米地间套种草菇,获得平均每 667 平方米(1 亩)产草菇 720 千克,玉米 300 千克,产值达 3 000 元的高效益。栽培方法介绍如下。

(1)栽培适期 华北地区玉米生育期为 6~10 月份,选定 7 月下旬至 8 月中旬和 8 月下旬至 9 月中旬期间,正值玉米生长盛期,间作草菇。这时,玉米地湿度较大,光照合理,空气新鲜,适宜草菇生长。

(2)间作形式 玉米播区宽 0.8 米,种植玉米 2 行;草菇播区宽 2.4 米。中间挖人行道,人行道宽 0.4 米,深 0.5 米。草菇播区的上方用竹片作拱架,上面盖上薄膜和草帘。拱架高出地面 1 米。见图 5-14 所示。

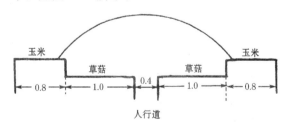

图 5-14 玉米地间作草菇示意图 (单位:米)

(3)栽培形式 采用薄料、窄畦空心、波浪式铺料方式。其优点是:可发挥草菇结菇的边缘效应,通气性能好,容易补充水分和调节温、湿度。具体做法如下。

①做畦床:铺料前 1 天,做好畦床,浇足水,使畦床吸水潮湿。然后用 1%的甲醛溶液消毒床面。

②铺料接种:沿菇棚方向在 1 米宽的菇床中间,留 20 厘米宽的空间,把菇床分为 2 个区。下层铺麦秸,培养料做成波浪形,波谷厚 10 厘米,波峰厚 20 厘米。待料温降至 38℃时,抢温播种,撒播或穴播均可,全部播在表层,料四周多播一些,最后用木板拍紧实。

③覆土:用玉米地的表层熟土,加入腐熟的圈肥,等量混合,用 3%的石灰水调节至手握成团、一掷即散的程度,pH 值 9~10。覆土的厚度 1~1.5 厘米,覆土后盖上薄膜,保温发菌。

(4)发菌管理 菌丝发育期控制料温,播种后料温要求保持在 35℃~38℃。如料温超过 40℃,应掀开薄膜,通风散热;如遇下雨或降温,应采取保温措施。一般播种后 7~8 天,菌丝发生扭结形成原基。

(5)出菇管理 要重视培养料含水量和空气湿度的调节。培养料含水量保持在 70%~75%,空气相对湿度以 90%为宜。采取灌水和喷雾相结合,地沟内每天上午灌水 1 次。视天气情况,喷水 2~4 次,向菇蕾喷雾状水,勿重喷水。喷水后通风换气,防菇体积水烂菇。出菇期温度比菌丝生长期要稍低,棚温以 28℃~32℃、料温以 30℃~35℃为宜,菇棚温度一旦超过 35℃,容易引起大批幼菇枯萎死亡。应及时通风散热或采用人行道灌水降温的办法。

(6)采菇后管理 头潮菇采收后,培养料应及时补充水分、养分和调节 pH 值。做法是:①扎眼补水和向料面喷洒 3%的石灰清液,调整 pH 值呈碱性。②畦床空区灌水和喷 0.1%尿素,补充营养.补水不宜用冷水,否则会降低料温影响二潮菇发生。

（7）防治虫害　在畦床四周的玉米植株上喷洒菊酯类农药,可有效地防止害虫侵袭。

2. 架菜间作草菇　武汉市蔬菜科学研究所许襄中在高架蔬菜丝瓜地间作草菇,生物学效率达 33.65％,经济效益比蔬菜单作提高 1 倍以上。收完草菇的下脚料是优质的有机肥,可用于改善土壤理化性质,有利于用地养地,培肥地力,具有良好的生态效益。

（1）丝瓜种植　按当地习惯 2 米开厢,施足基肥,厢沟宽 60 厘米、深 20 厘米,在厢另一边 15 厘米处栽 1 行丝瓜,株距 80 厘米,每 667 平方米 800 株。于 4 月 18 日定苗。其他按常规管理。

（2）做菇床　6 月下旬至 7 月初,丝瓜藤蔓满架的挂果初盛期,开始做菇床,长度依厢长而定,在离丝瓜行距 15 厘米处挖 1 条宽 30 厘米、深 10 厘米的浅沟,留菇床宽 80 厘米,铺料 70 厘米,两边分别留 5 厘米。铺料前用 1％石灰水喷洒湿润菇床,以杀灭蚯蚓和消毒。

（3）铺料播种　棉籽壳 100 千克,复合肥 250 克,石膏 1 千克,石灰 5 千克,多菌灵 150 克,敌敌畏 150 克,水 160～180 升,混合拌好后,堆料 3～7 天,并翻堆 2～3 次,充分发酵后用石灰水调节 pH 值为 7.5～8,含水量 70％。按波浪式铺料,穴播法接种,用种量为干料的 6％。播后稍压紧拍实,覆地膜,搭弓形小棚,盖农用薄膜和草包。

（4）管理　发菌期气温在 30℃以上,10 小时后菌丝萌发,此间料温可上升到 40℃以上,注意遮荫防晒和揭膜降温。3～5 天后菌丝布满发透,用经 0.5％石灰水浸泡一夜的湿草或湿润的菜园土,覆盖菇床,厚 1～2 厘米,以利于保湿透气。晴天每天用清水或 pH 值 8 的石灰水向菇床料面喷雾,大量出菇时可用喷壶洒水，或隔 1～2 天沟灌 1 次水，保持菇床湿润；遇暴雨要及时盖好地膜，雨停后随即排水整床，并揭膜透气。接种后 11 天即可采菇。收完头潮菇后，喷 1 次 pH 值 9～10 的石灰水，覆盖塑料薄膜让其恢复菌丝生长，4～5 天后又出现二潮菇。

(三)草菇室内床式栽培

我国的草菇栽培多年来主要是采用大田栽培的方式。大田栽培草菇，除华南地区外，其他地区只能在高温的夏秋季节进行。由于露地栽培受自然气候影响，温、湿度变化大，环境条件不易控制，产量不稳定。室内栽培草菇，受自然条件影响小，可以人为控制草菇生长发育所需要的温度、湿度、营养、通气、光照等条件，避免台风、暴雨、低温、干旱等自然条件的影响，全年均可栽培，可周年供应市场，是工业化、专业化生产的方向。

1. 室内废棉栽培法　利用废棉栽培草菇，是张树庭教授在 1971 年通过试验开创的。目前我国台湾省和香港特区栽培草菇均以废棉为主要原料，产量高于以稻草和棉籽壳为培养料的大田栽培方式。其栽培程序如下。

(1)废棉堆肥的处理与下种

①堆肥配方：废棉 97%，石灰 3%。

②堆肥制作：堆肥一般在户外进行，用 1 个 1.83 米×1.83 米×0.43 米的木框将打散的废棉分层铺入木框内，按配方加入石灰，充分浇水踩踏，以便废棉充分吸水，利于发酵。踩踏完 1 层后再重新加铺废棉，如此一层一层踩踏堆积即可。浇水量需均匀，太干或太湿均对堆肥的发酵有不良影响。当废棉踩踏堆积已填满整个木框时，把木框往上提，再继续铺入废棉，并洒水踩踏，直至堆高 1.5 米左右。堆积完毕，脱去木框，

用塑料薄膜盖住,以保温和保湿。

③翻堆:堆积发酵 2～3 天后进行翻堆,将堆肥捣散,把大块废棉撕碎,仍用木框一层层踩踏,如发现料干,可适量加水踩踏。翻堆完毕,仍用塑料薄膜覆盖。翻堆的目的是使堆肥混合得更均匀;补充堆肥水分,促使微生物在堆肥中充分发育。

④堆肥上床:翻堆后第三天把堆肥移入菇房的菇床上,弄平整,厚度为 10 厘米,此时堆肥的含水量以用手捏有少量水流出为准。堆肥的 pH 值约 7.8。同时把塑料薄膜亦放入菇房,以便蒸气消毒后作下种后覆盖用。

⑤堆肥后发酵:这是户外堆积发酵的继续,使堆肥材料发酵更充分。后发酵的主要目的在于改善堆肥的酸碱度和含水量,并能杀死堆肥中残存的病菌、杂菌和害虫、线虫,同时可促进一些嗜热性有益微生物把氨转变成蛋白质,供草菇发育所需。后发酵的方法是:将锅炉产生的大量蒸气,用粗胶管通入菇房内,使菇房温度升至 60℃,保持 2 小时,然后开动通风机,使菇房温度降至 52℃,维持 6 小时。这里需要注意的是,后发酵的温度不要超过 65℃,维持此温度不能太久,否则会把堆肥中有益的放线菌、堆肥转化菌杀死,对以后草菇的产量有很大的不利影响。

⑥高温下种:后发酵结束,菇房内温度逐渐下降,待菇房内温度降至 35℃左右,料温 37℃～38℃,即可下种。采用表层下种法,即把菌种掰成枣一样大的小块,均匀地撒布在堆肥表面,与表层废棉一起轻轻压实,下种量为 3％～5％。下种后,堆肥表面覆盖经过后发酵蒸气消毒过的塑料薄膜,以保持堆肥内的温、湿度,有利于菌种生长。如菇房保湿好,能保持空气相对湿度在 90％左右,下种后,堆肥表面可不用薄膜覆盖。

(2)栽培管理 下种 3 天之内,关闭门窗,菇房温度维持在 32℃左右,相对湿度为 90%左右。第四天打开门窗通风换气,增加光照,并揭开薄膜通风透气。如菇房内空气相对湿度保持很好,揭开薄膜后可不喷水,如果湿度保持不好,可每天往床面或空中喷细水,一般喷水后要给予适量通风。幼菇发生后,要避免向菇床直接喷水,可利用空中喷雾增加湿度。出菇前堆肥表面始终用薄膜覆盖。通常在下种第三天,堆肥表面可见 1 层灰白色绒毛状和白粉状物质,这是与草菇菌丝共生的高温菌;在下种后 5～9 天,便陆续出现白色针头状小菇蕾,再过 3～4 天即可达到采收的卵状期菇体。

2. 室内棉籽壳栽培法 近年来,我国产棉区利用棉籽壳栽培草菇,因棉籽壳营养较丰富,产量比稻草高,一般每 100千克可产鲜菇 30～40 千克,高的可达 50 千克以上。

棉籽壳室内床式栽培草菇,一般有下列几种栽培方式。

(1)压块式堆料 用疏松富含有机质的肥沃砂质壤土(或菜园土),铺在床面,厚 5～7 厘米,弄平整,轻轻压实。播种前,先将栽培床土喷湿,在床土上放活动的木模子(长 60 厘米,宽50 厘米,高 10 厘米),将调制好的棉籽壳培养料平铺在模子内。采用层播法,菌种用量 5%～7%,在第一层料面的四周撒上 1 层菌种,再铺上 1 层料,再在料面均匀地撒上 1 层菌种。然后,盖上 1 薄层培养料,以刚盖住菌种即可。培养料共铺 3层,分别为总量的 1:3.5:0.5;菌种撒 2 层,分别为总量的1:4。上面 1 层菌种用量多,使菌丝迅速长满料面,以控制杂菌侵染。播种后,用木板将料面拍平实,尤其是四角和四边要压好。去掉木模子。即成整齐的料块。每块料块用棉籽壳(干)5 千克。料块之间距离 20 厘米左右。最后,盖上塑料薄膜,保持料面和床面湿润,以利发菌。

(2)波浪形堆料 将配制好的培养料上床,铺成波浪形或半圆形小埂,在堆面上按一定距离穴播菌种,播完后用塑料薄膜覆盖 5 天,而后换盖 1 层干稻草。这种栽培方式,前期料温高,利于菌丝生长,出菇早,且增大了出菇面积。

采用波浪形堆料时,波形大小应根据室温的高低决定。室温高,波形做得小些,室温低,稍做大些。一般室温在 23℃～28℃时,铺料波峰 26～33 厘米,波幅 40～50 厘米为好;室温在 29℃ 以上时,铺料波峰以 16～22 厘米,波幅 25～32 厘米为宜。根据室温高低决定波形规格,对提高产量有显著作用。

(四)泡沫板菇房栽培

1. **菇房建筑** 菇房采用聚苯乙烯泡沫板嵌在杉木菇房框架上,以利保温、保湿。菇房中间为通道,栽培床靠两侧,但不靠泡沫板墙。床架分 4～5 层,床面采用尼龙网,上、下均可以出菇,扩大出菇面积。房顶做成弧形,可提高空间利用率,也有利于通风和避免冷凝水掉落在菇床上,墙和房顶衬有聚乙烯薄膜,以利保温和防止水分蒸发。墙体四角安装日光灯,以满足子实体发育所需要的光线。菇房两端各设置 0.3～0.4 平方米的对流通风窗 3 个、下通风窗 2 个。

2. **前发酵** 以稻草和废棉为培养料,其重量比为 5 : 5。堆肥制作的程序如下。

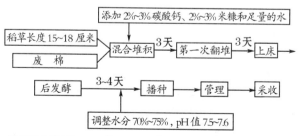

堆积时使用 1.8 米×1.8 米×0.42 米的堆肥框,框内铺

稻草、废棉,撒上辅料,再用软管浇水。人站在料上踩踏,促使废棉加快吸湿。一边踩踏,一边添加废棉及稻草,拉高堆框直至1间菇房所需培养料全部堆好,露天发酵。为了使发酵均匀,翻堆1次。4~5天后趁热搬入菇房内进行后发酵。

3. **后发酵** 前发酵不足时(如堆内氨味、硫化氢气味较浓)应拆堆,摊晾,再进房。培养料上床后,用常压蒸气发生器产生蒸气通入菇房,将温度升至55℃~60℃,保持3小时进行巴氏消毒。后发酵结束时,将料床铺成10厘米厚,随着气温升高,可将料床减薄至5~6厘米,以防烧菌。

4. **播种与管理** 后发酵后,趁料温在38℃~40℃时播种,可抑制杂菌繁衍,使草菇菌丝尽快地占领培养基质。随后将温度控制在32℃~35℃。菌种采用棉籽壳菌种为好。播种量为每立方米0.2~0.3千克,混播或穴播。播后轻轻拍实。播种后,控制床温不超过40℃。有关管理可参照前述室内床式栽培草菇。

(五)地棚栽培

北方地区,夏季高温持续时间短,昼夜温差大,湿度低,室外露地栽培草菇,难于满足草菇生育条件。河北省科学院微生物研究所李育岳、汪麟针对北方气候环境特点研究提出的草菇地棚栽培法,经栽培实践证明,是北方地区草菇生产可行的栽培方式。

1. **整地做畦** 清除场地杂草,翻土暴晒,疏松土层,地面喷洒浓石灰水消毒,害虫严重的喷洒0.1%敌百虫杀灭。然后建地棚和做畦(见第三章第一节之四)。畦做好后,灌水1次,使土壤潮湿,以便下料栽培。

2. **铺料与接种** 为保持有适宜的料温和增加出菇面积,地棚畦栽的铺料与接种,一般采用下列几种方式。

（1）草砖式　多用于稻草、麦秸栽培草菇。栽培时，将长70厘米、宽22厘米、高35厘米的木模子放在畦床上，先在木模框内铺1层稻草和麦秸培养料，压平，四周撒上1圈菌种，接着上面再铺入1层培养料，再撒入菌种。共铺3层培养料，2层菌种。菌种用量为干重的5%。第二层菌种应撒在整个料面，上面铺1层薄培养料，刚盖住菌种即可。培养料铺完后去掉木模子，就成为1块草砖。草砖一般以干重5千克左右为宜。制作草砖时，需用力压实，用脚踩踏，使草砖紧实，空隙缩小，有利于草菇菌丝吃料、蔓延和扭结。稻草、麦秸中含氮量少，应加入一定量的麸皮、腐熟的干牛粪、禽粪等。麸皮用量为3%～5%，干牛粪、禽粪为5%～10%。

（2）压块式　多用于棉籽壳、废棉栽培草菇。见室内棉籽壳栽培法。

（3）波形料垄式　将棉籽壳培养料在畦床面横铺或纵铺成波浪形的料垄，料垄厚度15～20厘米，垄沟料厚10厘米左右，表面撒上菌种封顶，用木板轻轻按压，使菌种与料紧密接触。波形料垄栽培可充分发挥表层菌种优势，防止杂菌侵染，发菌迅速，出菇集中、整齐，提高出菇率和成菇率，易取得头潮菇丰产。菌种用量，一般为培养料总量的5%左右。有条件时，可适当增加接菌量，有助于增产。

3. 覆膜管理　覆膜管理是畦栽草菇中一项重要技术措施，实践证明，它具有显著的增产效果。覆膜应在接种后立即进行，宜早不宜迟。为防止薄膜紧贴料面影响菌种正常呼吸，可在料面上放一些用石灰水消毒过的稻草或麦秸。覆膜后要注意检查料温变化，如料温超过40℃，应及时揭膜降温；夏季气温高，薄膜要适当架空或揭开一角，以防料温骤升、烧伤菌丝。覆膜3～4天后，应定时揭膜通风，或将薄膜用竹片（或铁丝)架起,防止表面菌丝徒长,影响菌丝往料内延伸。当出现菇蕾后,应及时将覆盖的薄膜揭去,或将薄膜支起,以防菇蕾缺氧闷死。

4.增温和控温管理 草菇属高温型菌类,菌丝生长发育的适宜气温(空间温度)为 30℃~32℃,适宜料温(堆温)为 35℃~38℃。

草菇播种后,每天要定时测量料温,控制和掌握好料温的变化。料温超过 40℃,会影响菌丝生长,应及时将盖在料块上的薄膜掀开,通风散热,降低料温。料温过低,应采取增温、保温措施,在料面盖草被或覆盖双层塑料薄膜,白天揭开草帘利用太阳热能提高棚温。发菌期间,菇棚温度应维持在 25℃以上,如温度低于 20℃,则料温难以上升,菌丝难以萌发生长。在初夏和早秋气温变化大,要注意防止菇棚温度夜间骤然下降,使正在发育的菌丝受到损害。

草菇子实体形成与发育所需温度比菌丝生长期要稍低,一般料温维持在 30℃~35℃为适宜。出菇温度适当低一些,子实体生长慢,开伞迟,菇型大,菇肉厚实,粒重,质量好。盛夏季节,气候炎热,菇棚温度往往升高到 35℃以上,易引起大批幼菇枯萎死亡。这时,应注意观察气温变化,及时通风散热。一旦菇棚内温度过高时,可向棚外覆盖的草帘上喷洒井水降温。床温(料温)是草菇生育的重要条件。据观察,在稻草草把堆草时,30 天内床温由 45℃逐渐降至 32℃,然后继续保持在 32℃以上,有利于草菇的生长发育。在出菇期 15 天期间先后出现两次菇峰,15 天之后床温低于 30℃则停止出菇。因此,在草菇栽培中,维持适宜床温的时间,是多产二潮菇,取得草菇高产的重要因素。

5.保湿与增湿管理 草菇是喜湿性菇类,只有在适宜的水分条件下,菌丝才能迅速生长发育形成子实体。

畦栽草菇的保湿与增湿管理,一般采取灌水和喷水两者相结合的形式。播种前几天将畦床灌水湿透,播种后头几天料块上覆盖的薄膜一般不要揭开,以减少料内水分蒸发,使培养料含水量保持在 70%～75%,以满足菌丝生长对湿度的要求。湿度不够时,可向畦沟内灌水,使畦床潮湿,以保持培养料内有适宜的含水量,并增加空间湿度。灌水时,一定要注意不能浸湿料块。菌丝生长阶段尽量不向料面喷水,培养料过湿,通风不良,草菇菌丝呼吸作用受抑制,并且好氧性微生物活动减弱,影响料温升高,引起厌氧菌大量增殖,培养料腐败变质,草菇菌丝自溶死亡。

草菇出菇期间,空气相对湿度以 90%左右为宜。湿度太高,影响菇体表面水分的交换,正常的蒸腾作用受阻,体内物质运输不畅,容易引起子实体腐烂和遭受病害;湿度低于80%,子实体发育受阻碍,菇蕾不易形成,已形成的菇蕾也会枯死。为维持有适宜的湿度,可向畦沟内灌水,使畦床湿润,不宜直接向料块喷水,尤其在刚见菇蕾时,严禁向菇蕾喷水。一旦料块过干必须喷水时,一定要喷清洁水,喷头向上,轻喷勤喷,以补足料块内失去的水分。喷水的水温与气温相近(与料温不能相差 4℃以上),以防水温过凉喷后料温下降,引起幼菇死亡。

6. 通风与光照调节 菌丝生长期一般只需少量通风,每天中午短时间打开菇棚通风 15～20 分钟,把盖在料块上的薄膜掀起一角透气就可以。出菇阶段,随着子实体迅速生长,呼吸作用增强,需要较多的氧气替换呼出的二氧化碳,若小气候环境中二氧化碳含量增高到 0.3%～0.5%,子实体发育将会受到抑制,当二氧化碳含量继续增高到 1%时,草菇就停止生长。出菇期的通风,往往与保湿、增湿发生矛盾,应把通风与喷水增湿结合进行。具体做法是:通风前,先向地面、空间喷雾,然后通风 20 分钟左右。每天 2～3 次,这样既能起到通风作用,又能保持菇棚内有适宜的湿度。

光照对草菇生长也有明显的影响。发菌初期光线宜暗些,以加快菌丝生长和向料内延伸。过强的光线不利于菌丝生长,且容易促使菌种块形成小菇蕾,影响菌丝萌发和吃料。出菇时,适量光照可促进子实体的形成,没有光照或光照不足,不易形成子实体。据李育岳、汪麟试验表明,地棚栽培草菇以 500～1 000 勒的光照度、每天照射 12 小时对子实体的发育为好。为满足草菇对光照的要求,通常在栽培后第四天就需要根据阳光的照射情况,每天定期卷起草帘,或结合通风,定期卷起棚顶覆盖的塑料薄膜,以增加棚内光强度,一直维持到采菇结束。但不宜有直射光照射,以免晒死幼菇。

第十一节　银丝草菇栽培

银丝草菇是草菇属中的一种木腐菌,野生于柞木、杨树、桂花、悬铃木等阔叶树枯干,亦见于棉籽壳栽培平菇、凤尾菇的菇床上,外观形似草菇,呈椭圆形或棒槌形,颜色灰白,因菌盖上长有银光闪闪的细绒毛而得名。它与草菇比较,具有出菇温度低、范围广、不易开伞、较耐保鲜和贮运、产量较高、风味独特等特点,很适合北方地区栽培。

一、栽培季节

银丝草菇系中温型菇类,适宜的出菇温度为 $18℃～28℃$。南方栽培季节为 4～10 月份;北方可以春秋两季栽培。

二、场地与设施

栽培场地和设施与草菇栽培相似。室内可利用空闲房屋设床架栽培；室外可建塑料薄膜大棚，做畦床栽培。

三、栽培工艺

一般采用袋式栽培和床架式栽培，可以熟料栽培，也可以发酵料栽培或生料栽培。其工艺流程如下。

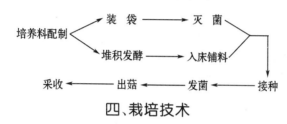

四、栽培技术

（一）培养料配制

栽培银丝草菇可用稻草、棉籽壳、甘蔗渣、废棉等原料，尤以废棉为好。

1. 培养料配方　常用配方有以下几种。

配方 1　棉籽壳 95％，麸皮 5％。

配方 2　甘蔗渣 39.5％，棉籽壳 39.5％，麸皮 20％，石膏 1％。

配方 3　稻草 78％，麸皮（或米糠）20％，碳酸钙 2％。

配方 4　废棉 98％，碳酸钙 2％。

配方 5　稻草 39％，废棉 39％，麸皮 20％，硫酸镁 1％，石膏 1％。

2. 配制方法　将棉籽壳拌湿，堆闷 1～2 小时；废棉、稻草、甘蔗渣在清水中浸泡 4～6 小时，捞起沥干，然后按上述配方比例拌入麸皮等,混合均匀。调节含水量至 60%～65%。

(二)栽培方式

1. **袋式熟料栽培**　将配制好的培养料,装入 17 厘米×35 厘米的低压聚乙烯薄膜袋内,每袋装干料 300～350 克。置于常压蒸气灭菌锅内灭菌 8 小时,冷却至 30℃以下,按无菌操作程序,打开袋口接入菌种。

2. **床架式发酵料栽培**　将配制的培养料,堆积发酵 3～5 天,先在床架上铺上塑料薄膜,而后铺料,撒 1 层菌种,再铺料压实。培养料厚度为 15～20 厘米,每平方米用干料 9～10 千克,料面整平后再撒上 1 层菌种。菌种用量为 10%。料面盖上塑料薄膜。

(三)发菌管理

无论是袋栽或床架栽培,发菌环境温度应保持在 25℃～30℃,不超过 32℃。避光,通风,注意防止杂菌污染。床栽,料面菌种量大,发菌快,一般接种后 7～8 天菌丝基本长满料面,此时,每天应掀动覆盖的薄膜通风换气 1～2 次,同时用纱布擦去薄膜内侧凝聚的水珠。经 10～15 天培养,菌丝基本上长满料层,要适当增加散射光,促进原基形成。在料面出现原基后,揭去料面薄膜,盖上用石灰水浸泡过的湿稻草,这样既保湿又通风,有利于菇蕾生长,防止菇蕾枯萎。袋栽,一般培养25～30 天菌丝可长满袋,当料面见有零星的原基时,即可转入出菇管理。

(四)出菇管理

创造适宜的温度(15℃～28℃),增加散射光和加强通风换气,同时做好水分管理,使子实体的生长处于良好的环境条件。水分管理要依据天气情况、气温高低、培养料干湿、子实体数量和生育期等灵活掌握。晴天、刮风天多喷水,阴雨天少喷或不喷；料面干时多喷,湿润时少喷；菇多时多喷,菇少时则少喷；菇蕾期少喷,幼菇至采收喷水要逐渐增加,保持空气相对湿度在85%左右。喷水时要轻喷、勤喷、细喷,勿使培养料过湿而伤害菌丝。从菇蕾出现至采收需5～6天。

(五)采　收

在菇体长成卵形、包膜未破裂时为采收适期。每采完一潮菇应停水2～3天,让培养料稍干,使菌丝恢复生长后再继续喷水管理。银丝草菇一个栽培期可收3～4潮菇,每潮间隔7～8天。生物学效率为45%～60%。

第十二节　金针菇栽培

一、栽培季节

金针菇的栽培季节,是根据其菌丝生长和子实体发育所需要的最适环境条件而确定的。采用自然季节性栽培,应参照当地自然气温的变化规律,确定栽培适期,以满足金针菇低温出菇的要求,使出菇阶段的温度保持在5℃～15℃的范围内,就可能取得优质高产。我国地域辽阔,不同地区气候不同,同是一个季节,气温差异甚大。因此,在安排栽培适期时,必须掌握金针菇低温出菇的特点。根据各地栽培实践,金针菇栽培适期大致确定如下。

华北地区,1年可安排2次栽培。第一次,于9月中下旬接种发菌,最迟不超过10月上旬,11月下旬或12月上旬进入出菇期。一般9月中下旬气温在20℃～25℃,正适合金针菇菌丝生长,进入11月下旬,气温逐渐下降到10℃左右,正适合出菇的温度要求。接种过早,因气温高、湿度大,易染杂菌;过晚,往往出一潮菇后,因气温过低不再出菇,影响产量和效益。第二次,可于12月份或翌年1月份,采用室内生火(火墙、火炕)加温培养,只要温度维持在18℃以上,菌丝就能正常生长发育,于春季2~3月份,自然气温回升到10℃左右,即可适时出菇。但第二次栽培,必须在1月上旬结束,才能保证在低温下正常出菇,获得理想的产量。

南方各地,冬季霜期短,春季气温回升快,一般在10~11月份接种发菌,12月份至翌年2月份出菇,通常1年1次栽培。在低温条件下培育的金针菇,商品质量好。至于其他地区,可根据当地气温变化情况,灵活掌握,确定栽培的适宜时期。

二、栽培工艺

金针菇栽培,分为瓶栽、袋栽和生料大床栽培3种。瓶栽,栽培工艺较复杂,一次性投资较大,且生产过程中瓶子容易破损,成本较高。袋栽,操作比较方便,省去了子实体套筒手续,简化了栽培工艺,而且塑料袋容积大,可装入较充足的培养料,营养足,保湿性能好,有较大的出菇空间,更适合于金针菇子实体的形成和生长。生料大床栽培,栽培工艺简单,成本低,但品质差,只能在低温季节栽培。金针菇栽培的工艺流程如下。

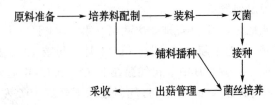

三、栽培技术

(一)地沟两头出菇栽培法

金针菇地沟两头出菇栽培法,是河北省普遍推广应用的一种简便易行的方法(图5-15)。它比通常的袋栽一头出菇装袋多,空间利用率高,管理方便,设备投资和管理消耗减少,生产成本低,经济效益高,是一种可行的栽培技术,非常适合于广大农村家庭使用。

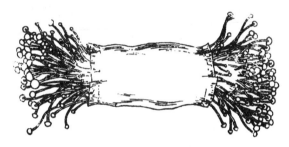

图 5-15　金针菇袋式栽培两头出菇

1. 地沟建造

(1)场地选择　选择地势高燥、开旷、向阳,而且地下水位较低的地方。土质以壤土或黏土为好。

(2)规格要求　地沟一般宽 3.8 米,高 2 米,长 15 米,1次能装菇袋 7 500 个,投干料 2 500 千克。

(3)建造方法　挖土前,先用大水浇灌,待水渗入土内,稍干再挖。把挖出的土存放在地沟四周,拍夯成沟壁的地上部分,沟壁高 2 米,在地面处,正对中间人行道及四周各设通风口,通风口长 40 厘米,宽 25 厘米。在地沟上架设竹、木拱架,覆盖薄膜,再在拱棚顶覆盖草帘、玉米秸或麦秸。

2. 搭床架　地沟内设置床架。床架的设置和具体要求是:地沟内搭3排床架,床架与地沟四周间的人行道宽60厘米,床架间的人行道宽70厘米,床架宽40厘米,床架长度视地沟的长度而定,床架高2米,与地沟高度一致。每隔70厘米砌墙垛固定,用竹竿铺设5层,层间距40厘米,每层横向堆放4层料袋。

3. **地沟与床架消毒**　地沟在使用前必须严格消毒。地沟消毒,通常在进料袋前3天进行。因为消毒药剂都能维持一定的杀菌时间,消毒后要让残存药剂全部排尽,以免药剂对菌丝生长造成不良影响。消毒前1天,先用清水把地沟壁和床架喷湿,以提高消毒效果。然后,可采用石炭酸、来苏儿、漂白粉等药剂喷洒消毒或用甲醛、硫黄熏蒸消毒,密闭24小时。

4. **培养料配制**

(1)培养料配方　实际栽培中常用的培养料配方有以下几种。

配方1　棉籽壳培养料配方:棉籽壳89%,麸皮10%,石膏(或碳酸钙)1%。料与水的比例为1:1.4～1.5。本配方河北省广泛采用。1989年河北省平山县夹峪村食用菌专业户董书增,按棉籽壳550千克,加入麸皮(或玉米粉)55千克,石灰5.5千克的配方,投料10吨,收获商品菇9.5吨。生物学效率为100%左右。

配方2　木屑培养料配方:木屑73%,麸皮(米糠)25%,蔗糖1%,碳酸钙(或石膏)1%。料与水的比例为1:1.4～1.6。木屑以陈木屑为好,要粗些,有利于通气。为减少杂菌污染,可在配方中添加0.05%多菌灵。

配方3　玉米芯培养料配方:玉米芯78%,麸皮15%,玉米粉5%,石膏1%,石灰1%。料与水的比例为1:1.7～1.8。

配方4　甘蔗渣培养料配方:甘蔗渣34.4%,棉籽壳

33%,麸皮 27%,玉米粉 3%,碳酸钙 1%,糖 1%,尿素 0.2%,硫酸镁 0.2%,磷酸二氢钾 0.2%。含水量 65%～70%。

配方 5　稻草培养料配方:稻草 72%,麸皮 25%,过磷酸钙 1%,糖 1%,石膏粉 1%。含水量 65%。

配方 6　甜菜废丝培养料配方:甜菜废丝 98.5%,碳酸钙 1%,石灰 0.5%。含水量 60%～65%。

配方 7　苇叶培养料配方:苇叶 88%,麸皮 10%,糖 1%,石膏 1%。料与水的比例为 1∶1.5～1.6。

配方 8　高粱壳培养料配方:高粱壳 50%,高粱粉 50%。另加尿素、过磷酸钙及石膏粉各 1%,加 1.4 倍左右的水调匀,用石灰调 pH 值到 6.5～7。为防杂菌污染,可用 0.1%的高锰酸钾溶液拌料。

配方 9　豆秸屑培养料配方:豆秸屑 78%,玉米粉 10%,麸皮 10%,糖 1%,石膏 1%。料与水的比例为 1∶1。

(2)培养料的配制方法　栽培者可根据当地资源条件,选择适宜的培养料和辅料,然后按照配方的要求比例,准确称量,放在水泥地面上搅拌。拌料时,把棉籽壳、木屑等主料,在地面堆成小堆,再把麸皮、米糠、石膏等辅料,由堆尖分次撒下,用铁锨反复拌和,然后将事先溶化好的糖、磷酸二氢钾、硫酸镁等辅料和定量的清水,分次倒入混合料内,用铁锨反复翻拌,使料水混合均匀。有条件的可购置拌料机,将主料、辅料和水一次投入拌料机内,开机 3～5 分钟卸料。可提高效率,减轻劳动强度,且拌料均匀。

配制培养料时,一是要严格控制含水量。金针菇培养料的含水量以 60%～65%为适宜。含水量偏高,透气性差,菌丝蔓延速度降低,且易引起杂菌感染;含水量过低,菌丝稀疏、细弱,生活力降低。由于各种培养料的性质不同,吸水程度也不一样。因此,在拌料时要视培养料的具体情况,灵活掌握用水量。培养料含水量是否合适,通常用感观来测定。方法是:用手紧握培养料成团,落地散开;或用拇指、食指和中指紧捏住培养料可见水迹即为合适。若水成滴滴下,表明太湿,应将料堆摊开,让水分蒸发;若料不成团,掌上又无水痕,则偏干,应补水再拌至适度。为便于栽培者掌握培养料的含水量,特列于表5-8。二是培养料的酸碱度要适宜。金针菇喜偏酸的环境,适宜的pH值为6左右。如培养料酸度大,可加入石灰粉进行调节;若是碱度大,可用3%盐酸进行中和,直至pH值适度为止。一般培养料经过灭菌后,pH值会有所下降。因此,在配制培养料时,应使pH值适当偏高一点为好。三是要尽量减少杂菌污染。在培养料中可加入0.05%多菌灵(50%浓度),拌料后要抓紧时间装料和灭菌。若拖延时间,培养料会发酵变酸,容易导致杂菌孳生。

表5-8　培养料含水量计算表

每100千克干料中加水(升)	料水比 (料：水)	含水量 (%)	每100千克干料中加水(升)	料水比 (料：水)	含水量 (%)
75	1：0.75	50.3	130	1：1.3	62.2
80	1：0.8	51.7	135	1：1.35	63.0
85	1：0.85	53.0	140	1：1.4	63.8
90	1：0.9	54.2	145	1：1.45	64.5
95	1：0.95	55.4	150	1：1.5	65.2
100	1：1	56.5	155	1：1.55	65.9
105	1：1.05	57.6	160	1：1.6	66.5
110	1：1.1	58.6	165	1：1.65	67.2
115	1：1.15	59.5	170	1：1.7	67.8

每100千克干料中加水(升)	料水比(料：水)	含水量(%)	每100千克干料中加水(升)	料水比(料：水)	含水量(%)
120	1：1.2	60.5	175	1：1.75	68.4
125	1：1.25	61.3	180	1：1.8	68.9

注：风干的干料中含水量以13%计算

含水量(%)＝(加水量＋干料含水量)/(干料重＋加水量)×100%

5. 装袋、灭菌与接种　装袋采用直径15～17厘米的塑料薄膜筒料,将其裁截成40厘米长的筒袋。装料时,用两头扎口封袋的方法,可减少料内水分的散失。做法是:先用塑料绳把袋筒的一头扎好,用手将培养料装入筒袋内,边装边压实,装料至袋高的15～16厘米,把料面弄平整,袋料中间用1.5厘米粗的圆锥形捣木扎通气孔,孔深约10厘米。把筒口合拢扭拧,再用塑料绳扎好,筒袋的两头各留12厘米长,便于以后撑开供子实体生长。料袋装好后,随即放入常压蒸锅内灭菌,在温度达到100℃后务求保持10小时以上,以彻底杀灭料内嗜热性细菌,防止嗜热性细菌在料内繁殖,抑制金针菇菌丝生长。接种要严格无菌操作。接种由2人配合操作,点燃酒精灯,在酒精灯火焰无菌区内,1人打开料袋两头的扎口,1人用灭菌的接种匙从菌种袋(瓶)内取1匙菌种接入料面,把袋口扎紧。动作力求迅速,减少污染机会。

6. 料袋的摆放　将接菌后的料袋及时移到地沟床架上排放。摆放方式,采用分层横放方式,两头的扎口朝外,每层床架中依次整齐地重叠4层料袋,上面留有适当的空隙,以利于气体交换。

7. 发菌培养　金针菇发菌培养期间,要创造适宜条件,以促进菌丝健壮旺发。

（1）温、湿度　　金针菇菌丝生长的最适温度是 23℃～25℃,高于或低于这个温度,菌丝蔓延速度就会减慢。由于菌丝呼吸作用产生热量,料温往往比室温高 2℃～4℃,故地沟内以保持 18℃～20℃温度为宜,不要低于 18℃。温度过低时,会发生菌丝未发满就出菇的现象,使培养料中的养分不能充分被利用,严重影响产量。为使上下、里外温度一致,发菌均匀,每隔 10 天,将床架上下层及里外放置的菌袋调换 1 次位置。发菌期间,一旦温度超过 25℃时,要立即通风降温。

发菌期间,菌丝生长繁殖所需要的水分,来自培养料中,地沟内不必喷水补湿。空气相对湿度以 60% 左右为宜。

（2）光照与通风　　发菌期间,要尽可能保持暗的环境,适当通风,以保证菌丝生长对氧气的需要。一般每天通风 1 次,每次 30 分钟即可。

采用封闭式发菌培养,在接种后 10～15 天内,菌丝生长少,呼吸量小,袋内含氧量一般可以满足菌丝生长的需要。当菌丝长入料内 5 厘米左右时,需氧量增加,这时应将袋两头的扎口绳解开,松动袋口,适当通气,以促进菌丝健壮生长。

（3）防止杂菌污染　　菌袋培养期间,要定期逐袋检查,发现有杂菌污染,立即进行处理,防止扩散蔓延。

8. 发菌期的异常现象与预防

（1）菌种块不萌发　　接种后菌种块不萌发,菌丝发黄,枯萎。

发生原因:①菌种存放时间过长,发生老化,生活力很弱。②接种时,菌种块受到酒精灯火焰或接种工具的烫伤。③遇高温天气,接种和培养环境的温度超过 30℃以上,菌种受高温伤害。

预防办法:①使用适龄菌种,菌龄在 30～35 天,菌丝活力旺盛。②在高温天气,安排在早晨或夜间接种,培养室加强通风降温,或适当推迟栽培时间,避免高温伤害。③接种时防止烫伤菌丝。

(2)菌种块萌发不吃料　在正常发菌环境下,接种后菌块菌丝萌发良好,色泽绒白,但迟迟不往料内生长。

发生原因:①用新鲜木屑或掺杂有松木屑为原料,其中含抑制菌丝生长的物质;或原料霉烂变质。②培养料含水量过高或过低。③拌料后堆闷时间过长,装袋后未及时灭菌,料已发酵变质。④使用尿素补充氮源,量过大;或多菌灵抑菌剂添加过量,抑制菌丝生长。⑤培养料过细,孔隙率低,加上装袋过实,透气性差,氧含量不足。⑥培养料灭菌不彻底,杂菌大量繁殖,产生毒素。⑦培养料 pH 值偏低或偏高,菌丝难以生长。⑧菌种质量低劣,生活力衰退,菌丝吃料能力减弱。

预防办法:①选用陈年阔叶树木屑,不用新鲜木屑和松木屑。不用霉烂、变质、虫蛀的原料。②培养料拌料后 2～4 小时装袋,切忌堆闷过夜,做到当天装袋当天灭菌,防止料酸败。③用优质的麸皮和米糠补足氮源,添加量不少于 20%,最好再添加 3%～5% 玉米粉,以利于菌丝生长。尿素添加量不超过 0.1%,最好不添加。多菌灵抑菌剂添加量以 0.05% 为宜,最好不添加。④木屑中添加一定量的玉米芯(粉碎的),有助于改善培养料的物理性能,以解决木屑过细、空隙小、氧气不足。⑤掌握正确的灭菌操作。高压蒸气灭菌时,必须排尽冷空气。灭菌要温度准,时间足,在 147.1 千帕(1.5 千克/厘米²)压力确保 2 小时;常压蒸锅灭菌时,锅盖严实,不漏气,火力要旺,蒸气要足,在温度 100℃保持 8～10 小时。⑥培养料装袋时,pH 值调整在 6.5～7 为宜。⑦掌握好料与水的比例,培养料含水量,黄色品种控制在 65%,白色品种为 60%,切勿过湿。⑧从有信誉的菌种供应单位购种,选用菌丝洁白、粗壮、浓密的优质菌种。

(3)菌丝发黄萎缩 接种后 10~15 天,菌丝逐渐发黄、稀疏、萎缩,不能继续往料内生长。

发生原因:①培养室内温度高,通风不好,袋与袋间排放过紧,影响空气流通,料温往外散发困难,菌丝受高温伤害。②料过湿且压得太实,透气不好,菌丝缺氧。③灭菌不彻底,料内嗜热性细菌大量繁殖,争夺营养,抑制菌丝生长。④培养室通风不好,二氧化碳浓度高。

预防办法:①培养室的温度保持 20℃ 左右为好。袋与袋间要略有间距,便于料温发散。高温天气,做好通风降温。②掌握好料水比例。装袋做到松紧合适,发现料过湿时,可在菌丝生长区内多点刺孔,以通气降湿。③培养料常压灭菌,在 100℃ 保持 10 小时可防止细菌污染现象发生。④培养室定期通风,保持空气新鲜。

(4)发菌后期菌丝生长缓慢,迟迟不满袋 发生原因:①袋内不透气,菌丝缺氧,多见于两头扎口封闭式发菌培养。②温度偏低,菌丝生长很慢,或停止生长。

预防办法:①采用封闭式发菌培养时,当菌丝长入料 3~5 厘米时,将袋两头的扎绳解开,松动袋口,透入空气,或采用刺孔通气补氧。②保持适温培养,室内温度不低于 18℃。

(5)菌丝未满袋就出菇 发生原因:栽培偏晚,菌丝培养温度过低,低温刺激出菇。

预防办法:适时栽培,低温栽培时,要加温培养菌丝,使温度维持在 18℃ 以上。

9. 出菇管理 由于培养料配方、发菌温度、接种量不同,发菌时间也不一致。一般发菌时间需 25~35 天。当白色的菌丝吃透整个培养料时,标志发菌培养已结束,即可转入出菇管理。

(1)催蕾管理　发菌结束后,应促进菇蕾的形成。

①搔菌:把菌袋两头的扎绳解开,打开袋口,将培养料表面的1层厚菌膜和残存的一部分老菌种除掉。搔菌所用的工具,可用铁丝做成3～4齿的手耙(图5-16),将培养料表面的菌膜搔破,连同老菌种块一起清除,然后再将培养料表面整平。搔菌的工具使用前要在酒精灯火焰上消毒。

②降温:低温是促成菇蕾形成的重要条件之一,进入出菇管理后,地沟的温度要降到10℃～12℃。如温度高于13℃,往往在培养料表面会出现大量气生菌丝(白色的棉状物),影响菇蕾的形成。但这种白色棉状物,不要误认为是杂菌而淘汰掉,只要降温,不久菇蕾就会长出。

图5-16　手耙

③增湿:地沟内要增高湿度,空间、沟壁、地面可用喷雾器喷水,使空气相对湿度保持在80%～85%,以诱发菇蕾的形成。经过上述管理,几天后,培养料表面就会出现琥珀色的水珠,这是菇蕾出现的前兆。不久,米黄色的菇蕾就会整齐地出现在培养料表面。

(2)菇的发生　经过催蕾之后,金针菇子实体开始生长。优质商品金针菇的颜色纯白或黄白,质脆嫩,菌盖小,不开伞或半开伞,菌柄长8～14厘米,柄粗0.2～0.4厘米,无绒毛或少绒毛,单株分开不粘连。要获得上述优质菇,必须抓好4项管理。

①适温出菇:金针菇出菇的理想温度是10℃。在适温下

出菇,子实体生长慢,颜色白,质嫩,生长整齐,产量高,质量好。如果超过18℃,则子实体迅速生长,菌盖很快开伞,很难形成理想的商品菇。出菇时,要注意温度的调节,开袋前几天要保持菌丝培养的温度,在适温下,促进菌丝充分成熟。开袋现蕾后,降温至5℃~8℃,维持3~5天进行驯养,使同批菇蕾的生理成熟保持同步,出菇整齐、健壮,培养料中的营养能得到充分吸收利用。在降温时应注意两点:一是要充分配合通风透气,使二氧化碳浓度降到0.02%以下,促使菇蕾大量生长;二是培养料表层不能太湿,应保持相对干燥,防止生理性冻害发生。驯养后,恢复出菇时所需要的温度,保持在10℃左右,即可促进子实体的生长。

　　②湿度管理:金针菇在出菇期间,应有较高的湿度。菇蕾形成期,空气相对湿度应控制在90%左右;当菌柄长至5厘米时,空气相对湿度应控制在85%左右;菌柄长至15厘米以上时,空气相对湿度应控制在80%左右。每天早、午、晚向空间喷洒雾状水,在地沟壁和地面洒水来提高空气湿度;切勿向袋口菇体上直接喷水,幼菇碰到水,基部的颜色就会变成黄棕色至咖啡色,影响金针菇的质量。

　　③光照管理:出菇期间要进行微光诱导,在地沟顶棚每隔2米处,要扒开30平方厘米大小的透光区,微弱的光线能促进子实体的形成,并且顶棚上的顶光可使菌柄朝着光的方向快速伸长,整齐生长,而不散乱。

　　④通风管理:在子实体生长期间,应根据子实体生长发育的不同情况,分阶段进行通风调节。在催蕾阶段及子实体生长后期,应增加通风次数,加大通风量,这样可以使菇蕾形成量多,出菇整齐,菌盖圆整。在子实体生长阶段,应减少通风量,使地沟空气中二氧化碳的含量增高到0.1%~0.15%。当料

246

面出现菇蕾后,应把袋两头剩余的薄膜撑开拉直。这样,既可保湿,又可改善小气候环境中二氧化碳的浓度,有利于菌柄整齐地伸长,而且菌盖发育受到抑制,可获得菌盖小、菌柄细长的商品金针菇。

10. 出菇期的异常现象与预防

(1)不现蕾　发生原因:①培养料含水量偏低。料面干燥。②温度较高,空气干燥,培养料表面出现白色棉状物(气生菌丝),影响菇蕾形成。③通风不良,二氧化碳浓度高,光照不足,延缓菌丝的营养生长。

预防办法:①培养料面干燥,可喷18℃～20℃温水,喷水量不宜过多,以喷后不见水滴为宜。②通风降温至10℃～12℃。喷水增湿,使空气相对湿度提高到80%～85%,防止气生菌丝产生。③加强通风,增加弱光光照,诱导菇蕾形成。

(2)菇蕾发生不整齐　发生原因:①未搔菌,老菌种块上先形成菇蕾。②搔菌后未及时增湿,空气湿度低,料面干燥,影响菌丝恢复生长。③袋筒撑开过早,引起料面水分散发。

预防办法:①通过搔菌,将老菌种块刮掉,同时轻轻划破料面菌膜,减少表面菌丝伤害,有利于菌丝恢复。②催蕾阶段做好温、湿、气、光四要素的调节,促使料面菇蕾同步发生。③待料面菇蕾出现后再撑开袋筒,防止料面失水。

(3)袋壁出菇　在袋壁四周不定点出现"侧生菇"。发生原因是装料松。尤其是较为松软的培养料,在培养后期,袋壁与培养料之间出现间隙,一旦生理成熟,在低温和光照诱导下,出现侧生菇。

预防办法:装袋时将料装紧压实,上下均匀一致,料紧贴袋壁。

(4)料面沿袋壁四周出菇　发生原因:①撑开袋筒过早。

②发菌时间过长,料表面菌丝老化和失水。

预防办法:①适温发菌,缩短发菌时间,减少料面水分蒸发。②适时撑开袋筒。③发现料面失水,及时给予补水。

11. 采收   金针菇的食用部分是清脆、细嫩的菌柄,菌柄又嫩又长又白(或淡黄)为优质菇。一般当菌柄长到10厘米以上,菌盖呈半球形、直径1~1.2厘米,菇体鲜度好,就可采收。采收时,一手按住塑料袋口,一手轻轻抓住菇丛拔下,菌柄基部如带有培养料,用小刀切整齐,然后将其平整地放在小竹筐(或塑料筐)内,防止装量过多,压碎菇体。因刚采收的金针菇仍有生命力,故应放在光线较暗、温度较低的地方存放,防止其继续生长,使菌柄弯曲,影响质量。

12. 采收后管理   金针菇一般可以采收3~4潮菇。搞好采收后的管理,有利于提高下一潮菇的产量和质量。采菇后,除按一般常规管理外,还应着重注意下列几点。

(1)搔菌   当第一潮菇采收后,结合清理料面进行搔菌。耙去老菌块和其他杂质,将料面清理平整,升温至17℃~18℃,使菌丝休养生息。经过搔菌的刺激,转潮快,出菇数多、整齐,下潮菇质量较好。

(2)补水   金针菇第一潮产菇量高,菌袋内大量水分被消耗,如果不及时补水,会导致转潮缓慢,出菇参差不齐。要使转潮快、出菇齐,必须使菌袋吸足水,特别是料面不能缺水。

补水的具体方法:①对失水过多、菌料干枯萎缩、重量明显减轻的菌袋,用注水器向料内注水补湿,或将菌袋置水池中浸泡,待菌袋吸足水后,倒去多余的水,把袋口塑料薄膜回翻扎起,以利于保温、保湿;等到再次现蕾后,打开袋口转入常规管理。②对失水不多的菌袋,可在料面连续喷水,直到下潮菇蕾长出,才停止喷水。

（3）补充营养　结合补水，适量补充营养，以有利于提高菇的产量。

①蔗糖水：浓度 0.1％～0.2％，注入菌袋或喷洒料面。

②恩肥水：将恩肥稀释到 500～1 000 倍后注入菌袋中，可增产 15％～20％。

（二）菇房栽培法

建造专业菇房，进行室内发菌和出菇管理，易于人工控制小气候，有利于规模化生产。

1. **菇房的消毒**　料瓶（袋）进入菇房前，要对菇房及床架进行全面消毒。消毒方法与前述地沟与床架消毒的方法相同。

2. **料袋的排放**　将接入菌种的料瓶（袋）及时移入菇房床架上直立排放。排放时，瓶与瓶、袋与袋之间要留有适当空隙，以利于通风，防止料温过高。

3. **发菌管理**　发菌期间，要认真做好温度、湿度、通风、光照和防止杂菌污染等项管理，尽量创造良好的环境条件，促使菌丝早萌发，快定植，健壮生长。

（1）温度调节　金针菇菌丝生长的最适温度是 23℃～25℃，适温下菌丝生长迅速而健壮。温度包括气温和料温（"两温"），在管理上要注意"两温"的变化。刚接种的料瓶（袋），进入菇房后的头 3 天内，其菌种正处于恢复和萌发过程，其料温一般比菇房空气温度低 1℃～2℃，这时，菇房温度可适当调高 1℃～2℃；3 天后菌丝进入吃料阶段，随着时间的递增，菌丝生长量也增多，长势也随之旺盛，新陈代谢亦加快，瓶（袋）内料温随之升高。这时料温往往比室温高出 2℃～4℃，所以，菇房的温度应相应地调低。一般采用控制通风量的大小来调节室温。由于菇房上部与下部、中间与靠四壁的温度不尽相同，为了使发菌一致，每 10 天左右要倒架 1 次，调换料瓶（袋）

的位置。在倒瓶（袋）的过程中如发现有杂菌污染的瓶（袋），要及时拣出，进行处理。

（2）湿度调节　发菌期间，宜干不宜湿，且掌握前偏干后偏湿的原则进行管理。菇房内空气相对湿度，发菌前期，应保持在 60% 左右，后期应保持在 65% 左右。菇房内湿度太大时，可在地面撒布石灰粉，以降低湿度。

（3）通风调节　发菌期间应保持良好的通风，注意瓶（袋）内菌丝生长的情况，一旦发现菌丝生长缓慢，要及时解开扎口的线绳，以利于透气增氧，加速菌丝生长。

（4）光照调节　发菌期间，菇房应保持暗的环境，菇房门窗应拉上门窗帘或糊上报纸，用来遮光。

4. 出菇管理　发菌培养，一般经过 30～35 天，菌丝可长满培养料。之后，在适温下，继续培养 5～7 天，让菌丝充分成熟，然后转入出菇管理。

金针菇子实体生长的全过程可分为 3 个阶段，即蕾期、抑制期和伸长期。

（1）蕾期　采取催蕾管理措施，将菇房门窗打开，增强光照和通风，向空间喷雾状水，使菇房空气相对湿度增高到 90% 左右，降温至 10℃ 左右，同时松动瓶（袋）口，以诱发菇蕾的发生，但这时切勿将瓶（袋）口的塑料薄膜全部撑开，以防培养料水分蒸发，影响菇蕾形成。几天后，当培养料面出现棉花状菌丝或黄色水珠时，就是出菇的先兆。此时，应将瓶（袋）口敞开，1 周左右，即陆续长出针头状的菇蕾。

（2）抑制期　当子实体长到 1 厘米左右时，要适当降湿、降温、通风，使子实体受抑，延缓同步生长，以利于出菇整齐，成批采菇。在管理上，减少喷水或停止喷水，湿度控制在 75% 左右。通风降温，将温度调节在 5℃ 左右。抑制期一般为 5～

7天。

（3）伸长期　促使菌柄迅速伸长，这是培养商品金针菇的关键时期。

①套筒与拉直袋口：瓶栽时，当菇蕾伸出瓶口1～2厘米时，应将长度15厘米左右的纸筒套在瓶口；袋栽时，当子实体长至2～3厘米时，应把塑料袋口多余的薄膜撑开，提升拉直。这样既可以限制供氧，增高二氧化碳浓度，造成适宜的小气候，又抑制菌盖开伞，促使菌柄伸长，并可防止伸长的子实体倒伏。

②调温：将温度控制在10℃左右。温度低于8℃，生长缓慢；高于15℃很容易开伞。

③增湿：空气相对湿度应保持在85％～90％。菇房内需喷水增湿，喷水量随菇体生长而增加。在喷水保湿的同时，要适当通风，保持干湿交替，这样既有利于促进菌柄的伸长，又可防止细菌性斑点病的发生。

④弱光诱导：栽培实践表明，金针菇子实体具有很强的向光性。用一定的光照可诱导菌柄向光伸长。为此，在两排床架正中上方，每隔3～5米吊装1只15瓦灯泡，产生垂直光，可诱导子实体成束地伸向光源的方向，促使菌柄伸长。

⑤调控二氧化碳浓度：金针菇菌盖和菌柄的生长是互相制约的。一般来说，菌盖生长受到抑制时，菌柄生长就会快速伸长。若提高空气中二氧化碳的浓度，可使菌盖生长受到抑制，而菌柄的伸长就会加速。要获得菌盖小、菌柄细长的商品金针菇，就必须适当提高空间二氧化碳的浓度，将菇房门窗缝隙处用纸糊住，减少空气流通，平时减少通风次数，使菇房空气中的二氧化碳含量保持在0.1％～0.15％。通过以上管理措施，约15天之后，菌盖直径可达1厘米左右，菌柄长可达

8～15 厘米,这时,便可进入采收期。

(三)地道栽培法

地道栽培金针菇,不仅节省占地,节约投资,而且受外界不利条件的影响小,温度低而又较稳定。还不受季节限制,使金针菇长年生产,四季出菇,为城市发展金针菇生产和人防地道的开发利用提供了新的途径。但栽培时,应注意解决好以下技术环节。

1. **地道的选择** 各地修建的人防地道,有防空地下室、地道、坑道(山洞)等不同类型,只要宽度在 1.5 米以上,高度在 2 米以上,均可利用。

2. **地道的改造与利用** 根据地道的不同类型,将厅、室、主道和小房间统一规划,分别作为发菌培养和出菇场地,并对地道进行必要的改造,增添有关设备和用具。

(1)通风装置 地道居于地下,大多在 10 米以下,通风换气条件差,影响菌丝体和子实体生长。地道内要修建两个以上的通风口,其高低通风口应有 5 米以上高程差,利用通风道口的高低落差进行自然通风;要备有机械通风装置,以便人为地促使空气流动,改善地道通风条件。

(2)照明装置 地道内每隔 3～5 米安装 1 只 15～25 瓦的灯泡,灯泡悬挂于出菇袋上方中央,以诱导金针菇朝向光源整齐生长。

(3)增温装置 地道内气温较低,达不到菌丝生长的适宜温度。可在地道内用塑料薄膜隔开,分设发菌培养室,通入热蒸气,保持温度 18℃～20℃,促使发菌,然后再移入一般地道内出菇。

3. **地道的防污染** 污染是地道种菇的一大难题,要引起高度重视,尽量防止污染发生。

（1）实行分区制　把发菌与出菇分开管理。按风向设置要求,把菌丝培养室设在出菇室的上风方向;拌料、装袋室设在培养室下风方向;灭过菌的培养料袋由冷却室直接进入接种室,再进入培养室,保持净化的环境。

（2）防止交叉污染　清洁物、污染物按单向方式及时进出场,防止交叉污染。

（3）地道的消毒　地道内由于阴暗、潮湿、空间小、通风差,是各种杂菌孳生繁殖的良好场所。在种菇前或每潮菇采收完毕后,必须进行全面消毒。对多次栽培金针菇的地道,更要严格进行彻底消毒,然后才能使用。消毒方法是:①在清扫和冲洗基础上,对洞壁、底面用3%～5%的石灰水涂刷。②地道上下左右喷洒5%石炭酸、10%来苏儿或1%～3%的漂白粉溶液。喷洒时先从地道的最深处开始,逐渐向道口边退边喷,在出入口处要多喷洒些药液。

4．栽培方式　地道栽金针菇,以熟料袋栽形式较好,亦可用生料大床栽培。

5．发菌管理　在菌丝生长阶段,主要是控制好温度和湿度。

（1）温度　要求保持在20℃以上,不要低于18℃。

（2）湿度　菌丝培养室要求清洁干燥,空气相对湿度保持在65%左右为宜。

发菌期间,要适时翻堆,及时挑出污染袋,使发菌整齐一致,提高菌袋成品率。

6．出菇管理　菌丝培养35～40天后,当菌丝长满整个袋子,即可进入出菇管理。

（1）催蕾　采用降温、通风、增湿相结合,以促使菇蕾的萌发。打开道口门和通风口,加大通风量,降温至10℃左右。进行搔菌,耙去表面老菌皮。搔菌后仍将袋口收拢,以防培养料水分蒸发过多,影响出菇。喷水增湿,保持空气相对湿度85%～90%为宜,直至见到针头状的菌蕾为止,此期约为1周。

（2）低温抑制　子实体长到1～2厘米时,采取降温至5℃左右,湿度控制在75%左右,每天通风3～5次,每次15分钟左右,以抑制幼菇生长。此期需5～7天。

（3）商品菇培育　经低温抑制处理后,进入商品菇培育期,应采取下列管理措施:①温度调节。以8℃～10℃为佳,应关闭道口门和通风口,减少通风,保持最佳的温度。②湿度调节。喷水增湿,每天朝地道的墙壁、地面喷水,增加喷水次数,保持地道内空气相对湿度90%～95%。③微光照射。光照时间每天保持1～2小时,以诱导菇体向光伸长、丛生而不散乱。④通风换气。适当通风,干湿交替,有助于促柄抑盖和防止病害发生。

（四）生料大床栽培法

金针菇生料大床栽培,是在熟料栽培基础上发展成的一项栽培技术,它简化了栽培工艺,减少了熟料栽培时的能源消耗,减轻了劳动强度,降低了生产成本,为发展金针菇生产找到了一条简便易行的途径。生料栽培必须严格掌握以下技术要点。

1. 选择好栽培季节　生料床栽,所用培养料存活有大量的多种杂菌,低温环境可抑制杂菌的生长。因此,选择低温季节栽培,是金针菇生料床栽成功的关键。根据金针菇菌丝生长的温度要求,北方地区栽培期为11月份至翌年3月份,长江中下游地区栽培期为12月份至翌年2月份。

2. 选定适宜品种　选择生长势旺盛、抗杂能力强的品种,一般选用黄色品系,如金针菇三明1号较为适宜。

3. 栽培场地　栽培场地要求清洁、干净、通风良好。可利用空闲房屋、人防地道、坑道、地下室等。阳畦栽培,棚外应有覆盖物遮光,以保持较暗的环境。

4. 建床与消毒　室内可用砖围成畦床,其宽度为70厘米左右,长度不限,畦墙高10～15厘米;室外阳畦,可挖土建床,深15厘米左右,床宽70～80厘米。床面要求平整,用5%的石灰水消毒,铺上塑料薄膜。床与床之间设人行道,便于操作管理。

5. 铺料接种　生料大床栽培,可选用棉籽壳、木屑、玉米芯为原料,其中麸皮(或米糠)等含氮辅料的添加量,以不超过10%为宜,最好添加1%石灰,并加入0.1%多菌灵(50%浓度),以防止杂菌污染。

将配制好的培养料,铺入畦床薄膜上,采用分层和四周播种的方法,逐层加料和播种。各层的菌种用量为:底层1/5,中层1/5,表层2/5,四周1/5,总用种量为料重的10%以上。边播种边将菌床压平、压实,并覆盖薄膜保温、保湿,菌床厚度为12～15厘米,每平方米用干料约25千克。

6. 发菌管理　播种后,气温应控制在15℃以内,料温不超过18℃。一旦温度过高,应通风降温。播种10天内,可不做任何管理。10天后应打开薄膜,检查菌丝生长情况,适当通风,促使菌丝向料内延伸。经过40天左右菌丝可布满料面,并深入菌床2～3厘米,这时应增加通风量,每天揭膜通风10～15分钟,以加快菌丝生长。经60天左右菌丝即可长满整个菌床,进入出菇管理。

7. 出菇管理

(1)催蕾　当菌床表面菌丝由灰白色转为雪白色、有棕色液滴出现时,表示菌丝已进入成熟阶段,即可转入催蕾管理。此时,把覆盖床面的薄膜抬起,促使床面气体交换;同时喷水增湿,使空气相对湿度保持在85%以上。菇房每天通风2~3次,揭膜换气1~2次,每次10~15分钟,经过7天左右,床面可见大量菇蕾产生。

(2)驯养　当幼菇长高1厘米左右时,应及时进行低温驯养。做法是降温至3℃~5℃;降湿,减少或停止喷水,空气相对湿度控制在75%左右;加强通风,延长揭膜时间。通过以上措施,以抑制幼菇生长,使幼菇坚实、挺直,生长整齐一致。此期5~7天。

(3)促长　驯养之后,应加强温、湿度和光照调节。温度保持10℃左右,不要超过20℃。增加喷水,空气相对湿度维持在90%~95%。减少通风,以抑盖促柄;并给予微光诱导,使菌柄朝着光源方向伸长。

第一潮菇采收后,要及时清理床面,喷水补湿,接着覆盖薄膜,让菌丝充分恢复,可以再次出菇。

(五)冷库栽培法

金针菇在自然气候条件下,集中安排在冬春寒冷季节栽培出菇,鲜菇货源充裕,销售困难,价格低。利用冷库的低温环境,在高温季节出菇供应市场,鲜菇价格高,可以获得较高的经济效益。冷库栽培金针菇,技术难度较大,除严格按照自然季节栽培的技术操作外,应着重解决好菌袋保湿和防止杂菌污染。

1. 冷库改建　对现有风冷式冷库,用泡沫塑料板将冷库分隔成小区,提高冷库的保温性能,便于发菌和出菇管理。

2. 培养料的配制　培养料中要适当增补氮源,可加快菌丝吃料速度。以棉籽壳为主料的配方,麸皮添加量以17%,玉米面 3%为宜；以玉米芯和木屑为主料时，麸皮添加量以 20%，玉米面 5%为宜。培养料含水量增加到 65%左右，可为菌袋出菇留有适宜的水分含量。

3. 装袋　采用短袋栽培，一次性出菇方式。选用 15 厘米×35 厘米的塑料薄膜袋，装料高度为 13～15 厘米，料应紧贴袋壁，料面要压实，防止上部料松，否则基质容易失水；用扎口封袋法，扎口紧贴料面，以减少料内水分的散失。

4. 灭菌　装料后应立刻进行常压蒸气灭菌，在 100℃温度下，必须保持 10 小时以上。

5. 接种　严格执行无菌操作规程，将菌种均匀地接到培养料表面，紧贴料面封口，使菌种与料面紧密结合。这样可使料面菌种不易因抽风降温而失水，有利于菌丝萌发和加快吃料速度，提高菌袋成品率。

6. 发菌管理　调节好温度、湿度、通风和光照条件，加快发菌速度，减少袋内水分蒸发，为菌袋出菇时基质中保留有合适的水分。

(1)温度　调温至 18℃～20℃，让菌丝在适温环境下，加快生长成熟，防止上部菌丝老化。

(2)湿度　控制在 60%～65%。

(3)通风　定期通风换气，保证发菌所需要的氧气。

(4)光照　采取遮光措施，保持黑暗环境。

(5)清袋与消毒　要定期检查清理菌袋，及时处理污染和被害菌袋。培养室每周用敌敌畏和多菌灵喷雾消毒和杀虫 1 次。

(6)松口补氧　当袋内菌丝长入料中 5 厘米左右时，将袋口扎紧的绳解开，松动袋口，让少量空气进入袋内，透气补氧，促进菌丝健壮生长。但不能把袋口打开，以免造成料面失水。

7. 出菇管理 管理上应做好如下工作。

(1)催蕾 当菌丝长满培养料后,应及时撑开袋口进行搔菌。搔菌后将菌袋整齐排放在菇房床架上。菇房温度控制在12℃～15℃。为防止料面水分散失变干,搔菌后要及时把袋口收拢,同时进行喷雾补湿,使空气相对湿度保持在80%～90%。如搔菌时发现料面干燥,可向料面适量喷水补湿,以利菌丝恢复生长。增加菇房通风换气次数,提高空气中氧气含量。以上措施经过7～10天后,料面即可长出整齐、健壮的菇蕾。

(2)抑制 菇蕾出现后,将袋口撑开翻折至料面,当菌柄长至2～3厘米、菌盖直径为2毫米时,进行低温、低湿、通风和光照抑制。温度降至3℃～5℃,减少喷水次数或停止喷水,降低空气湿度,增加通风换气时间。同时增强光照,延长光照时间。此期为4～6天。

(3)育菇 抑制期后,菇房温度维持在6℃～10℃,增加喷水,空气相对湿度保持在90%～95%,每天定期通风1～2次,保持菇房黑暗的环境,以利子实体生长。当菌柄长到4～5厘米时,将翻扎袋口拉直,以增加袋筒空间二氧化碳浓度,抑制菌盖生长,促使菌柄伸长。当菇柄长至15厘米左右、菌盖直径1厘米左右时即可采收。

(六)再生枝栽培法

金针菇再生枝栽培法,是根据金针菇再生的特性,使因干燥而枯萎的幼菇基部重新形成新的原基,新原基可以培育成优质的子实体。用这种方法培育出的金针菇,密度厚,柄细,高矮一致,外观好看。它克服了袋栽金针菇菇蕾形成不同步、子实体伸长参差不齐、产量低、品质差的缺陷。做法是:当菌丝长满菌袋后,将其移入有散射光的菇房内,降温至15℃左右。由于受变温的刺激和光线的诱导,在菌袋表面长出丛状幼蕾。此时不要急于开袋出菇,让幼蕾继续生长,待幼菇长至3～5厘米时,打开袋口,将袋口薄膜拉直并向外翻折下至与料面平,使料面裸露,打开门窗,加大通风,降低菇房湿度,使金针菇幼菇受恶劣干燥环境刺激,骤然失水而枯萎。

经过2～3天,在枯萎的幼菇柄上及料面老根上,长出许多新的幼蕾,长满整个料面时,适当减少通风量。待幼菇长到1～2厘米时,拉高袋口薄膜至离料面5厘米左右,继续适当通风,进行抑制处理,使长得快的幼菇在袋口处便停止生长,而长得慢的幼菇仍可继续向上生长,促使幼菇整齐同步生长。当菇体长至与袋口相平时,拉直袋口,并在袋口上盖湿纱布或湿报纸,经常喷水,保持湿润状态。菌柄长至12厘米左右时,加强通风,使菇盖略干,菇柄变得硬实,使菇体外观好看,有利于贮藏。

头潮菇采收后,扒去袋面表层料1厘米左右,将袋口拉直,端头折下,用橡皮筋扎住,防止袋内水分蒸发,增加袋内空间湿度,促使菌丝恢复,形成新的菇蕾。其后操作如上述方法。管理得好,可收3～4潮菇。

第十三节　黑木耳栽培

黑木耳是一种优质食用菌和药用菌,在我国的自然分布很广,产量居世界第一位,是传统的出口商品,在国际市场享有盛誉。

黑木耳不仅具有独特的口味,而且有很高的营养价值,是我国人民喜爱的食品。据有关资料介绍,1千克干耳中含有蛋白质106克,脂肪2克,碳水化合物650克,纤维素70克,还有钙、磷、铁等矿质元素和多种维生素。它的营养成分仅次于肉、蛋、鱼、豆,而为其他任何蔬菜所不及。因此,人们把黑木耳比作"素中之荤"的保健食品。

我国人工栽培黑木耳,历来都是利用栎树、枫树、榆树等阔叶树的段木进行栽培。由于我国耳林资源不足,黑木耳生产发展受到限制,影响对国内外市场的供应。为此,我国科学工作者从 20 世纪 70 年代开始进行代料栽培黑木耳的研究,利用某些含木质素、纤维素较多的农林副产品,如木屑、棉籽壳、玉米芯和甘蔗渣等,代替树木作为栽培黑木耳的原料。近年来这种生产黑木耳的新方法,已在一些地区推广,它节约了大量的林木资源,而且不受地区的限制,山区、平原和城镇均可进行生产,为发展我国黑木耳生产开辟了广阔的道路。

一、黑木耳段木栽培法

(一)栽培工艺

黑木耳段木栽培在我国有着悠久的历史,积累了丰富的生产管理经验。栽培工艺流程如下。

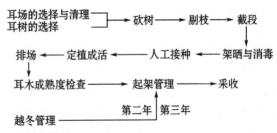

(二)栽培技术

1. 耳场的选择与清理　栽培黑木耳的场地称为耳场。耳场要根据木耳生长条件,选择保温、保湿、通气良好、有光照条件的地方。选择避风、向阳、多光照、温度较高、湿度较大、空气清新、少遮荫、近水源、不易受水害的沙土地面。有条件的可选在林场、果园附近或缓冲山坳。海拔 $500 \sim 1\,000$ 米的山谷地带,昼夜温差小,空气上下对流,气温稳定,早晚经常云雾笼罩,湿度大,是最理想的耳场。有喷灌条件的地方,可选择沙石地面作为耳场。因为沙石易于吸收和辐射热,能提高耳木温度,并且耳场清洁,可减少病害。也可选择平坦草地作耳场,但草不宜太高,长有苔藓、羊胡草等草根密集的草坪较理想。不宜在土层较厚的无草地面或排水不良的涝洼滩作为耳场,以防泥水溅污和锈水浸腐耳木、缩短段木的使用寿命。

选好耳场后要进行清场工作。清除乱石、刺藤、茅草,留下小草,以利保湿。挖好排水沟,装上喷灌或挖好蓄水池,以备喷浇。场地用漂白粉、生石灰消毒,消灭杂菌和害虫。有条件的地方可在耳场周围砌上矮墙或围栏,防止畜禽破坏。

2. **耳树的选择** 我国可种黑木耳的树木有 120 多种,主要树种见第四章第一节表 4-1。凡含有松脂、精油、醇、醚等杀菌性物质的松、杉、柏等针叶树,以及含有少量芳香性杀菌性物质的阔叶树,如樟科、安息香科等树木均不宜用于栽培黑木耳。为了充分利用资源,绿化林修剪下来的枝条,果园整枝和更换下来的枝干及广大农村房前屋后种植的刺槐、桑树、椿树、槭树、桃、梨等树的大量枝条、干躯均可充分利用栽培黑木耳。

材质坚硬的树木如柞、榆、梨等树,因细胞组织紧密,透气性和吸水能力较差,菌丝蔓延慢,子实体形成较迟,一般当年产量低,但耐腐朽,产耳年限长。而椴木、赤杨等树种材质疏松,透气性好,菌丝定植发育快,接种后当年即可获得一定产量,翌年进入盛产期,但产耳年限短,一般在第三年即很少产耳。

选用耳木时,除树种外还要注意树龄、粗细。树龄过大及枯老树木也不宜采用。一般认为5～15年生、直径5～15厘米为宜。一般利用10年左右的实生树或萌蘖树较为经济合算。

3.**耳树的砍伐** 耳树要适时砍伐。树木从秋天落叶到翌年春天新芽萌发期间称为树木的休眠期。进入休眠期的树木,树干中贮藏了大量营养物质。由于休眠期形成层停止活动,树皮与木质部结合得紧密,树皮不易暴裂脱落,是耳树砍伐的好时机。一般以"二九"至"四九"砍伐耳木为好。

砍伐树木,一般多使用砍斧,砍时从两面砍,留下8～10厘米高的树茬,以利于再生芽的萌发生长。大批砍伐耳树时可使用电锯、油锯,也要留茬根。砍伐时要注意选择适龄树砍伐,多用弯曲材、枝桠材、薪柴和非经济林。

4.**耳木的处理**

(1)剔枝 耳树砍伐后需将无栽培价值的枝桠剔去,此程序称为剔枝。剔枝的时间因气候条件不同而异。在气候湿润的地区,树木中含水量较大,砍树后不要立即剔枝,暂时留下枝叶加速树木水分的蒸发,同时有利于枝梢上的养分集中到树干中,砍伐15天左右再行剔枝。气候寒冷干燥地区,树木含水量较小,在砍伐后即进行剔枝为好。剔枝操作,用锋利砍刀自下而上沿枝桠延伸的方向砍削,削成所谓的"铜钱疤"或"牛眼睛",约留1厘米枝座(如图5-17),减少杂菌侵入伤口的机会。剔后的伤疤最好用石灰水涂抹。

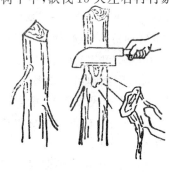

图5-17 剔 枝

(2)截段 剔枝的耳木为

了便于搬运和管理,可在山坡或运到场地后进行截段。耳木截段的长度没有固定的要求,一般长 1 米左右。粗的耳木宜短些,细的耳木可长一些。用手锯、电锯,截成齐头为好,这样可以减少因截面不平,造成积水,沾污泥土,增加杂菌入侵的机会。

(3)架晒 段木的"架晒",亦称为段木的"干燥"。选择干净、地势较高、阳光充足的地方,把截好的段木按不同树种和不同粗细的规格分开,地面垫上枕木或石块,以"井"、"山"、"△"等形式,堆高 1 米左右(参看香菇段木栽培法中的图 5-5 所示),或单根摆放晾晒,加快段木中细胞组织的死亡。架晒的段木,需翻堆 1～2 次,使其上、下、内、外互换位置,以利于干燥均匀。这个时期应避免淋雨受潮。

架晒时间,应根据树木中实际含水量而定,一般需 20～30 天。段木中含水量,常用下列方法观测。

①用眼观:当段木内层皮褪绿、两端截面改变颜色、出现较明显的放射状裂纹、敲击时声音变脆、嗅之有酸气味时为适宜。

②用火烧烤:取直径 5 厘米左右的段木,用火烧烤中部,如果两头出现褐色水泡,这时段木中的水分正合适。

③称重对比:树木截段后称其重量,然后进行架晒。材质疏松的杨、柳等树种减轻原重的 30% 左右,材质较紧密的榆、柞等树种减轻原重的 20% 左右时,即可停止架晒。也可以采取在段木的不同部位取样,放在 115℃～120℃烘箱内烘干至恒重。用下列公式计算出段木的含水量。

$$段木含水量(\%) = \frac{烘干前样品重量-烘干后样品重量}{烘干前样品重量} \times 100\%$$

还可以用木材水分测定计测定段木中的水分。若含水量过大,可继续架晒直至含水量适合为止。经过架晒后段木的含水量在 30%～40% 即为接种的最适时机。水分过高过低都妨碍菌丝的定植发育,严重的会导致菌丝的死亡。

(4)消毒　接种前将段木表面进行消毒,可以预防或减轻杂菌的污染和害虫的为害。段木表面消毒方法有如下几种。

①紫外线消毒:将段木置烈日下翻转暴晒 1～2 天,利用太阳光的紫外线杀灭附着在段木外层的霉菌孢子。

②化学药品消毒:用代森锌、退菌特或二甲四氯 1∶200 倍液,或甲醛 1∶100 倍液,在接种前 1 周浸湿段木(随即取出),或翻转喷洒,也可以喷洒 2 000 倍的高锰酸钾液进行药剂消毒。

③火熏段木消毒:接种前挖一地槽,放置柴草、树叶,点燃后将段木逐个架在地槽上熏烤,随时转动,均匀烤灼至表面见到火星为止,不要烤得时间过长,待段木表层温度下降后即可进行接种。这种方法简便易行,就地取材,节约开支。还具有疏松皮层组织的作用,能提高段木的透气性,增强保温保湿功能,对接种后黑木耳菌丝的定植、蔓延和生长发育均有明显的促进作用。

在耳树的砍伐、剔枝、截段、架晒、搬运、消毒等管理过程中,要注意保护树皮,以防耳木外皮损伤,减少不应有的杂菌污染,缩短耳木寿命,造成减产。

5. 接种　就是将培养好的菌种人工接种到经过处理的段木上,让其生长发育。接种好坏是黑木耳栽培成败的关键,应予以足够的重视。

(1)接种时间　当自然气温稳定在 3℃～5℃ 时即可进行接种。这时气温较低,空气中杂菌孢子少,可减少杂菌污染的机会。实践证明,早接种、早定植,比晚接种出耳早,产量高,杂菌少,还可避开农忙季节,合理安排好劳力,做到农、副业两不误。接种最好选择风速不大,雨后初晴、湿度适宜的天气进行,避免在烈日下或在雨天接种。

(2)接种方法　目前黑木耳菌种大都用木屑菌种。木屑菌种原料充足,制备容易,成本低,接种方便,成活率高,是各地普遍用的菌种。

接种前,场地要清扫干净,"老耳场"应当进行消毒。接种人员的手要洗净,所用工具用5%来苏儿药液或75%的酒精擦拭消毒,注意无菌操作,掌握好接种技术,把好防止杂菌污染这一关。

"耳穴"是黑木耳菌丝定植的场所,应用的打眼工具有打眼机、电钻、打孔器和手摇钻。用打眼机、电钻和手摇钻等工具打眼时,要选择安装好合适的钻头。打孔时应与段木表面垂直向下,深达木质部1.5～2厘米。孔穴深度(指进入木质部的深度)影响菌丝成活率。试验表明,孔穴深度达木质部0.5～1厘米时,菌丝成活率在55.5%～79.4%;孔穴深度达1.5厘米左右,成活率达98%～100%。打孔时要将段木周身纵横交错打成"品"字形孔穴,密度以纵距8～10厘米、横距5～7厘米为好。段木孔穴要中间稀,两头密;伤口处要密;木质硬,树龄大的要适当密;气温低的地区可密些;材质松、树龄小和气温高的地区适当稀些。接种时,要根据具体情况做到合理密植。

接种时用消毒过的工具从菌种瓶内挖出优质菌种,不可将其捣碎,尽量将成块的菌种放入孔穴中,不要装得太紧或太松,做到上空下不空,盖上树皮盖后孔穴上面要有点空余,以利于菌丝生长。装完菌种后在孔穴上面盖上大于其孔径1.5～2毫米的树皮盖,敲打严实,与段木表面相平。接种整个过程要防止耳穴沾土污染,开瓶的菌种要当日用完,减少杂菌污染的机会(参阅第三节香菇栽培图 5-2 木屑菌种接种法)。为促使菌丝定植成活,对备好的段木应采取边打孔穴、边接种、边打盖、边封盖的连续作业。

6. 上堆定植　木耳产量与菌丝定植成活率是密切相关的。提高菌丝定植成活率,要做好上堆定植的科学管理。

(1)场地选择　选择干净、空气新鲜流通、背风向阳、浇水方便的场地。场地要进行消毒,以免杂菌污染,还要防止害虫、老鼠和家畜啃食。

(2)上堆方法　用石块或木棒为垫脚(高 10～15 厘米),把接种后的耳杆分别按树种、粗细、长短分开,以"井"、"山"、"△"形堆高 1 米左右,耳杆间留 5～6 厘米的间隔,使其通气良好。堆上可覆盖塑料薄膜或干净树枝、干草、秸秆等物。

(3)上堆管理　定植发菌阶段的管理主要是控制温度和湿度,通风换气也十分重要。温度应保持在 22℃～30℃之间,低于 15℃或高于 35℃均不利于菌丝生长和定植。空气相对湿度以 70%～80%为宜。掌握"干湿交替",适当偏湿的原则。尤其是北方春季较干燥,耳杆的外层容易干燥失水,过分干燥是不利于菌丝定植发育的。上堆定植阶段,一般 1 周内不需喷水,以后则根据湿度情况,每周喷水 1～2 次,使耳杆的含水量逐渐上升。每周要结合喷水翻 1 次堆,1 周后要经常揭开覆盖物进行通风,2 周后每天都要揭开,尤其是用塑料薄膜覆盖的耳木堆更要注意通风,切忌将堆脚下的薄膜用泥土封死,以免影响菌丝发育,造成菌丝窒息死亡。在用塑料薄膜作覆盖材料时,严禁直接与耳木接触,因为薄膜上的冷凝水滴在耳木上很容易引起杂菌污染。

(4)菌丝成活率的检查　定植发菌期间,要对菌丝的定植发育情况进行两次检查。第一次在 18～20 天之间进行。揭开孔穴的木盖,若发现菌种块与接种时的颜色、形态相似,说明耳穴中湿度不够,应适当增加喷水次数和喷水量。若发现菌种块表面生有白色菌膜,说明菌丝体已经定植;若耳穴中出现干燥黄色、松散的木屑颗粒,或黑色有黏性的木屑菌种,说明管理不善,菌丝发育不均,应重新接种;若发现耳穴中出现红、绿、黄、褐等颜色,则已被杂菌污染,应及时拣除。经过分别处理后,继续进行细心管理,再过 10 天进行第二次检查。

7. **排场发菌** 这一阶段是木耳菌丝定植成活后营养生长阶段的继续。目的是使耳木吸收地面潮气,接收阳光雨露和新鲜空气,促使菌丝发育成熟,尽快为木耳生长提供物质条件。

(1)排场方法 因场地的地形和条件而不同。在砂壤土或长有短草、排水良好的坡地上排场,要在晴天进行,以免雨天排杆沾上污泥。排场时地上放一枕木,把耳杆平放在上面,一头落地,杆距 3 厘米左右。这样能得到较好的地温、地湿和光照。在落叶较厚,不容易腐烂的树林坡地上排场,可把耳杆一根根平铺在地面上,每根相距 6 厘米左右,也可以采取"人"字架排场的形式。在泥土较厚的平坦场地进行排场,要用枕木或石块将其一端或两端架起,高 8～10 厘米,以便通风良好,均匀光照,防止粘泥,造成树皮腐烂。

(2)排场管理 排场期间控制好耳杆的湿度是管理中的关键。"干湿交替,适当偏干"是该阶段管理的原则。偏干,就是使耳木表面干燥,达到近表层水很少,而内层还有足够水分的状态。菌丝为了吸收水分就会向耳木的内层蔓延生长,加厚菌丝层,容积随之增大。如耳木表面较湿,菌丝便不向深处生长,养分积累不足,出耳时只能产些耳丁。散堆排场时,一般 3 天干 1 天湿比较适宜,也可以 7 天干 3 天湿。要勤翻耳木,使其四面均匀受晒。如遇阴天或雨天要少喷或不喷水。不要在中午烈日下喷水,宜在傍晚进行。

(3)排场时间 排场时间的长短,因菌种类型、品系、菌种质量和耳杆种类、粗细、接种时间、接种质量、气候条件及管理水平等因素而不同。一般情况下,在耳杆的接种部位及附近的树皮裂缝中开始出现耳芽,需要排场1个多月,有的可能接近或超过2个月。排场时间的长短最主要的是看耳杆的成熟情况来判断。

(4)耳木成熟度的检查 菌丝在耳杆中蔓延生长的深度和广度,即为耳木的成熟度。通过排场管理,菌丝在耳木中大量的生长繁殖吸取足够的营养,为生殖生长阶段的到来做好物质准备。进行耳木成熟度的检查,以便适时进行起架管理,进入产耳阶段。

判断耳木的成熟度,一般可用锯子横断耳杆,观其断面。如果从树皮内形成层至心材之间的木质部已被菌丝吃透,或部分被吃透(深1~1.5厘米),呈现浅黄白的颜色,这表明耳木已经成熟。如果只在形成层或接种的耳穴周围的木质部变色,则说明成熟度不好,应继续排场管理,不要急于起架产耳。

8. 起架管理 当黑木耳菌丝在耳木中定植并达到良好的成熟度后,即可起架管理,进入生殖生长阶段。

(1)起架方式 耳木起架有多种形式,一般多采用"人"字形起架。具体做法是,在距地面60~70厘米处固定一横木,横木两端固定在木桩上,把耳木交叉搭在横木的两侧,杆距5~6厘米,立杆角度以45°为宜(见香菇段木栽培法图5-8)。雨水少及产耳前期,搭杆角度要小一些,雨水多或产耳后期要陡一些。架长最好南北走向,以使横木两侧的耳木受光均匀。

若耳场较小,"人"字形起架摆放不开,也可采用"井"字形起架管理。

(2)产耳期的管理　调节好耳杆内水分和空气相对湿度是这个时期的主要工作。黑木耳子实体含有丰富的胶质,吸水性强,相当于干重的13～15倍,只有水分充足才能形成耳片,所以此时耳杆含水量要保持在45%～50%,空气相对湿度要保持在85%～95%,这样才有利于黑木耳子实体的迅速分化。补水,最好用喷洒的方法,用清洁、无毒、无泥沙、不污染的水喷洒耳杆,亦可用喷雾器喷洒,力求喷雾状水,以利耳木、耳片吸收,防止重水损伤耳芽。一般每天早、晚各喷水1次,夏季中午阳光强烈、温度高不要喷水,以防流耳。傍晚喷水要充足,淋在耳杆表面的水,因无日晒不能立即蒸发掉而能慢慢渗入木质内,加之晾晒一天的耳木温度较高,温湿适宜,有利夜间黑木耳能迅速生长发育。连续喷水3～4天后减少耳杆喷水量,增加空气中的喷雾,提高相对湿度。一般5～6天老耳芽发育成熟,同时原基也发育成新的耳芽。准备收获的前1天应停水,以利摘耳。采耳后要停止喷水,给以阳光照射,使菌丝向耳木木质内部延伸吸收营养。晒杆5天后翻杆1次,然后再继续晒5天左右,待耳杆两端截面重新出现裂纹时再进行连续喷水。

在管理工作中喷水次数、水量、时间要根据气候条件和耳杆的情况灵活掌握。耳木干燥、阳光足、气温高要多喷;阴天、光照不足可少喷,雨天不喷。当年接种的新杆及硬质耳杆应多喷些,材质软或2～3年的耳杆吸水能力虽强,但失水速度也较快,喷水次数要增加一些。雨季要注意把耳杆搭陡些,防止杆内水分过多。

(3)耳潮间隔　采耳前后两茬的间隔时间称为耳潮间隔。耳杆接种后第二、第三年产耳最多,耳潮间隔短,一般在15天左右。产耳两年后耳潮间隔随之延长。同一年内,春季耳潮间隔短,秋季间隔长。这是因为木耳几经产出,养分逐渐减少,菌丝在短期内难以恢复原状,故秋季耳潮间隔要比春季长一些。所以在管理中不要一味地喷水催耳,要结合耳杆使用的具体情况,合理掌握,做到适时催耳,延长采耳期。

(4)耳杆的保护　耳杆是木耳生长所需营养的供应来源,1年接种可多年产耳,所以耳杆性状的好坏直接影响黑木耳的产量。在生产过程中一定要加强对耳杆的科学管理,不要使其污染杂菌,严防牲畜进入耳场,碰倒耳架,踏坏耳杆表层和啃食木耳。割除高草,保证耳场的通风和光照,留下草根和小草保持水土,避免泥土溅污耳木,有利于保持耳场湿度。

耳杆越冬管理,可在冬季下雪前把耳杆平放地上,以便积雪覆盖度过严冬。也可在干燥清洁的场地上用"井"字形的方式堆垛,高1米左右,上面覆盖茅草或塑料薄膜。也可把耳杆搬入室内或棚内,但室内要保持空气新鲜,并防止虫、蚁对耳杆的蛀食。

9.采收　黑木耳段木栽培,生长季节长,经历春、夏、秋三个不同节气,一般把起架到入伏前采的木耳叫做"春耳",入伏至立秋采收的称为"伏耳",秋后所采的为"秋耳"。春耳色深、朵大、肉厚、吸水多、膨胀率大,质量上等;秋耳次之,朵型略小;伏耳色浅、耳薄、膨胀率小。采摘时,春耳、秋耳均需摘大留小,使小耳继续长大后再摘;伏耳,因夏季气温高,雨水和病虫害多,应该大小耳一起采摘。

成熟的木耳,耳子展开,耳片舒展变软,边缘内卷,耳根变小,耳柄收缩,耳色转浅或腹面产生孢子粉,此时应适时采摘。采摘方法是,以手指沿子实体边缘插入耳根,稍加触动,耳片就会掉落下来。要把耳柄一起采摘下来,以免溃烂流失。采耳后,应将耳杆轻轻地翻转并上下倒头,使原来阴面向阳,原来着地一端向上,使耳杆均衡接受温度、湿度和光照,以促进耳杆周身长耳。

二、黑木耳代料栽培法

黑木耳代料栽培,就是利用某些含木质素、纤维素较多的农林副产品,如木屑、棉籽壳、玉米芯和甘蔗渣等,代替树木作为原料,生产黑木耳的新方法。它与段木栽培比较,具有充分利用自然资源、节省木材和生产周期短、成本低、经济效益显著等特点,既适合农户家庭栽培,又可进行规模化生产。代料栽培可通过添加辅料的办法,提高培养料中氮素和矿质元素等营养成分的含量,因此代料木耳的蛋白质、必需氨基酸及部分矿质元素的含量,可略高于段木木耳(表5-9,表5-10)。

表5-9 代料栽培与段木栽培木耳主要营养
成分比较(100克中含量)

种 类	蛋白质 (克)	脂 肪 (克)	碳水化合物 (克)	钙 (毫克)	磷 (毫克)	铁 (毫克)
棉籽壳木耳*	12.5	0.78	66	887	475	265
棉籽壳木耳**	13.85	0.60	66.22	280	392.9	1.7
段木木耳**	11.76	1.01	65.20	340	292.2	5.0

* 系江苏省高邮县供销合作社资料

** 系河北省科学院微生物研究所资料

表5-10 代料栽培与段木栽培木耳氨基酸含量比较 (%)

氨 基 酸	江苏省 棉籽壳木耳	河北省 棉籽壳木耳	河北省 段木木耳
天门冬氨酸	1.03	1.16	0.96
苏 氨 酸	0.644	0.71	0.55

氨 基 酸	江苏省 棉籽壳木耳	河北省 棉籽壳木耳	河北省 段木木耳
丝 氨 酸	0.541	0.60	0.49
谷 氨 酸	1.08	1.49	1.09
甘 氨 酸	0.531	0.53	0.44
丙 氨 酸	0.786	0.94	0.77
胱 氨 酸	0.114	0.56	0.28
缬 氨 酸	0.619	0.81	0.73
蛋 氨 酸	0.133	0.21	0.14
异 亮 氨 酸	0.96	0.43	0.38
亮 氨 酸	0.904	0.81	0.72
酪 氨 酸	0.335	0.42	0.36
苯 丙 氨 酸	0.429	0.57	0.47
赖 氨 酸	0.493	0.57	0.46
组 氨 酸	0.273	0.35	0.26
精 氨 酸	0.602	0.71	0.43
脯 氨 酸	0.419	0.38	0.39
色 氨 酸	—	0.25	0.14
总 含 量	9.893	11.50	9.06

注:1. 江苏木耳数据引自高邮县供销合作社资料

2. 河北木耳数据引自河北省科学院微生物研究所资料

(一)栽培工艺

黑木耳代料栽培,以塑料薄膜袋作为栽培容器,即袋栽法。其方法简单,管理方便,产量高。其栽培工艺流程如下。

配料→装袋→灭菌→接种→菌丝培养→开孔挂袋→出耳管理→采耳

(二)栽培技术

1. 栽培季节 黑木耳是一种中温型菌类,适于夏、秋季栽培。

根据各地栽培实践,在华北地区,1年中可生产2批。第一批,2月下旬至3月中旬(30天)生产原种,3月中旬至4月底(40天)生产菌袋,4月底至6月底(60天)出耳。第二批,5月下旬至6月底(30天)生产原种,7月上旬至8月中旬(40天)生产菌袋,8月中旬至10月中旬(60天)出耳。

在华东地区,1年以生产1批为宜。生产日程的安排是:11月份制原种,12月份至翌年1月份制菌袋,3月中旬至5月上旬出耳。

2. 菌袋培养 黑木耳袋栽,实际上就是栽培种出耳,通常把它叫做菌袋。黑木耳袋栽成功与否关键在培养好优质的菌袋,这是优质高产的前提。培养菌袋要经过配料、装袋、灭菌、接种、发菌等5道操作工序。

(1)配料 配料时要注意原料的选择与处理,掌握合适的配料比、料水比和酸碱度。这些因素影响培养料的理化性质,与木耳菌丝生长发育有直接关系。袋栽黑木耳的原料有棉籽壳、木屑、玉米芯、甘蔗渣等,可根据当地资源情况选用不同的培养料配方。

配方1(木屑培养料) 木屑78%,蔗糖1%,米糠(或麸皮)20%,石膏1%。

配方2(棉籽壳培养料) 棉籽壳93%,蔗糖1%,麸皮5%,石膏1%。

配方3(甘蔗渣培养料) 甘蔗渣90%,麸皮8%,石膏2%。

配方4(玉米芯培养料) 玉米芯(粉碎)73%,蔗糖1%,

麸皮 5%,石膏 1%,棉籽壳 20%。

配方 5(豆秸培养料)　豆秸(粉碎)88%,蔗糖 1%,麸皮 10%,石膏 1%。

培养料应选用新鲜、无霉变的原料。木屑选用阔叶树种;玉米芯应先在日光下暴晒 1～2 天,用粉碎机打碎成黄豆粒至玉米粒大小的颗粒,不要粉碎成糠状,以免影响培养料的通气性。

按配方比例称取各种原料,混合均匀,然后混入石膏,将糖溶解在水中,用糖水拌料,料水比为 1:1.3～1.4,含水量 60%左右,以手紧握培养料指缝间有水迹为宜。堆闷 10～20 分钟后装袋。

(2)装袋　要注意塑料薄膜袋的质量。塑料薄膜袋应厚薄均匀,无折痕,无砂眼,有焊缝的袋,应检查焊缝是否牢固。凡是次品,不宜使用。一般多采用低压聚乙烯袋,冬季气温低时不易破损,成本比丙烯袋低,且质地柔软,易收缩,袋壁紧贴菌块,不易出现壁耳。塑料薄膜袋的规格为长 32～35 厘米,宽 15～17 厘米,厚度为 0.04～0.05 毫米,每袋装干料 300 克左右。装袋时将袋底部的两角内塞,使袋底部平稳和避免袋角破损。装料要松紧适当。料松,菌丝细弱,易衰老,出耳时易发生污染;料过实,通气不良,发菌慢。当料装到袋的 2/3 处时,将料面压平,用圆木棒在料中央从上至下扎 1 个直径为 2 厘米左右的通气孔。袋口外面套上直径 3.5 厘米、高 3 厘米的硬质塑料环,并将袋口外翻,形成像瓶口一样的袋口,袋口内塞上棉塞,外面包扎上牛皮纸(图 5-18)。

(3)灭菌　料袋必须经过灭菌后才能接入菌种。灭菌方法可采用常压蒸气灭菌和高压蒸气灭菌。农村栽培户,多采用常压蒸气灭菌。常压蒸气灭菌时,锅盖要严实无缝,不漏气;火

 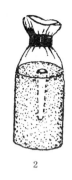 

图 5-18　装　袋

1. 装料　2. 套环　3. 袋口包扎

力要旺,蒸气要足,使锅内温度尽快达到100℃,并维持8小时以上,才能保证灭菌效果。采用高压灭菌时,压力维持在147.1千帕(1.5千克/厘米^2),持续1.5～2小时为宜。操作时,注意使锅内压力和温度逐渐上升,做到进气和放气的速度要慢,即采用慢升压、慢降压的办法,防止因压力骤然变化,引起塑料袋变形而造成袋的破损。无论采用哪一种灭菌方法,一定要注意不使袋口棉塞潮湿。为防止棉塞受潮,亦可改用接种后加棉塞不用环套的办法。方法是:料装袋后,先用线绳扎紧袋口,同时做好备用棉塞,放在大塑料袋中扎紧袋口后和料袋一起灭菌。接种时,解开扎口线绳,接种后再塞上灭过菌的干棉塞,用牛皮筋扎好棉塞袋口即可。

(4)接种　要正确熟练地掌握接种技术,严格实施无菌操作。具体程序是:料袋从灭菌锅中取出后,直接放入接种室(或接种箱内),然后用甲醛熏蒸0.5～1小时。原种瓶外壁用75%酒精擦拭消毒后,放入接种室(箱)内。最好再打开紫外线灯照射30分钟,重复灭菌净化空气。接种时点燃酒精灯,用灭菌的镊子将原种弄碎,在点燃的酒精灯的无菌区内,使原种瓶

275

口对着袋口,将菌种均匀地撒在袋料表面,形成一薄层,这样木耳菌丝萌发快,抢先占领料面,以抑制杂菌侵染。每袋接种量为 5～10 克,然后按原样将塑料袋口塞上棉塞和包扎上牛皮纸。操作时,动作要快速,以减少操作过程中杂菌污染的机会。

(5)发菌管理　接种的料袋放入消毒过的培养室床架上培养发菌。培养初期,料袋应直立整齐摆放,袋间留有适当的距离,待菌丝伸入培养料内后,可以将袋底相对,口朝外,卧放 2 行,上下迭叠 4 排。料袋培养过程中要创造适宜条件,才能使黑木耳菌丝健壮地生长。

①温度与湿度要适宜:根据木耳菌丝生长对温度的要求,掌握"两低一高"的原则,分 3 个不同温度阶段进行培养。培养前期,即接种后 15 天内,培养室的温度适当低些,保持在 20℃～22℃,使刚接种的菌丝慢慢恢复生长,菌丝粗壮有生命力,能减少杂菌污染。中期,即接种 15 天后,木耳菌丝生长已占优势,将温度升高到 25℃左右,加快发菌速度。后期,当菌丝快发到袋底部,即培养将要结束的 10 天内,再把温度降至 18℃～22℃,菌丝在较低温度下生长得健壮,营养分解吸收充分。这样培养出的菌袋出耳早,分化快,抗病力强,产量高。

培养室空气相对湿度一般要求保持在 55%～65%之间。发菌后期,菌丝大量增加,消耗一部分水分,加上蒸发,培养料内失去较多水分。为补充损失的水分,室内应适当喷水,使空气相对湿度保持在 70%左右。喷水时,不要将水直接喷到袋上,以防弄湿棉塞而引起杂菌污染。

②光线要偏暗:光线是形成子实体的重要因素。控制光的强度就可以控制子实体的产生。黑木耳在菌丝培养阶段,要求不形成子实体,以防营养消耗。因此,培养室的窗户要糊上报

纸,使室内光线接近黑暗,有利于菌丝生长。

③空气要新鲜:保证有足够的氧气来维持黑木耳菌丝正常的代谢作用。培养菌丝期间,每天打开门窗通风20～30分钟。后期,要增加通风时间和次数,培养室的二氧化碳浓度不要超过1‰。

④防止塑料袋的破损:检查料袋要轻拿轻放,尽量减少搬动的次数,防止袋壁破损。

⑤及时检查和处理污染料袋:料袋在培养过程中常见有青霉、木霉、曲霉、根霉和链孢霉等杂菌侵染。接种后20天内,每天要检查1次污染情况。发现有轻度污染的杂菌斑时,可在污染处用注射器慢慢注入少量30%氢氧化钠液,或0.2%多菌灵溶液(含多菌灵50%),以浸透杂菌斑,然后贴上胶布,控制杂菌的蔓延。污染严重的,应及时将整袋拿出培养室,在远离培养室的地方深埋和烧毁。菌丝培养20天后,发现有轻度杂菌污染时,可将其拿出培养室,单独培养,单独出耳,仍有一定的产量。

3. 出耳管理　接种的料袋经培养40～50天,菌丝长满培养料成为菌袋。菌丝满袋后不要急于催耳,应再继续培养10～15天,使菌丝充分吃料,积聚营养物质,提高抗霉抗病能力。这时,培养室要遮光,同时适当降低温度,防止耳芽发生和菌丝老化。在菌袋出耳前,应增加培养室的光照,刺激原基尽快形成,当出现原基后即可转入出耳管理。

(1)选好出耳场地　出耳场地要模拟野生木耳生长的自然生态环境,可利用闲置的房屋、棚舍、山洞、窑洞、房屋夹道或搭塑料地棚,或在林荫地、甘蔗地挂袋出耳。要求周围环境清洁,光线要充足,通风良好,保温保湿性能好,以满足黑木耳在出耳期间对温度、湿度、空气和光照等环境条件的要求。

①耳房和耳棚出耳:适用于温度低时出耳。耳房可利用空闲房屋,墙壁开设下窗和上窗,房顶设置拔风筒,便于通风换气,地面铺一层沙石,利于保湿和消毒。室内设置多层床架,以便多层挂袋出耳。耳棚在远离村舍、周围开旷、靠近水源处建造,用竹竿搭棚,四周用秸秆作围墙,抹上麦秸泥,围墙上下开设通风窗,棚顶覆盖塑料薄膜和秸秆,用以保温、保湿和遮荫。棚内打上几排木桩,拉上8号铁丝,每排木桩之间留有0.5米人行道,便于人工喷水和采耳。

②地槽出耳:适用于气温较高时出耳。地槽宽1米、深1米,地槽口摆放向日葵秆(或木杆),用线绳将菌袋分设上、中、下三层悬挂在地槽内,上面用玉米秸遮荫,定期将菌袋上、下移动,调换位置,使受光均匀,耳片色泽一致。

③林地出耳:在成片树林地的树杆上拉铁丝,分层挂袋出耳。林地空气新鲜,光照充足,通风良好,接近野生黑木耳生长的自然条件,耳片厚,颜色深,品质好,不易受霉菌侵染。

④阳畦出耳:适用于春季气温低、空气干燥时出耳。选择向阳、背风、地势高燥平坦的地方,坐北朝南建造地下式阳畦,畦深30～40厘米、宽1米、长3～5米。畦框要坚实,框壁要铲平,防止塌陷。畦底要夯实,框壁最好抹上一薄层麦秸泥。畦面用竹片搭弓形棚架,畦底至棚顶高度为60厘米,棚顶拉4行铁丝挂袋,棚上覆盖塑料薄膜保湿,塑料薄膜外面盖草帘遮荫。

(2)菌袋的处理 出耳前,菌袋要做好处理。菌袋外表先用0.2%高锰酸钾液擦洗消毒,将套环和棉塞拿掉,袋口折回并用橡皮筋或绳扎好。然后,用灭过毒的刮脸刀片在袋的四周均匀地割6条条形孔,以满足黑木耳对氧和水分的要求,有效地促进耳芽形成。条形孔,宽0.2厘米、长5厘米。实践证明,出耳孔宜窄不宜宽。开孔过宽,容易散失料内水分,且喷水后不易保持住湿度,影响原基形成。在湿度适宜的情况下,过宽的出耳孔,容易发生原基分化过多,造成出耳密度大,耳片分化慢且大小不整齐,整朵采摘影响产量质量,如采大留小,容易引起污染和烂耳。开孔窄一些,不仅能保住料面湿度,而且可在条形孔中间形成1行小耳,出耳密度适宜,耳片分化快,当耳片逐步展开向外伸延时正好把条形孔的两侧塑料边压住,喷水时袋料之间不会积水,防止出耳期间的污染和烂耳发生,增加出耳次数,提高木耳的产量和质量。

开孔后,将预先准备好的"S"型铁丝钩勾在扎袋口橡皮筋上(图5-19),以备挂袋出耳。

(3)挂袋 将开孔的菌袋悬挂在出耳场地。挂袋时一定要控制挂袋密度,切忌超量;要顺风向,有行列,分层次,袋与袋之间互相错开,使上、下、前、后、左、右距离不小于10～15厘米,使每个菌袋都能得到充足的光照、水分和空气,又能充分利用空间,方便管理。

(4)管理要点 应注意下列几点。

①保持湿度:出耳期间,应以增湿保湿为主,协调温、气、光诸因素。尤其在子实体分化时期需水量较多,

图5-19 开孔,挂袋

更应注意。菌袋开孔挂袋后,喷大水1次,使菌袋淋湿,地面湿透,空气相对湿度保持在90%左右,以促进原基形成和分化。整个出耳阶段,空气相对湿度都要保持在80%以上。如湿度不足,则干缩部位的菌丝易老化衰退,尤其在出现耳芽之后,

耳芽裸露在空气中,这时空气中的相对湿度如低于90%,湿度不够,耳芽易失水僵化,影响耳片分化。为保持湿度,最好在地面铺上大粒砂子,每天早、中、晚用喷雾器或喷壶直接往地面、墙壁和菌袋表面喷水,以增加空气湿度。对菌袋表面喷水时,应喷雾状水以使耳片湿润不收边为准,应尽量减少往耳片上直接喷水,以免造成烂耳。

②控制温度:出耳阶段温度以22℃～24℃为宜,最低不低于15℃,最高不超过27℃。温度过低或过高都影响耳片生长,降低产量和质量。尤其在高温、高湿和通气条件不好时,极容易引起霉菌的污染和发生烂耳。遇到高温时,管理的关键是尽快把高温降下来,可采取加强通风,早晚多喷水和用井水喷四周墙壁、空间和地面等办法进行降温。

③加强通风换气:黑木耳是一种好气性真菌,出耳场地应经常通风换气,以保持空气新鲜。尤其在气温高、湿度大的情况下,更应注意通风换气,这不仅有利于出耳和耳片的生长,而且也是防止杂菌的一种有效措施。

④增加光照:木耳在出耳阶段需要有足够的散射光和一定的直射光。增加光照强度和延长光照时间,能加强耳片的蒸腾作用,并促进其新陈代谢活动,耳片变得肥厚,色泽变黑,品质好。光照度以400～1 000勒为宜。袋栽黑木耳,在出耳期间,要经常倒换和转动菌袋的位置,使各个菌袋都能均匀地得到光照,提高木耳的质量。

4. 采耳 采收黑木耳应掌握好时机,做到适时采摘,勤采,细采,才能达到高产优质。正在生长的幼耳,颜色较深,耳片内卷,富有弹性,耳柄扁宽。当耳色转浅、耳片舒展变软、耳根由粗变细、耳柄收缩、腹面略见白色孢子粉时,说明木耳已经成熟,即应采收。采收时,以右手拇指和食指拿住耳片,中指压住木耳基部,拇指和食指稍用力向上扭动就可采下。采收时应尽量少留耳基,或用利刀紧贴料袋将耳片割下,以免采后残根腐烂引起杂菌繁殖和害虫为害。采收时切勿连料一起采下,以免影响木耳的商品质量和推迟第二次采耳时间。

三、露地栽培黑木耳新技术

露地栽培黑木耳新技术,是河北省平泉县食用菌研究会在21世纪初结合东北黑木耳栽培技术和南方香菇栽培技术创新而来的新模式、新技术。露地栽培黑木耳是采用大袋生产、码堆发菌、断袋出耳等新模式,具有固定设施少、生产成本低、周期短、易管理、见效快、效益高等优点。

(一)栽培工艺

露地栽培黑木耳的工艺流程如下。

栽培季节的确定→栽培配方的选择→物料的准备→拌料装袋→蒸料灭菌→冷却接种→发菌管理→下地催芽→长耳期的管理→采摘和干制→转潮管理

(二)栽培技术

1. 栽培季节   正常菌袋的发菌期为45～60天,黑木耳的出耳温度范围为8℃～24℃。根据这两个条件,在平泉地区应分为春栽和秋栽两种。春栽应在1月上旬至2月下旬生产,5月上旬下地催芽和出耳,8月上旬整个生产周期结束;秋栽应在3月上旬至5月中旬生产,8月上旬下地催芽和出耳,10月中下旬整个生产周期结束,出耳期为60天左右。也可根据自己的实际情况,结合发菌和出耳时间灵活掌握。

2. 培养料配方

配方1   硬杂木锯末45%,玉米芯40%,麦麸13%,石膏1%,石灰1%,黑木耳专用助长剂3袋/千袋。

配方 2　硬杂木锯末 80%,麦麸 18.5%,石膏 1%,石灰 0.5%,黑木耳专用助长剂 3 袋/千袋。

配方 3　硬杂木锯末 78.5%,麦麸 19%,谷子粉 1%,石膏 1%,石灰 0.5%,黑木耳专用助长剂 3 袋/千袋。

3. 设施及物料的准备　按配方 3,以 1 000 袋为例。

(1)发菌室　12 平方米,要求温度低时能升温、温度高时能降温、通风条件良好、环境卫生、近水源、近电源的室内或蔬菜大棚。现在河北省平泉地区选用简易暖棚,发菌效果相当不错,且投资相对较低。简易暖棚和优质香菇棚一样,里面没有架子,棚顶铺 1 层塑料布,塑料布上面铺 1 层草帘子,草帘子上面再铺 1 层塑料布即可。棚内靠两个大面各搭设一遍火墙用以升温,这样就可以达到黑木耳的发菌要求。2006 年冬季气温最低达 −22℃,但棚内的温度仍能达到 28℃~30℃,基本满足木耳菌丝对温度的要求,生产者可以借鉴。

(2)出耳场地　70 平方米,要求地势平坦、通风良好、近水源、近电源、环境卫生的地块。如果场地堆积过家禽粪便或堆积过植物秸秆或上年种过黑木耳,应用杀虫剂及杀菌剂进行处理后方可使用。

(3)具体的物料及要求(以 1 000 袋为例)　干锯末 785 千克,麦麸 180 千克,黄豆粉 10 千克,谷子粉 10 千克,石膏 10 千克,石灰 5 千克,黑木耳专用助长剂 3 袋,菌袋(16.5 厘米×55 厘米)1 100 套,封口线 0.25 千克,菌种 70 瓶,消毒盒 10 盒,酒精 500 克,酒精灯 1 盏,接种针 1 把,高锰酸钾 0.25 千克,煤 500 千克,装袋机 1 台,锅炉 1 台,封锅塑料布(8 米×8 米)2 块,封锅彩条布(8 米×8 米)2 块,接种帐塑料布(10 米×10 米)1 块,红砖(用于搭锅底和铺拌料场地)3 000 块,喷水设施根据场地灵活掌握,有喷水管、喷头、三通、活接等,晒耳床 20～30 平方米。

物料的要求:锯末以柞木、榛柴、桦木等为主,发酵后使用更好,新杨木锯末必须发酵后使用,不能使用霉变、污染、变质的原料,不能使用松柏木屑;麦麸须选用当年的新鲜麦麸,不能用隔年的,麦麸不能有污染、霉变、结块等;黄豆粉和谷子粉须现粉碎现用,越细越好;石膏和石灰要求无结块、无过水、无杂质;塑料袋要选用合格的产品,袋子大小要一致,袋底不透气、不漏水,承受压力高,无毒的低压聚乙烯折角塑料袋。

(4)菌种的选择 这一点相当重要,关系到栽培成败。木耳试管种转代次数不能多,转代多易退化,影响菌丝的活力,更影响产量。黑木耳是选用二级种直接进行栽培,不能用三级种栽培,否则污染率高、产量低。购买菌种须到有资质、有信誉的单位购买,同时问清代数、特性、温型等。

(5)灭菌锅 应量体裁衣,但每锅的装袋量不能超过4 000袋,应以点火至升到 100℃,最多不超过 8 小时为依据。

(6)接种室 要求既能封闭又能通风,可在接种箱内进行,也可在接种帐内进行。

4.拌料装袋 拌料装袋和香菇的操作一样,即完全按配方配料,做到料均匀,干湿均匀,含水量要合理;装袋越紧越好,同时注意菌袋的保护等。

5.蒸料灭菌 装好的袋要及时上灶,在高温季节,更应做到迅速装袋,迅速上灶,最好在 6～8 小时内上灶,否则培养料易酸变,出现涨袋的现象,菌丝不易生长。料要蒸透、蒸熟,冷空气要排净,料温达到 100℃后要保持 24 小时以上,再闷锅 4～5 小时,即可出锅放入发菌室。

6.冷却接种 当料温降到 30℃左右时即可接种,采用穴位接种,每袋 4 个穴。接种时要注意以下几点:①消毒要彻底,每千袋菌袋使用消毒盒的用量不少于10盒(每盒40克),消毒时间4～10小时。②菌种处理要到位,菌种进入接种室前用0.1%～0.2%的高锰酸钾溶液清洗菌种瓶,进入接种室后和菌袋一起用消毒盒消毒。③接种要迅速准确。④接种人员穿着要卫生,接种时不要随意走动和进出接种室,不要大声喧哗等。

7. 发菌期的管理 按照黑木耳袋料栽培方法进行发菌的管理,菌种24小时萌发,5天左右吃料,15天就可以长到5厘米以上。发菌室的湿度最高不能超过60%,越干燥越好。通风要好,给菌丝充足的氧气,发菌温度高时也可以通过通风来解决。

菌袋的码放,初始可四袋"井"字叠,2～3排为1行,中间留好通风道;当菌丝圈长到5～8厘米时须倒袋,由四袋"井"字叠变成三袋"井"字叠,外袋与菌种紧密接触的要拉一拉外袋,使外袋与菌种穴离开,增加氧气。当菌丝圈相连并长过半边,可在菌穴处隔着外袋用6～7厘米铁钉刺1.5～2厘米深的孔增加氧气。当菌丝基本长满袋时可将外袋脱掉并在菌袋的两个侧面刺8～10个孔,深度如第一次,目的是促进菌袋迅速达到生理成熟,当菌袋全部发满7～15天后就可以进行开口和催芽。

8. 下地催芽 当菌袋达到生理成熟,可在发菌室也可以在出耳场地给菌袋开口,开口前先将菌袋外部用0.1%的高锰酸钾溶液清洗消毒,开"V"字形口较好,每袋开口16～20个,"V"字形口的尖端要全部向着地面,靠地面的"V"字形口尖端离地面要达到5厘米以上,以防出耳后喷水溅泥土到耳片上。

催芽的具体方法 地面浇透水并撒上一层石灰,喷施一遍 0.1‰浓度的多菌灵,这样将开好口的菌袋从中间断开,断面着地,直立置于地面上,袋间留 3 厘米左右的距离,以利采光和通风换气,18 袋为 1 行,行宽 2.5 米。一边摆菌袋一边用草帘子或遮阳网盖好,避免阳光直射,开口 7 天内防止雨淋。开口 7 天后每日的下午 4～6 时可将草帘子或遮阳网揭开,让菌袋接受光照,到第二天上午 6～8 时将草帘子或遮阳网盖上,并浇水。如此管理至耳芽出齐,即可分床出耳管理,大概需要 7～10 天时间。

9. 出耳期的管理 第一步做床。床宽 250 厘米,长可根据地块而定,通道宽 40～60 厘米,床高 5～8 厘米。第二步,床面喷杀虫剂,撒石灰。第三步,铺地膜。第四步,摆放菌袋。菌袋要直立摆放,每平方米摆放断好的半截袋 20 个,密度不可过大,以免木耳长大后相互粘连影响空气流通。第五步,布设喷水管和喷头。离水源近的可 3 米排放 1 个喷头,如果离水源较远,就要 2～2.5 米布设 1 个。还要根据水泵的大小灵活掌握喷头的排放数量,以相邻两个喷头喷出的水刚好相衔接为宜。

生产黑木耳浇水是产量的关键,要选用无污染的井水、河水、水库水,酸碱度呈中性。喷水的时间安排要合理,一旦定下喷水时间就不要随意改变。一般的喷水时间为:上午 3～8 时,下午 6～11 时。要间歇性喷水,每次喷至耳片全部充分舒展、油光发亮为止;尔后,看木耳稍干再喷水。这样既省水又能防止耳根变红和烂耳。

10. 采摘和干制 当耳片腹面出现白色的孢子、耳根变细、达到 6～8 分熟就要及时采收。采收时,可用手握住耳片贴根部拧下,用刀子将耳根的锯末及白色原基割掉,耳片向上、耳根向下置于晒耳床上,大朵的木耳晾晒时要将耳片撕开,尽量成单片状,晾晒的过程中不得翻动,一次性晾干,干透后放入双层塑料袋中保存。

晒耳床的制作　用木杆或竹竿搭成宽 120 厘米、长度不限的架子,高度离地面 50 厘米左右,中间挂好纱窗或筛底,用于晒木耳。晒床上部纵向拉 1 根铁丝或木杆,备 1 块 2 米宽的塑料布,用于夜晚或雨天遮盖木耳床用。

若用烘干设备烘干,烘干质量较好,但成本较高。

11.转潮的管理　第一潮耳采收完成,要停止喷水 7～10天,进行自然养菌,如遇到雨天可适当延长停止喷水时间。8～10 天后,每日晚上 6～11 时进行间歇喷水 1 次,早晨不用喷水,这样管理 6～7 天就可以进行正常的喷水管理。当耳芽基本长出耳袋时喷施 1 次"木耳专用助长剂"。当耳片长到 2～3厘米时再施用 1 次"木耳专用助长剂",这样能有效地提高产量。其他的管理如第一潮耳的管理。

(三)黑木耳生产的注意事项

第一,因为黑木耳菌丝相对来说抗病抗杂菌能力较弱,所以拌料要均匀,料要蒸透、蒸熟。

第二,接种要严格掌握操作规程,最好是抢温接种。

第三,栽培时间掌握要准确,因是露地栽培,所以生产的时间要合理。早春生产的下地时间最好在 4 月下旬至 5 月上旬,秋季生产的下地时间不晚于 8 月 1 日较为合理。

第四,催芽要整齐,以利于管理。

第五,搞好环境卫生,防止病虫害的发生。

第十四节　毛木耳栽培

毛木耳,别名粗木耳。耳片大而粗,质地脆硬,被誉为"树上海蜇皮"。它适应性广,抗逆性强,易于栽培管理,产量高,近年来发展很快,遍及全国各地,产量仅次于黑木耳。

一、栽培季节

毛木耳属中高温型,子实体发生温度 18℃～34℃,最适温度 22℃～32℃。1 年可安排春秋两季栽培。春栽在 4～5 月份,秋栽 7～8 月份为宜。人工栽培的毛木耳,一般包括有白背木耳、黄背木耳、紫木耳等品种。不同品种的适宜出耳温度不同,白背木耳(台毛 43)出耳温度为 15℃～35℃,黄背木耳为 24℃～35℃,紫木耳为 18℃～37℃。应根据品种特性具体安排栽培日期。

二、栽培工艺

毛木耳采用袋栽法,与黑木耳的袋栽工艺一样。其工艺流程如下。

配料→装袋→灭菌→打穴接种→菌丝培养→开孔排袋→出耳管理→采收

三、栽培技术

毛木耳栽培可参照黑木耳代料栽培法。下面仅介绍毛木耳棚栽技术。

(一)搭棚做畦

选择向阳通风、近水源的房前屋后或树荫空地搭棚。棚高以 2.5 米为宜,长和宽度视栽培数量而定。棚顶覆盖茅草、树枝或秸秆,以三阳七阴为度,四周用草帘或秸秆围好。棚内做 1 米宽的龟背形畦床,沟宽 40 厘米,通道 60 厘米,四周挖排水沟,畦床上搭 30 厘米高的架子,架上每隔 20 厘米设一横条供支撑菌袋。

（二）配料装袋

1. 配料　培养料常用配方有以下几种。

配方 1　杂木屑 78%，麸皮或米糠 20%，糖 1%，碳酸钙 1%。

配方 2　棉籽壳 80%，麸皮 16%，糖、石膏、石灰、过磷酸钙各 1%。

配方 3　杂木屑 87.6%，麸皮 10%，糖 1%，碳酸钙 1%，尿素 0.4%。

配方 4　甘蔗渣 60%，棉籽壳 20%，麸皮 18%，尿素 0.2%，碳酸钙 1.8%。

配方 5　野草 60%，棉籽壳 28%，麸皮 10%，糖 1%，碳酸钙 1%。

2. 装袋　培养料加水拌匀后含水量为 65%，pH 值自然。当天拌料当天装袋。用 15 厘米×55～60 厘米的低压聚乙烯薄膜筒，先用线绳扎好一端并火熔密封，装料后用线绳扎紧袋口。

（三）灭菌接种

料袋放于常压蒸锅内，100℃保持 10 小时。冷却后，按无菌操作在袋正面打 3 穴，反面 2 穴，接入菌种后贴胶布封口。

（四）发菌管理

接种后的菌袋置于清洁、干燥、通风、黑暗或微光的培养室内发菌，室温控制在 22℃～32℃。培养 3～4 天菌丝开始萌发，一般 10 天内不要搬动，待菌丝吃料直径达 1 厘米左右时进行翻堆检查，以后每隔 15 天翻堆 1 次，整个发菌期 45～60 天。

（五）出耳管理

菌丝长满袋后，搬入耳棚内进行出耳管理。耳棚提前5～7天进行消毒，畦床喷水，提高湿度。菌袋在排架前用0.1％高锰酸钾溶液浸湿消毒，再用消过毒的刀片在菌袋周围割开12～16个长2厘米的"V"形或"＋"字形口，刀割时尽量不要伤及菌丝。开口后将菌袋以75°角斜靠在畦床架上，袋与袋间距10厘米，边排架边覆膜。当膜内温度超过25℃时，应将畦边和两头薄膜掀开，通风降温。当耳芽出现后，应加强水分管理，每天早晚喷1～2次水，保持空气湿度在80％～90％，随着耳片长大，要增加喷水次数，干湿交替，保持耳片不干燥、不收边为度。喷水时做到轻喷、勤喷，切忌在中午高温时喷水。一般开袋后喷水管理10天左右就成批长耳，长耳期每天要掀动薄膜通气，在高温高湿情况下要全部掀起薄膜，防止闷热引起霉菌烂袋。

（六）采　　收

当耳片边缘出现反卷，即进入成熟期，停止喷水2～3天即可采收。采收时，一手拿着剪刀，一手托着耳片，从耳蒂头处剪下。若耳片生长较整齐，大小耳1次采收；若耳片生长参差不齐，可以采大留小，分批采收。采完1潮耳后将薄膜盖严，停止喷水3～4天，让菌丝恢复生长又可继续长耳。1个栽培周期可收4～5潮耳。

第十五节　银耳栽培

银耳又叫白木耳，是一种食用和药用价值都很高的食用菌。银耳具有甘平无毒、强精、补肾、润肺、生津、养胃、止咳、清热、补脑等多种功效，历来被视为名贵药物、滋补食品和筵席珍品。据分析,银耳子实体含有17种氨基酸以及酸性异多糖、有机磷、有机酸等物质。特别是它所含有的酸性异多糖,能提高人体免疫力,起扶正固本的作用。对肺原性心脏病、老年性慢性气管炎有显著疗效。它还能提高肝脏的解毒能力,具有护肝作用;能提高机体对原子能辐射的防护能力,银耳多糖对肿瘤有一定的抑制作用。

银耳在我国最早进行人工栽培,四川通江和福建漳州用段木栽培的银耳闻名中外,畅销东南亚各国。近几年采用木屑和棉籽壳代料袋栽银耳,栽培原料丰富,技术容易掌握,使银耳生产遍及全国各地。

一、栽培季节

银耳系中温型真菌。利用自然气候条件袋栽银耳,1年可在春、秋生产两次。春栽在4~6月份,秋栽在9~10月份,可满足银耳生长所需的适宜温度条件。

二、场地与设施

银耳栽培可利用空闲房屋,有条件的可以建造专用栽培室。栽培场地要求地势高燥,靠近水源,周围环境干净,通风和光线良好。房内设置有排放菌袋的床架,床架用竹木制作,架高2.5米左右,架宽根据排放袋数而定,横排1袋的架宽25厘米,排2袋的宽50厘米,床架分为8层,层距30厘米。每层铺设细竹竿,用于排放菌袋。室内四周可用塑料薄膜围罩,便于保温保湿。

三、栽培工艺

银耳多用代料栽培。利用木屑、棉籽壳为原料,以塑料袋为容器,称为袋栽法。这种栽培方法成本低,投资少,产量高,管理方便,经济效益高,适合于商品化生产。栽培工艺流程如下。

备料→配料→装袋→灭菌→接种→发菌管理→出耳管理→采收

四、栽培技术

(一)原料准备

袋栽银耳以棉籽壳作原料为好,也可用阔叶树木屑、甘蔗渣。要求新鲜,无霉变,预先晒干,妥善存放。

(二)培养料配制

常用配方有以下几种,可根据当地资源,因地制宜地选择。

配方1　棉籽壳100千克,麸皮25千克,石膏粉4千克,尿素0.4千克,石灰粉0.4千克,水100～110升。

配方2　木屑100千克,麸皮30千克,石膏粉4千克,尿素0.4千克,石灰粉0.4千克,硫酸镁0.5千克,水100～110升。

配方3　木屑30千克,棉秆粉20千克,麸皮17.5千克,黄豆粉1千克,石膏粉1.5千克,硫酸镁0.25千克,白糖1千克,水45～55升。

配料时,按上述配方,先将木屑、棉籽壳与麸皮、石膏粉等倒在水泥地面上,充分混合,把糖、尿素、硫酸镁等放入水中溶化后,倒入干料中,反复搅拌,打散结团,过大眼筛,拌匀,含水量掌握在55％～65％之间。

(三)装　袋

选用耐热的高压低密度聚乙烯薄膜筒料,筒扁宽12厘米,薄膜厚度0.035～0.04毫米,裁成50厘米长,每千克筒料可制成220～240个袋。将袋筒一头用细线扎紧,用烛火将薄膜烤熔化,封住袋口,然后把培养料装入袋内,压紧实,装至距离袋口 5 厘米处为止。把余下的塑料袋扭结在一起,用细线扎紧,再用烛火将薄膜熔化封口。装袋完毕后,先用木板将袋压成扁形,再用直径 2 厘米的打洞器,在袋的一面均匀地打上 4 个接种穴,穴的直径为 2 厘米,深 1.5 厘米,用剪刀把准备好的药用胶布,剪成 3 厘米×3 厘米的块,贴在接种穴上,然后进行灭菌。

(四)灭　菌

装袋后要及时放入常压灭菌灶内进行灭菌。温度 100℃保持 8～10 小时。灭菌过程中,要随时加热和添加热水,使锅内水保持在沸腾状态。灭菌完毕,要及时打开灶门,趁培养料还有余热时,取出放于冷却室内冷却。如发现薄膜破裂或胶布脱落,应及时更换或修补,防止杂菌侵入。

(五)接　种

经过灭菌的料袋,待料温降到 30℃以下时,方可进行接种。接种前,先把料袋横放在接种箱的一端,中间放接种架、酒精灯和接种工具。然后用小碗倒入甲醛溶液和高锰酸钾,用药量为每立方米空间 40%甲醛 10 毫升,高锰酸钾 5 克,密封熏蒸 30 分钟。接种人员用 75%酒精揩擦手和菌种瓶外壁,由接种箱的套袖口伸入箱内进行操作。因为银耳菌种与其他食用菌不同,它不仅有银耳菌丝,同时还有香灰菌丝。在菌种瓶内,一般银耳菌丝生长于培养基表层的 2～3 厘米处,而香灰菌丝则下伸至瓶底。接种前,应将菌种充分拌匀,否则会影响银耳菌丝生长。接种方法是,先用接种刀把菌种表层的银耳原基挖掉薄薄一层,再用接种铲将培养基表层的菌种块挖松,在瓶内进行反复搅拌均匀,使银耳菌丝与香灰菌丝比例恰当。然后,把菌种瓶横放在接种架上,使菌种瓶口靠近酒精灯火焰区。接种时,左手拿住料袋,打开袋子穴口上贴的胶布,右手拿接种匙,从菌种瓶内挑取蚕豆粒大小的菌种,迅速通过酒精灯火焰接入穴内,用接种匙另一端的接种锤轻轻地压实,顺手贴封好胶布,防止杂菌侵入。接入穴内的菌种,应比胶布凹1～2毫米,以利于原基形成。一般每瓶菌种可接料袋25～30袋。

(六)发菌管理

1. **适温培养** 银耳菌丝生长适温为22℃～25℃。接种后的菌袋在1～4天内,料温通常比室温低2℃～3℃,这时,培养室的温度应保持在25℃～28℃之间。5天后菌丝开始旺盛生长,料温开始升高,这时培养室温度调整到25℃较适宜。菌袋在培养室内的排列,5天以内可按4～5袋"井"字形重叠堆垛,以利增高袋温,加快菌丝发育。从第五天起,将堆垛散开,把菌袋于床架上卧式顺排,袋与袋间距1厘米左右,有利于保持适宜的料温,使银耳菌丝正常生长。经过5天培养,菌丝向穴口扩展,此时应进行1次翻堆检查,发现穴内有杂菌污染时,用甲醛溶液注入污染部位杀灭杂菌。

2. **控制湿度** 菌丝培养过程中,环境湿度高,极容易感染杂菌。培养室要控制湿度,空气相对湿度以不超过70%为宜。高温多雨季节,需要加强通风,增加空气对流,以降低空气相对湿度。

3. **揭布透气** 经过10天左右的培养,袋内菌丝已向接种穴四周蔓延成圆形。待菌丝长到直径10厘米,即穴与穴的菌圈相互连接时,要把胶布略为揭开并拱起成黄豆粒大小的圆形孔隙,以便让氧气透进料内,加快菌丝生长发育。但在揭胶布之前,应先用敌敌畏(500倍液)轻度喷雾袋面及空间。从揭开胶布12小时起,每天要喷清水3～4次。但不要直接喷到穴内。经过4天后,穴中逐渐出现白色突起的绒毛状菌丝团,俗称"白毛团"。此时,培养室内温度以 20℃～23℃、空气相对湿度以 80％～85％为宜。

接种后 13～16 天,随着菌丝生理成熟,白毛团上出现浅黄色水珠,这时把袋子朝穴口倾斜,让黄水流出穴外,室温调到 23℃～25℃,使黄水收缩。同时把胶布全部撕掉,并在菌袋上面覆盖报纸,喷水保持报纸潮湿,但不能有积水。

4. 适度通风 发菌期间,培养室每天都要保持适当的通风,保持空气新鲜。气温低时,为防止因通风降低了室温,可采用多次、短时间的通风;高温季节,应多通风,减少室内二氧化碳的积累,促进菌丝生长。

5. 减少光照 培养室内的门窗应挂上纱或布帘,不能有阳光直射。

(七)出耳管理

出耳阶段,必须加强管理,确保朵大高产。

1. 控制温度 银耳子实体发育的适宜温度范围是 16℃～28℃。低于 15℃、高于 32℃,子实体发育基本停止。尤其在 23℃～25℃时,子实体分化最为迅速,耳肉也厚。出耳后,在高温季节,温度超过 26℃时,应多喷水、多通风,以降低温度;在低温季节,则需要人工加温以保持子实体发育的适宜温度。

2. 喷水加湿 出耳阶段每天在覆盖的报纸上喷水 1～2 次,以经常保持微湿为宜。接种后 19～25 天,当子实体长到 3 厘米左右时,为避免烂耳,应把覆盖的报纸取下,放在阳光下暴晒 1 天,然后收回再使用。每次取下报纸后,应隔 12 小时再覆盖,以便让子实体接触氧气。接种后 26～30 天,以保湿为主,干湿交替,天气潮湿时应少喷水,晴而干燥的天气应多喷水。

3.保证氧气的供给 在保证适宜温度和湿度前提下,氧气是促进子实体发育的关键。当接种后 17～18 天耳芽形成后,就需将接种穴上的胶布撕去,用刀片小心地把接种穴口周围薄膜割去一圈,大约 1 厘米,使穴口达到 4 厘米,以增加袋内菌丝体与氧气的接触面,促进子实体发育,可减少烂耳,增强抗病力。

4.增加漫射光照 在子实体发育阶段,每天保持 10 小时以上的漫射光照,子实体分化迅速,展片快,耳片肥大、色白,产量高。

5.注意通风 子实体发育阶段是生活力最强阶段,袋温较高。一旦室温超过 27℃,应整天打开门窗,长时间通风,并注意喷水管理,防止通风后耳片干燥。

6.停湿待收 接种后 31～35 天,当子实体长到 12 厘米时,应停止向报纸喷水,控制湿度,以防耳片过湿霉烂。停湿之后,再经 5～7 天,加速袋内养分输送入子实体,使耳片增厚,然后转入采收期。

银耳袋栽的管理日程见表 5-11。

表 5-11　银耳袋栽管理日程表

培育天数	生长状况	作业内容	环境条件要求			注意事项
			温度(℃)	湿度(%)	通　风	
1～4	接菌后菌丝萌发定植	菌袋"井"字形重叠发菌,保护接种口的封盖物	25～28	55～65	不必通风	棉籽壳为基料,室温应低 2℃～3℃,不得超过 30℃
5～8	菌丝向穴口扩展	堆垛散开,卧式顺排,疏袋散热、翻袋检查杂菌	24～25	自然	每天 2 次,1 次 10 分钟	防止高温,忌阳光直晒

培育天数	生长状况	作业内容	环境条件要求			注意事项
			温度(℃)	湿度(%)	通 风	
9~11	菌落直径8~10厘米,白色带黑斑	空间消毒,穴口胶布拱起通气,轻度喷水3~4次	20~23	75~80	每天3~4次,1次30分钟	气温不超过25℃,注意通风换气
12~14	菌丝黄色或黑云色,穴中白毛团出黄色水珠	撕掉胶布,覆盖报纸,喷水加湿,掀纸增氧	23~25	85~90	每天3~4次,各20分钟	菌袋穴口朝侧向,让黄水自穴内外流
15~16	菌丝基本满袋,原基分化,耳芽形成	割膜扩口1厘米,喷水于纸面保持湿润	23~25	90~95	每天3~4次,各30分钟	室温不低于18℃或不高于28℃
17~25	耳大3~6厘米,耳片结实白色	取纸晒干后再盖上,喷水保湿,间距12~24小时	23~25	90~95	每天3~4次,各20~30分钟	耳黄多喷水,耳白少喷水,结合通风,增加散射光
26~30	耳大8~12厘米,耳片松展,色白	晒纸1次,重盖袋面再喷水	23~25	90	每天3~4次,各20~30分钟	保湿为主,干湿交替,晴天多喷水,少通风
31~35	耳片略有收缩,色白基黄,有弹性	停止喷水,控制湿度,成耳待收	23~25	80~85	每天3~4次,各30分钟	防止鼠害,35天后选择晴天采收

(八)采 收

1. 适时采收　银耳成熟的标准是耳片全部展开,颜色由透明转白色,周围的耳片开始变软下垂,无小耳蕊,稍有弹性,形似菊花状。成熟的银耳即可适时采收。

2. 采收方法　采耳前1天,停止喷水,使耳片略收边,耳基保持干燥,利于耳基再生。采收方法是,用锋利的小刀从耳基部整朵割下,留下黄色的耳根,以利于再生。

3.采收后管理 袋栽银耳一般可采收2次。第一次采收后,停止喷水2～3天,当培养料的耳基上又开始隆起白色的耳片时,恢复正常的喷水,进行出耳管理,经过10天左右,又可采收第二次银耳。

第十六节 金耳栽培

金耳,又名金木耳。是一种稀有而珍贵的食用兼药用菌。既是名贵的佳肴,又是补益健身的滋补品,是我国的传统土特产。金耳外形呈脑状,富含胶质,呈橙黄色或橙红色,有弹性,野生于高海拔林带,多见于栎树和其他阔叶树朽木上。目前,已将野生金耳驯化进行人工栽培。

一、栽培工艺

金耳栽培常用袋式栽培法。其工艺与银耳袋栽相似。工艺流程如下。

配制培养料→装袋封口→打穴贴胶布→灭菌冷却→接入菌种→菌丝培养→出耳管理→采收

二、栽培技术

(一)菌种准备

金耳子实体是由外层胶质的金耳菌丝与内层粗毛革菌组成。粗毛革菌是金耳的耳友菌,金耳栽培如缺少粗毛革菌就不会形成金耳子实体。因此,栽培金耳必须制备好含有金耳菌丝或酵母状分生孢子和粗毛革菌的混合菌种。金耳菌丝是由担孢子或酵母状分生孢子萌发而来,菌丝细而短,透明无色,平伏于培养基表面,极少有竖立的气生菌丝,菌丝移植后极易变成酵母状分生孢子。粗毛革菌菌丝,初期疏松,棉花状,白色,很快转为黄色或橙黄色,呈厚毡状,略呈革质而韧,有些菌丝有锁状联合,很容易产生盘状或贝壳状或不规则的子实体。培育的金耳菌种,必须是两种菌丝的生长都很正常,才能用于栽培。

(二)培养料配制

1. 培养料配方

配方 1 阔叶树木屑 78%,米糠 20%,蔗糖 1%,碳酸钙 1%。料与水比为 1:1~1.3。

配方 2 阔叶树木屑 70%,米糠 20%,玉米粉 5%,豆秆粉 3%,蔗糖 1%,石膏粉 1%。料与水比为 1:1~1.3。

2. 配制方法 见银耳栽培。

(三)装料与接种

采用 12 厘米×46 厘米、厚 0.04 毫米的聚丙烯或聚乙烯薄膜袋。装料时要均匀,松紧一致,扎紧袋口,每袋打 4 穴。封贴胶布后按常规进行灭菌,冷却后在穴口接入菌种。

(四)菌丝培养

接种后的菌袋置于培养室内进行发菌培养。温度保持在 22℃~25℃,空气相对湿度为 60% 左右,每天通风 2 次,每次 30 分钟。经 13~15 天培养后,当接种穴处大多出现有突起时,揭开胶布可见种穴内长出结实性的金耳原基,此时即可进入出耳管理。

(五)出耳管理

原基形成后,培养室温度保持不变,相对湿度提高到 80%,增加通风次数和通风量,促进原基分化。原基开始分化后,将穴口胶布揭起,贴成中间拱起小孔隙的通风口,以加快菌丝生长速度和原基的分化,并在袋上盖湿报纸,相对湿度提高到85%～90%。当穴内脑状原基逐渐增大,可在接种穴周围用锋利的小刀割去1厘米塑料薄膜,穴口直径达3～4厘米,使基内增加氧气,促使子实体迅速生长、色鲜、个大。子实体长至直径8～10厘米时,再次将湿度提高到95%,加大通风量并给予充足光照,以利子实体完全展开,转色成为橙黄色金耳。

(六)采　收

金耳子实体充分展开成脑状,色泽鲜艳,呈橙黄或橙红色,触之富有弹性,应及时采收。如果过熟后采收,干品为咖啡色或黑褐色,表面皱纹不显,甚至粘成胶团,失去商品价值。采收时,用利刀从基部切下,留下耳脚,有利于出再生耳。采收的菌袋,停止喷水3天,温度保持在18℃～24℃,待耳基又开始突起时,再将湿度提高到85%～90%,约经15天后又可收一批再生耳。

第十七节　榆耳栽培

榆耳又称榆蘑,为胶韧革菌。是一种珍贵的食、药兼用真菌。自然分布在辽宁、吉林、黑龙江等地,生于小叶榆的腐木、枯树和半枯树上,长期以来靠采集野生资源,一直是我国东北地区颇具特色的出口商品。榆耳子实体肥厚丰满,肉质如蹄筋,味道鲜美,营养丰富,含有重要的生理活性物质,对多种疾病有预防和治疗作用,且治疗痢疾有奇效,是具有开发前景的食用菌栽培新品种。

一、栽培季节

野生榆耳多发生于8月中旬至10月下旬的冷凉季节。利用自然气温人工栽培,以秋季栽培为宜。

二、栽培工艺

榆耳栽培,目前推广的有室外段木栽培和室内代料栽培两种形式,尤以室内代料栽培较为适宜。

(一)榆耳代料栽培

代料栽培一般采用瓶栽或袋栽。其工艺流程如下。

配料→装瓶或装袋→灭菌→冷却接种→菌丝培养→出耳管理→采收

(二)榆耳段木栽培法

段木栽培的工艺流程如下。

准备耳材→截段→打孔→接种→封穴→堆垛发菌→出耳→采收

三、栽培技术

(一)代料栽培法

1. 原料准备 可利用废棉、棉籽壳、木屑、玉米芯等作为培养料,尤以纤维素和半纤维素为主要碳源的废棉和棉籽壳为好。

2. 培养料配制

(1)培养料配方

配方1 废棉78%,麸皮20%,糖1%,石膏粉1%。

配方2 棉籽壳58%,木屑20%,麸皮20%,糖1%,石膏1%。

配方3 玉米芯80%,麸皮17%,糖1.5%,石膏1.5%。

配方4 榆木屑78%,麸皮20%,糖1%,石膏1%。

（2）配制方法　按常规将培养料混合，加水拌均匀，含水量为 60% 左右。

3. 装料与灭菌　将配好的培养料装入 500 毫升容量的罐头瓶（干料 125 克）或 17 厘米×35 厘米的塑料袋（干料 150 克）内，松紧适宜。封口后于 147.1 千帕压力下保持 1.5 小时或于 107.87 千帕压力下保持 2 小时，也可常压灭菌 8～10 小时，以杀灭料中杂菌。

4. 冷却接种　灭好菌的培养料冷却后在无菌条件下接入榆耳菌种。

5. 菌丝培养　菌瓶（袋）放置于温度 23℃～26℃，通风、干燥、避光的培养室内培养，经 30～50 天菌丝可长满培养料，转入出耳管理。

6. 出耳管理　菌丝长满瓶（袋）后 1～2 天，给予散射光，光照度 200 勒以上，同时降温至 17℃～19℃，经 10 天左右，在料面就会出现乳白色、形状不规则凸起物——榆耳原基。原基出现 2 天后，去掉瓶口封扎的塑料薄膜，或割去塑料袋口薄膜，将温度降至 14℃～16℃，此时温度切勿过高，以免料面长满原基，影响耳片分化；空气相对湿度维持在 90% 以上，湿度不够时可直接向原基喷水补湿，但不宜多喷，以防瓶（袋）内积水。经 3～5 天后，原基不断膨大，连结成片呈脑状，并开始分化出片状菌盖，进入耳片生长期。耳片生长阶段应保持有足够散射光，光照度在 500 勒以上；保持空气流通，加强温度和水分管理，温度控制在 14℃～20℃ 之间，相对湿度为 90%～95%，每天喷水 4～5 次，保持耳片湿润，每次喷水后要倒去瓶内多余的积水。经过以上管理，从原基到子实体成熟约需 23～26 天。

7. 采收　耳片舒展变软、皱褶减少、肉质尚肥厚、颜色由粉红色变为褐色为采收适期。每潮耳采收后,停水 2～3 天,覆盖薄膜,使菌丝恢复生长后再继续进行出耳管理,一般可采收 2～3 潮耳。

(二)段木栽培法

1. 耳材 以小叶榆为好,其次是山榆树。以生长在阳坡、树龄 10～15 年、树径末端 5～8 厘米较适宜,于落叶期砍伐。将其截成长 1 米的段木。

2. 接种 一般春季 3～5 月份、气温稳定在 5℃～10℃时接种,耳材含水量为 40%～50%。用 12 毫米钻头打孔,孔深 1.5～2 厘米,孔距 10 厘米,行距 5 厘米,呈"品"字形。每段逐穴接入菌种,菌种不宜装得太满。接种完毕,将黄泥、木屑 7：3 混合用 50% 多菌灵 800～1 000 倍液拌匀的泥浆涂封孔穴,与树皮密合。

3. 发菌管理 段木接种后,地面垫高 10 厘米,作"井"字形堆垛,高 1 米左右,置于温度 22℃～26℃、空气湿度 65%～70% 的保温、保湿环境中发菌,促使菌丝在段木中蔓延生长。每隔 10 天倒垛 1 次,使其上下发菌一致。根据场地干燥情况进行合理喷水,一般除雨天外,每天早晚喷水各 1 次,每次从耳木上部喷水至下部湿润为止,经常保持耳木场干干湿湿为宜。场地应有覆盖物遮荫,防止直射光照晒,光照度为 100～300 勒。接种后约 1 个月菌丝即可定植。发菌期间要经常检查,发现杂菌污染要及时处理。

4. 截断出耳 段木栽培第一年出耳绝大部分是从耳木的断面长出,为增加出耳面,将发好菌的耳木截成 3 段,如耳木含水量较低,可浸水 24～36 小时,使其含水量达 65%～70% 才能正常出耳。翌年进入生产旺季,整个耳木接种穴均长满耳芽。耳木可连续产耳 3～4 年。

第十八节　滑菇栽培

滑菇又名真珠菇、光帽鳞伞、滑子菇。因为菌盖表面有黏胶质,光滑,上筷时易滑掉,吃起来入口很滑溜,所以叫滑菇。滑菇是一种营养丰富、风味独特的食用菌。每百克鲜滑菇中含有蛋白质 1.1 克,脂肪 0.2 克,碳水化合物 2.5 克,钙 3 毫克,磷 33 毫克,维生素 B_1 0.08 毫克,维生素 B_2 0.1 毫克,烟酸 3.3 毫克。滑菇中还含有多糖等物质,对肿瘤有抑制作用,对肉瘤 180 的抑制率为 62.7%,高于金针菇。滑菇主要在我国北方地区,如黑龙江、辽宁、河北等地栽培,是畅销的出口商品。

一、栽培工艺

栽培滑菇,通常采用压块栽培和袋栽两种方式。栽培工艺如下。

(一)压块栽培

压块栽培的工艺流程如下。

培养料配制→灭菌→装盘压块→接种→发菌前期管理→发菌后期管理→出菇管理→采收

(二)袋式栽培

袋式栽培的工艺流程如下。

培养料配制→装袋→灭菌→接种→培养菌袋→出菇管理→采收

二、栽培技术

(一)压块栽培法

1. 栽培季节　压块栽培采用半熟料栽培,生长周期长,一般春季播种秋季出菇。栽培季节要早,多在 2 月份播种,最晚不迟于 4 月上旬,利用早春低温发菌来抑制或减少杂菌生长,提高成功率。

2. 场地与设施

(1)菇房　可以利用空闲房屋,也可搭建地沟或塑料大棚。要求干净,无杂物,无污秽,不雨淋,门窗较多,便于通风换气和调节温、湿度。地面垫河沙 3 厘米左右,搭床架,高 1.7 米,设 6 层,层距 0.3 米,底层离地面 0.2 米,一般 15 平方米的面积可摆放 250 盘,用料约 750 千克。

(2)蒸锅　用砖垒成直径 1.2 米、高 1.2 米左右的蒸筒,锅台与蒸筒处要严密不漏气。锅内放 1 层屉,距水面 20 厘米。

(3)菌块托盘　也称菇帘。盛装培养料用。将 0.6 米长的 9 根玉米秸秆,用木条串成宽 0.35 米的帘子。要求光滑,无毛刺和尖刃物露出。

(4)菌块模框　用 1 厘米厚的木板,钉成长 60 厘米、宽 35 厘米、高 6 厘米的活动模框(图 5-20)。

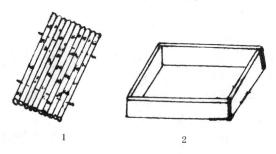

1　　　　　　　　　　2

图 5-20　压块工具
1. 菌块托盘　2. 菌块模框

(5)塑料薄膜　用来包裹培养料。厚度为 0.05 毫米的无毒膜,裁成宽 90 厘米,长 100 厘米。

3. 培养料配制　生产上常用的培养料配方有 2 种。

配方 1　木屑 100 千克,麸皮 15～20 千克,石膏 1 千克,石灰 0.3 千克。

配方 2　木屑 60 千克,玉米芯 30 千克,麸皮 5 千克,米糠 5 千克,玉米面 4 千克,石膏 1 千克,石灰 0.3 千克。

木屑宜用阔叶树种,玉米芯粉碎,阳光暴晒。配料时,按上述配方称料,混合,加水搅拌均匀,使培养料含水量达到 55%～60%,用手攥时,指缝有水滴又滴不下来为宜,堆闷 0.5～1 小时备用。

4. 灭菌　采用蒸料灭菌法,即仿照北方蒸年糕的做法,使热蒸气直接进入培养料,以杀死培养料中杂菌。做法是往蒸屉上铺 1 层麻袋,上面撒上 10 厘米厚的培养料,等上气后,揭开锅盖,见哪里出气就向哪里撒料。要勤撒少撒,撒得松而均匀,不得拍压,当料撒到离蒸锅上口 10 厘米时停止,盖上锅盖。从蒸锅上气后算起,再蒸 1.5～2 小时为宜。灭菌时,要求"锅底火旺,锅内气足,见气撒料,一气呵成"。灭菌后做到"顶气出锅,趁热装盘"。

5. 装盘包料　料蒸好后要趁热装盘包料。将塑料薄膜用 0.1% 高锰酸钾溶液浸泡消毒 5 分钟,抖掉水珠,顺着菌块模框和托盘铺好,将热料放入托盘模框中,稍压平,用塑料薄膜将料块包好,取下模框。装盘时,动作要快,使培养料少接触空气,防止杂菌污染。装完后立即把装有培养料包的托盘移入接种室内摆好,冷却至 20℃ 左右接种。

6. 接种　接种室提前 1 天用甲醛熏蒸消毒。接种前,接种人员的手、使用的工具(刀、镊子、接种钩、瓷盘等)和菌种瓶,用 70% 酒精或 0.2% 的新洁尔灭溶液擦洗消毒。接种时,先将菌种瓶打开,挖去表面的 1 层菌膜,把菌块掏出,放在经消毒的瓷盘中,掰成杏核大小,然后把料包的塑料薄膜掀开,迅速将菌种混播入培养料表面,轻轻压平。播完菌种后,立即用塑料薄膜把料块包好、包严,严防散包,以免杂菌侵入。接种最好有 3 人同时操作,1 人搬料盘,1 人播菌种,1 人开和包塑料薄膜。接种量为每料盘用菌种 1 瓶,适当增加接种量,有助于抑制杂菌生长。接种时间尽量在清晨或夜晚,这时空气流动小,可减少空气中的杂菌孢子污染料块。

7. 发菌管理　　重点是做好通风换气,促进菌丝生长,防止杂菌发生。管理分为两个阶段。

(1)发菌前期　　接完菌种的料盘搬到培养室,离墙 60 厘米,离地面 15 厘米,一个压一个直摞式堆放。温度低时,10~12 个料盘 1 摞,温度较高时,6~8 个料盘 1 摞。行与行之间留有走道,以便检查和倒垛。室内注意经常通风,定期在地上洒水,使空气相对湿度保持在 60%~70%,切勿往料盘上洒水。在室温 10℃以上,接种后 2~3 天就会长出白色绒毛,10~15 天菌丝就会长满料面。若菌丝呈黄白色或橙黄色,说明菌丝生长良好;若发现有青绿色、黑色或其他颜色,说明已污染杂菌,应及时清理。发菌前期的管理大约需 2 个月,这期间应每隔 7 天上下里外倒盘 1 次,促进菌丝均匀生长。

(2)发菌后期　　经堆放 2 个月后,菌丝已布满培养料块,且连结成 1 块,用手可以托起来。这时,随着气温升高,应及时将菌盘转移到通风良好,气候凉爽的地方,或在室外搭凉棚,按"品"字形堆放。切忌闷热潮湿,一旦地面潮湿,空气过湿,则撒石灰吸湿,空气相对湿度以不超过 65%为宜。环境温度不超过 26℃~28℃,昼夜间加大温差,促使料面形成菌膜。管理的重点是加强通风换气,要求昼夜通风,空气对流,使菌丝获得充足的氧气。每月倒盘 1 次,定期检查菌丝生长情况,若料表面形成光滑、呈橙黄色的菌膜,手按上去有弹性,说明菌丝生长发育良好。

8. 出菇管理　菌丝经过 5～6 个月的生长发育,当菌盘呈淡黄色、菌丝将料抱紧成块、富有弹性、洁白不松散、表面形成浅黄色或橘红色的菌膜时,说明菌丝已经成熟。进入秋季,气温逐渐降低,即可适时出菇管理。

（1）菇房消毒　菇房打扫干净,地面铺上砖或撒 1 层沙子,以利于保湿。用 5% 来苏儿水溶液对出菇床架、地面以及四周墙壁进行喷雾消毒,然后关上门窗密闭 24 小时。

（2）开包与搔菌　根据当地气候条件,在气温降到 12℃～20℃ 时,打开菌盘塑料薄膜包,开包与划面搔菌同时进行。做法是:开包去掉塑料薄膜,用消过毒的小刀或锯条在菌块上每隔 3 厘米,由一头向另一头划 1 刀,深 1 厘米左右,划破菌块表面形成的黄色黏质菌膜,以利于透气、浇水和长菇。搔菌后的菌块盖上塑料薄膜,使搔菌划断的菌丝愈合。

（3）上架催菇　搔菌后的菌块放在出菇架上,2～3 天后,地面洒水,四壁、顶棚喷水,提高空气湿度,并逐渐向菌块上喷冷水,使菌块含水量达 70% 以上,手按菌块发软有水渗出为宜。在增湿的同时,加强通风,保持空气清新,增加散射光照,光照度以 700～800 勒为好。催菇期为 25 天左右。

（4）分化期管理　开包搔菌后 30 天左右,开始逐渐现蕾。菇蕾如米粒般出现时,进入需水敏感期,水量的大小决定产量的高低。要注意勤浇水,喷雾状水,切忌瓢泼和倒水,菇房空气相对湿度保持在 85%～95% 为宜。一般不要向菌块上直接浇水,以免菌块表面积水,引起烂菇。如菌块发干,可喷雾状水,用中性水或弱酸性水,不能用碱性水,水温与室温相近为好。随着菇的生长,需氧量相应增加,要加强通风,交换新鲜空气,促进菇体长得快,增强抗病力。通风时,只能开背风窗,不要过堂风,以免吹干菇体,使小菇过早开伞。

(5)长菇期管理 菇盖长至0.5厘米时,可往菌块上喷水,要轻喷,水不可过冷或过热,更不可用大水冲击菇蕾。随着菇体逐渐长大,应适当多喷水,夜间若能增喷1次,增产效果更好。出菇期室温应保持在15℃左右,温度低于5℃或高于20℃,都不利于滑菇生长。空气相对湿度保持在90%～95%,水温保持在10℃～20℃为宜。

9. 采收 当菇盖长到2～3厘米(未开伞或半开伞)时,菇柄坚实。菇盖黄褐色,油滑,就可以采收。采摘时,要采大留小,用手按菇根轻轻拔起;如果是簇生的,应大小一起采收。采后要停水3～4天,清除死菇、残余的菇脚和杂物,再覆盖塑料薄膜保温,让菌丝恢复生长,以利于下潮菇丰产。二潮菇仍以浇水管理为主,方法同一潮菇。为了多出菇,可结合喷水加入1～2毫克/千克的三十烷醇和1%葡萄糖水,一般能出3～4潮菇。

(二)袋式栽培法

用塑料袋作为容器栽培滑菇,方法简便,生长周期短。秋季栽培,冬季出菇,一般可比压块栽培缩短4个月,避免了夏季高温的影响,从而使滑菇栽培可以在我国中南部地区推广。

1. 培养料配制 棉籽壳89%,麸皮10%,石膏1%。将料拌匀,加水搅拌,使含水量达60%～65%,以手用力握1把培养料、指间可渗出少量水为度。

2. 装袋与灭菌 用聚乙烯塑料薄膜袋,宽17厘米,长35厘米,薄膜厚0.04毫米。每袋装培养料250～300克(干料)。装袋时随装随压,松紧合适,上面弄平。中间用直径1.5厘米的圆木棒从上往下打1通气洞,在袋口外套加直径3.5厘米、高3厘米的塑料套环,将袋口外翻,袋口塞上棉塞,外包牛皮纸。放入常压蒸锅内,在 100℃温度下蒸 6～8 小时,使培养料灭菌。

3. 接种　按无菌操作和常规接种程序,将菌种均匀地撒在袋料表面,形成 1 薄层,每袋接菌量为 5～10 克。

4. 培养菌袋　滑菇菌丝生长的适宜温度为 22℃左右。因袋内料温比室温高 2℃～3℃,因此培养室的温度调节在 20℃左右、空气相对湿度保持在 60％～65％为好。每天要定期通风换气,保持室内空气新鲜。在适宜的培养条件下,经过 1 个半月,菌丝即可长满全袋。之后再继续培养 1～2 个月,让菌丝充分成熟。当培养料表面呈现橙黄色的菌膜、有许多皱纹、手按上去有弹性时,说明菌丝已经成熟,即可进入出菇管理。

5. 出菇管理　一般秋季栽培,经过 3 个月的发菌与成熟,当气温下降到 10℃～15℃时,即为出菇的适宜时期,抓紧做好出菇管理。

(1)开袋与搔菌　将成熟的菌袋,去掉棉塞与套环,翻下袋口,露出菌块,在料面用小刀或铁丝耙将蜡质样的菌膜划破,以利出菇。

(2)喷水与保湿　直接向菌块表面喷水,1 天 2 次;同时向空间和地面喷水,以保持空气中适宜的湿度。出菇后要勤喷水,使菇房(棚)内空气相对湿度达到 85％～95％。喷水时最好不要直接向料面上喷,以免造成积水,引起烂菇。

(3)增强光照　出菇阶段应有散射光。光线不足,容易出现畸形菇,菇柄长,菌盖小,质量差。

(4)加强通风　出菇期间要注意通风换气。加强通风,可以促进菇体生长,增强抗病能力。

(三)两菌结合栽培法

两菌结合栽培滑菇的方法,是河北省科学院微生物研究所李育岳、汪麟等研究提出用酵素菌将培养料高温发酵后栽培滑菇的新技术,它能有效地抑制和杀灭原料中的杂菌和害虫,栽培时勿需添加多菌灵、甲基托布津等农药抑菌剂,可避免菇体化学农药残留;也不用上锅蒸料,减少了能源消耗。

1. **培养料配制**　培养料配方为木屑 80%,麸皮 15%,玉米粉 5%。另加石膏 2%,石灰 0.6%,酵素菌 0.5%。将上述原料按比例称好后混合均匀,再加水拌匀,含水量为 55%～60%,即用手紧握料成团、指缝中有水分渗出为度。

2. **堆料发酵**　在水泥地面,将拌好的培养料堆成山形,堆高 80～100 厘米,底宽 100～120 厘米,长度不限。上面盖干麻袋或草帘以遮光保温,保持有一定的通气。当料堆中心温度上升到 45℃以上时进行第一次翻堆,充分翻拌均匀,然后重新堆成原样。以后每天翻堆 1 次,连续 4 天发酵即告结束。发酵好的培养料颜色变深,有发酵香味,无臭味。

3. **栽培**　发酵好的培养料,按照滑菇压块栽培法,装盘,接种,进行发菌管理和出菇管理。

4. **注意事项**　①发酵料应尽快用于栽培,不宜存放过久,以防杂菌污染变质。②栽培时应适当增加接菌量,以 15%为宜。选用活力强的适龄菌种接种,以利菌丝萌发、吃料和发菌。③安排在早春季节栽培,利用低温发菌,减少杂菌污染。④接种场地要求清洁,事先经过消毒,减少接种时杂菌侵入引发污染。

第十九节　猴头菇栽培

猴头菇又名猴头菌。是一种著名食用菌,自古以来被誉为"山珍",是我国传统的上等菜肴,也是一种名贵的药材。性平味甘,利五脏,助消化,有滋补身体等功效。用猴头菌丝制备的猴头菌片、宁猴片、猴头菇口服液对治疗胃溃疡、十二指肠溃疡、慢性胃炎、慢性萎缩性胃炎等消化道疾病有良好疗效。猴头菇中含有的多糖和多肽类物质,具有抗癌作用和提高机体免疫力的功能,对胃癌、食道癌等消化道恶性肿瘤有一定疗效,是具有开发前景的真菌药剂。

一、栽培季节

栽培猴头菇,可以1年安排2次。春栽,在2月下旬接种,于3月中下旬出菇。秋栽,于8月下旬接种,9月底或10初出菇。

二、场地与设施

栽培猴头菇可以采用旧房改建成菇房,也可搭塑料大棚。栽培场地要求通风换气良好,保温保湿性能好,光线调节方便。菇房内搭床架摆放菌袋发菌与出菇;大棚内做畦床,菌袋堆垛发菌与出菇。

三、栽培工艺

猴头菇栽培工艺流程如下。

配料→装袋→灭菌→接种→发菌管理→出菇管理→采收

四、栽培技术

(一)培养料配制

配方1 棉籽壳88%,麸皮10%,白糖1%,石膏1%。料与水的比例为1:1.4～1.5。

配方2 棉籽壳48%,锯木屑30%,麸皮20%,白糖1%,

石膏1%。料水的比例为1∶1.8。

以上配方,可根据当地原料资源情况选用。配料时,用3%磷肥调酸碱度,将拌料用的水调至pH值5左右,把培养料的pH值调整为5～6,待料拌匀吃透水后再装袋。

（二）装　袋

选用低压聚乙烯薄膜筒袋,分短袋栽培和长袋栽培。短袋栽培用宽17厘米、长33厘米的筒袋,先将袋筒的一头用塑料绳扎紧,然后装料,料不能装得太松,也不可太紧。松了虽发菌快,但易早衰;紧了通气不良,菌种不易萌发,菌丝难于伸展。装袋后,再用塑料绳将袋口扎紧。每袋装干料0.3～0.4千克。长袋栽培用宽15厘米、长55厘米的筒袋,每袋装干料0.9千克左右,装紧实不留空隙,袋口两头扎牢,密封不漏气。

（三）灭　菌

灭菌可用常压蒸气灭菌。料袋放入蒸锅内,温度升高到100℃,保持8～10小时,中途不停火,不掺冷水,不降温,力求灭菌彻底。

（四）接　种

1. 短袋　待培养料冷却到30℃以下时,在无菌操作条件下,打开两头扎口,分别接入菌种,再迅速将袋口扎好。每瓶菌种可接菌袋15～20个。

2. 长袋　灭菌后的菌袋,在经过消毒的接种箱(室)内,在袋的正面打5穴,接入菌种后迅速用胶布贴封穴口。每瓶菌种可接菌袋15～20个。

（五）发菌管理

接种后,把菌袋移入洁净、通风、避光条件好的培养室内发菌培养。按"井"字形堆叠,堆高10～12层。培养室温度控制在22℃～25℃,空气相对湿度控制在65%～70%之间,保持黑暗,以促进菌丝生长。在发菌培养 7 天左右,应定期检查有无杂菌污染的情况,发现杂菌污染,就要及时处理。

（六）诱导出菇

发菌培养 1 个月左右,为促使子实体原基的形成,应给予降温、增湿、通风和光照刺激,诱导出菇。

1. **长袋栽培**　将菌袋移入塑料大棚内,排放于畦床上,采取竖立斜靠,一头朝天,一头靠地,袋与袋间距 2～3 厘米。此时把接种穴上的胶布掀起一小隙,隙口豆粒大小,让菌丝接触空气和水气,从隙口中露出白色粒状原基。菌袋排放后,棚内温度降至 16℃～20℃,空间喷水,增加湿度,畦床灌水,增加地湿;早晚揭膜通风,给予 60～100 勒的散射光照,以促使子实体原基的形成。

2. **短袋栽培**　在菌袋两头打孔。一般一头打 2 个孔,孔的深度为 8～10 毫米,孔径为 10 毫米左右。开孔后,增加菇棚（房）的湿度至 80%～90%,加强通风,保持空气新鲜,给予适当光照,刺激出菇。

（七）出菇管理

出菇管理中,必须抓好温、湿、气、光 4 要素的调节。

1. **调节温度**　子实体生长的适宜温度为 18℃～22℃。在适温条件下,子实体生长迅速,发育健壮。温度超过 22℃ 时,应加强通风和空间喷雾降温;温度低于 12℃ 时应加温,否则子实体易变红,甚至引起菇蕾死亡。秋栽猴头,气温由高变低,要注意保暖防寒。春栽猴头菇,气温由低变高,要注意通风防高温。

2. **保持湿度**　猴头菇喜欢潮湿环境,子实体生长阶段,对空气相对湿度要求比较严格。气候干燥,空气湿度低,菇体生长缓慢,颜色变黄或干缩,在高温低湿时还容易产生光秃型

313

猴头菇。但湿度也不能太高,否则会影响正常的蒸腾作用,生长迟缓,容易发生病害和感染杂菌,引起菇体霉烂。在管理上应灵活掌握喷水,调节湿度。具体方法是,通过空间喷雾、地上畦沟灌水或室内挂湿草帘等方法,保持空气相对湿度达到85%～95%,就可满足子实体生长发育对水分的要求。

3. **注意通风** 猴头菇对二氧化碳十分敏感,当二氧化碳浓度超过 0.1%时,就会刺激菌柄不断分枝,抑制中心部分发育,形成珊瑚状的"花菇"。随着菇体不断生长,要逐渐增加通风时间。在原基形成后,每天通风 2～3 次,每次半小时。子实体长大后,每天通风 3～5 次,每次 1 小时,保持室(棚)内空气新鲜。气温高时,晚上开窗通风;气温低时,白天开窗。当室外温度与室内温度相差大时,要防止室外的风直接吹到菇体上,剧烈的温度变化,会影响到子实体的正常发育,严重时菇体会发黄、萎缩。

4. **适当光照** 子实体形成和生长阶段,要求有一定的散射光,光照度为 200～400 勒(能阅读书报的亮度),这时,子实体生长洁白、健壮、产量高。光照不足,则菇蕾少,子实体发育不良,容易出现畸形菇。光照过强,子实体发育受抑制,生长缓慢,颜色变红。

(八)采 收

及时采收是保证猴头菇产量和质量的重要一环。采收过晚,味苦色黄,影响品质;采收过早,生长不足,影响产量。一般当子实体长到八成熟时,就是猴头菇的肉质针刺长 0.5 厘米时,就要及时采收。

采收时,用小刀从菇的基部割下。适当留下少量菇基,有利于下潮菇的长出。头潮菇采收后,停止喷水 2～3 天,让菌丝恢复,把温度调到 23℃～25℃,5 天左右料面会重新分化出子实体原基,10天左右形成菇蕾,把温度降到16℃～20℃,适量喷水增湿,使子实体继续生长。一般可采收2～3潮菇。

第二十节　鸡腿蘑栽培

鸡腿蘑,因外形似鸡腿而得名。学名叫毛头鬼伞。是我国北方地区的一种野生食用菌,它适应性强,可利用秸秆、统糠、畜禽粪等多种原料进行人工栽培。鸡腿蘑肉质细嫩,鲜美可口,色香味不亚于草菇。鸡腿蘑还是一种药用菌,味甘滑、性平,有益脾胃、清心安神、治痔和降血糖等功效,可作为糖尿病患者的一种辅助食疗。近年来,鸡腿蘑无论鲜菇、干菇、罐头,投放市场后都受到消费者的欢迎,是一种具有商业潜力和发展前景的食用菌新秀。

一、栽培季节

采用春、秋两季栽培。根据各地气候条件,使子实体生长处于10℃～20℃的适宜温度范围内,以决定当地适宜的栽培日期,以便在自然气温条件下,子实体能够正常的生长发育,取得优质高产。

二、栽培工艺

鸡腿蘑栽培的工艺流程如下。

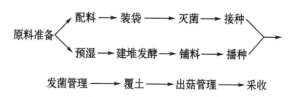

三、栽培技术

(一)袋式熟料栽培法

1. 培养料配制

(1)培养料配方

配方 1　棉籽壳 90%，麸皮 6.5%，过磷酸钙 2%，尿素 0.5%，石灰 1%。料水比为 1∶1.3。

配方 2　杂木屑 40%，棉籽壳 38%，麸皮 20%，糖 1%，土 1%。料水比为 1∶1.3。

配方 3　食用菌栽培废料 40%，棉籽壳 38%，麸皮 20%，糖 1%，土 1%。料水比为 1∶1.3。

配方 4　棉籽壳 40%，玉米芯 38%，麸皮 10%，玉米粉 10%，糖 1%，土 1%。料水比为 1∶1.3。

(2)配制方法　按上述配方，称好各种原料，混合拌匀。糖溶于水中后再拌入，达到适宜的含水量，堆闷 1～2 小时后装袋。

2. 装袋
将培养料装入宽 15 厘米、长 55 厘米，或宽 17 厘米、长 35 厘米的聚乙烯薄膜筒袋，塑料筒袋一头先扎紧，装料后将另一头袋口扎紧。

3. 灭菌
装袋后马上放入常压蒸锅内灭菌。在温度达 100℃后，保持 8～10 小时。

4. 接种
当料袋温度冷却到 30℃ 以下时，在无菌操作下进行接种。长袋(15 厘米×55 厘米筒袋)采用打穴接种，在料袋上均匀打 4 个穴接入菌种；短袋(17 厘米×35 厘米筒袋)用两头接种法，先打开一头袋口接种，再打开另一头接种。

5. 发菌培养
接种的菌袋在 18℃～30℃ 温度下培养，培养期间，应注意通风，防止料温过高烧坏菌丝。一般经过 35～

40 天菌丝可发满全袋,这时在 20℃ 温度下堆放,准备脱袋覆土出菇。

6. 覆土出菇 在室外搭简易遮阳棚架,做宽 1 米、深 20～30 厘米的畦床,把菌袋脱去薄膜,竖式或横式排在畦面,菌筒与菌筒间距 2～5 厘米。覆土分两次进行,先在菌筒间填满土,浇透水后,再在菌筒表面覆盖 2 厘米厚的细土,喷雾浇透水,防表土板结。覆土以肥沃的砂质壤土为好。

畦床覆土后,盖上地膜保湿。在适宜的温度下,10 天左右菌丝布满床面,现蕾出菇。此时,保持空气相对湿度 85%～90%,要经常通风,注意解决保湿与通风的矛盾,防止风直接吹入床面,以免引起菇体泛红毛,影响质量。一般菇蕾长出后 10 天左右即可采收。

(二)床式发酵料栽培法

鸡腿蘑发酵料栽培,可参照双孢蘑菇栽培。这里仅作简要介绍。

1. 培养料配方 每 100 平方米栽培面积用干麦秸或玉米秸 2 000 千克,干牛粪 1 000 千克,干鸡粪 300 千克,饼肥 30 千克,麸皮 30 千克,酵素菌 8 千克,尿素 11 千克,过磷酸钙 30 千克,石膏粉 50 千克,碳酸钙 40 千克,石灰粉 50 千克。

2. 建堆发酵 将麦秸或玉米秸切成 10～15 厘米长,在水中浸泡 1 天后捞起,与牛粪、鸡粪、饼肥、麸皮、酵素菌、尿素、碳酸钙等分层堆放,边堆边喷水。堆垛后进行发酵,待堆温上升到 60℃ 左右,维持 3～4 天后进行第一次翻堆,分层加入石膏和过磷酸钙。复堆后堆温再次升至 60℃ 左右时,保持 4～5 天进行第二次翻堆,分层加入石灰粉。再次复堆后料温达到 60℃ 左右,保持 3～4 天。当料发酵基本成熟、无氨味或其他异味,料变得松软时,发酵即可结束。把发酵料移入菇棚,铺入畦床。

3. **播种**　参照双孢蘑菇的播种方法,采用穴播与撒播相结合,用手将料面整平,把菌种播入料内,拍平压实。菌种用量为10%～15%。播种时,菇棚内温度保持25℃左右,不要超过28℃。如料较干,可用0.1%石灰水轻喷补湿后再播种。

4. **发菌管理**　播种后棚温保持在25℃左右,早晚开通风口通风。为防止料面干燥,料面可用报纸覆盖,用清水喷洒使报纸保持湿润。待菌丝萌发定植后,去掉报纸,棚内相对湿度保持在80%左右。在菌丝长满料层伸入料底时进行覆土。

5. **覆土**　鸡腿蘑有不接触泥土不出菇的特性,所以覆土是管理中的重要一环。覆盖的泥土要求土质疏松,干湿适度,pH值中性偏碱,无害虫卵。覆土含水量应掌握在捏之成团、触之能散为度。覆土厚度在3～5厘米、土粒大小不超过2厘米、并有一半左右的土粒在0.5～1厘米大小为佳。

6. **出菇管理**　覆土后,菇棚内温度控制在16℃左右,不要超过22℃。子实体原基出现后,早、晚喷细水,使空气相对湿度保持在85%～95%之间。早、午、晚定期进行通风,供给子实体生长充足的氧气。菇棚要有一定的散射光,光照强度以700～800勒为好。光照在10勒以下时,子实体生长非常缓慢,要推迟5～9天采收。

(三)整草露地栽培法

湖北省宜昌市四〇三里区食用菌研究所用整稻草或麦秸直接露地栽培鸡腿蘑,获得成功。这里将他们的做法作简要介绍。

1. **整草软化处理**　将干燥无霉变的稻(麦)草翻晒2天,捆扎成5千克左右小捆,分批放入3%石灰水中浸泡15～30分钟,使草捆浸泡透,捞起沥水至无成串水珠下滴后建堆发酵。先在地面平铺塑料薄膜,薄膜上用10～15厘米粗的木棒垫底,将草捆卧放搁置于木棒上成堆。堆上覆膜,连同铺底薄膜一起围捆严实,使其发酵。当堆温升高至60℃(6～7天)时,延续至次日上午翻堆。地上另铺薄膜,薄膜上不再放木棒,将草捆直接在薄膜上码成新堆,连同底膜和覆膜一起捆实继续发酵。当堆温升到60℃时,维持到傍晚松开捆绳,于第二天散堆栽培。

2. 播种栽培 做畦,宽1.2米,深20厘米,长度不限。畦中间留条宽20厘米的土埂,分成2个小畦床,四周开挖宽20厘米、深30厘米的排水沟。栽培前1天用3%石灰水浇洒畦床。栽培时,先在畦面撒1层过筛的干畜粪,再将草捆散开,顺畦长均匀铺放,底层铺草约5厘米厚,播菌种3%,撒1层经3%石灰水润湿的干畜粪;中间层铺草约10厘米厚,播菌种5%,撒1层经石灰水湿润的畜粪;上层铺草约10厘米厚,播菌种7%,再撒1层石灰水湿润的畜粪。每平方米铺草4捆,干重约20千克,厚约25厘米,用菌种量15%(3千克)。床面用铁锹和木板拍平压实,取畦床四周的粒状碎土覆盖3～4厘米厚,用0.5%石灰水喷洒润湿覆土,其上撒1层草木灰,再覆盖10～15厘米厚的干草被,用长幅塑料薄膜全畦床覆盖,周边压实,疏通好排水沟。

3. 发菌与出菇管理 播种1周后检查菌种吃料情况,用调节床面覆盖物的方法控制床温在20℃～28℃,一般25～30天菌丝破土而出。此时应去掉床面草被、覆膜,改罩弓形薄膜,适当从水沟内灌水和床面喷雾,提高空气相对湿度达85%～95%;加大弓形薄膜周边的拱洞,增加通风和给予散射光照诱导催蕾。当畦床土面出现白色原基时,在弓形薄膜层上盖草帘或撒乱草遮阳,保持温度和湿度,以利子实体生长。

(四)采 收

鸡腿蘑应在菌环尚未松动脱落、菌盖未开伞前及时采收，否则在开伞后子实体放出黑色孢子很快自溶,失去商品价值。采收时用小刀从菇蒂基部切取,洗净后鲜销或盐渍。

头潮菇采收完后,及时清除菇床残留的菇蒂及表土3厘米,用肥土补覆,喷洒0.5％石灰水润湿。然后按发菌和出菇方法管理。采收第二潮菇后,重新清理床面,去除表土,风干2天,用锥形木棒在床面间距15～20厘米打洞至料底,撒1层过筛的干畜粪,用晒干的肥土补覆土层,灌水浸泡畦床24小时,排水后,抢墒在床面撒1层草木灰,再进行发菌与出菇管理。管理得好,一个栽培周期可采菇3～5潮,每100千克干料可产鲜菇150～170千克。

第二十一节 灰树花栽培

灰树花的别名叫栗子蘑,在日本称舞菇,是一种食药兼用的珍贵食用菌。野生灰树花常发生于秋季,栎、栲以及其他阔叶树的树干及树桩周围,尤以板栗树林中为多见,所以称它为栗子蘑。近年来已成为能人工栽培的食用菌新品种。

灰树花肉质柔嫩,味如鸡丝,脆似玉兰,具有松蕈样芳香;营养丰富,含有18种氨基酸和多种维生素以及铜、铁、锌、钙、硒、钠等矿质元素,可烹调多种美味佳肴,是一种高档食用菌。灰树花的成分中含有灰树花多糖及β-葡聚糖等抗癌活性物质,具有比香菇多糖、云芝多糖更强的抗癌能力,是极好的免疫调节剂;作为药用与猪苓有相同的疗效,可治小便不利、水肿、脚气、肝硬化腹水及糖尿病等,是一种很好的药用菌。

一、栽培季节

一般安排在秋季和春季栽培。秋季在 9～10 月份接种,春季在 3～4 月份接种,使灰树花的生育期处在 15℃～26℃ 的适温范围内。

二、栽培工艺

灰树花栽培的工艺流程如下。

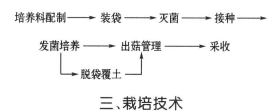

三、栽培技术

灰树花一般采用袋栽。袋栽时,菌袋的料面上要留有充足的空间,有利于子实体的发生。

(一)室内栽培法

1. 培养料配制　栽培原料可用阔叶树木屑、棉籽壳、麸皮、玉米粉等,尤以栎树木屑和栗树木屑为好。培养料中添加适量腐殖质有促进菌丝生长和长菇作用。常用的配方有以下几种。

配方 1　杂木屑 80%,米糠(麸皮)7%,玉米粉 3%,山地表土 10%。

配方 2　杂木屑 40%,棉籽壳 30%,麸皮 10%,玉米粉 8%,山坡细土 10%,石膏 1%,蔗糖 1%。

配方 3　木屑 60%,树枝屑 20%,米糠 7%,玉米粉 3%,山地表土 10%(按体积比)。

上述各种原料充分混合,按料水比 1∶1.3 加水拌匀,培养料含水量为 60%～63%。

2. 装袋　选用 17 厘米×33 厘米的塑料薄膜袋,将配制好的培养料装入袋内,要轻装、轻压、松紧适度,装料高 10～12 厘米,湿重为 0.6～0.7 千克,袋口装上套环,塞上棉塞。

3. 灭菌　用常压蒸气灭菌,100℃保持 6～8 小时,以确保灭菌彻底。

4. 接种　待料温降至 28℃以下时接种。要严格执行无菌操作规程。使用的菌种要求菌丝洁白,健壮浓密,无黄色液珠,无杂菌污染,菌龄在 35～40 天。要使菌种块与培养料紧密结合,并适当加大接种量,1 瓶栽培种接 30 袋左右,有利于菌丝定植蔓延。

5. 发菌培养　接种后,室温控制在 20℃～22℃,待菌丝长满全袋后调至 23℃～26℃。如温度低于 16℃,要给予加温;超过 28℃需加强通风降温。空气相对湿度控制在 70%以下,以"宁干勿湿"为原则。弱光培养,避免强光透入室内。定期通风,保持空气新鲜,促进菌丝正常生长。

在正常发菌情况下,接种后培养 35～40 天,菌丝可发满全袋。此时,温度保持在 20℃～25℃。昼夜恒温,定期通风,保持空气新鲜,同时调节一定的散射光照。在这种条件下,继续培养,使料面气生菌丝形成白色菌膜,并逐渐转至灰色和淡黑色,形成原基,在原基处隆起不规则的蜂窝状突起物,便可开袋进入出菇管理。

6. 出菇管理　开袋时,拔掉棉塞并取下套环,袋口保持原状,直立排放于床架(或畦床)上,温度保持在 15℃～20℃,且昼夜保持恒温,以利原基正常膨大。温度低于 15℃,要适当加温;高于 23℃,应加强通风降温。定期通风,保持空气新鲜。

喷水增湿,使菇棚(房)内空气相对湿度前期保持80%左右,后期提高到85%～90%,促其原基伸高长粗。经10～15天,原基逐渐形成菌柄,继而菌盖重叠丛生,形成幼嫩子实体。此时经常向地面、空间喷水,保持适宜的湿度,切忌向幼嫩子实体直接喷水。同时应加强通风换气,以满足子实体生长对氧气的需求。保持一定的散射光,光照度保持在200～500勒,促使,子实体正常生长。

7. 采收　灰树花形态发育完全,菌盖由灰白色变浅褐色。一般以叶片分化充分,呈不规则的半圆形,以半重叠形式向上和四周延伸生长,形成一个完整或不完整的花朵,边缘稍向内卷时为采摘适期。过早采收影响产量,过晚则影响质量。

(二)露地栽培法

把室内已发好的菌袋脱袋埋入畦床内,覆盖上1薄层土,土上再铺1层小石子,经常喷水,保持覆土层湿润,在春、秋季适宜温度条件下,子实体成丛产生。在管理上,要注意喷水保湿,当气温低于15℃时,要覆盖薄膜保温。一旦畦床上发生木霉污染时,可喷洒0.05%的苯菌灵防治。

第二十二节　姬松茸栽培

姬松茸又称小松菇,是我国新近开发的一种食用菌新品种。姬松茸原产于美国南部的加利福尼亚州、佛罗里达州和南美北部的巴西、秘鲁等地,又名巴西蘑菇。姬松茸质脆嫩爽口,香气浓郁,具有降低血脂、降低胆固醇、降血糖、安神和改善动脉硬化症等药用功能,现已引起医药界的极大重视与强烈兴趣。1992年姬松茸菌种引入我国,栽培面积正在逐步扩大。

一、栽培季节

姬松茸属中温型菌类,1年可安排春、秋栽培2次。春季在3~4月份,秋季在8~9月份为栽培适期。

二、栽培工艺

采用室外大田栽培和室内床式栽培,以大田栽培更为适宜。其栽培工艺流程如下。

原料预湿→堆料发酵→铺料→播种→覆土→出菇管理→采收

三、栽培技术

姬松茸能充分利用稻草、麦秸、玉米秸、芦苇等原料,它比双孢蘑菇栽培容易,管理简便,一般接种45天左右出菇,55天左右采收,栽培期为90天左右。

(一)培养料的配制

1. 原料配比　可根据各地自然资源,选择原料。碳氮比以40~60∶1、含氮量以0.8%~1.1%为适宜。

2. 培养料配方

配方1　稻草375千克,麸皮10千克,鸡粪15千克,石灰8千克,硫酸铵10千克,过磷酸钙5千克,水700~800升。含水量60%~65%,pH值6~6.8。

配方2　稻草77%,牛粪20%,石灰1%,过磷酸钙2%。含水量60%~65%,pH值6~6.8。

配方3　稻草70%,干牛粪15%,棉籽壳12.5%,石膏粉1%,过磷酸钙1%,尿素0.5%。

配方4　干稻草1 750千克,干牛粪1 000千克,麦秸350千克,玉米秸250千克,禽粪250千克,过磷酸钙30千克,尿素 17.5 千克,菜籽饼 25 千克,人粪尿 750 千克,石灰 45 千克,草木灰 20 千克,石膏 40 千克。含水量 68%～70%,pH 值 7.2～7.5(注:100 平方米面积投料量)。

配方 5　干稻草 2 250 千克,牛粪 1 100 千克,禽粪 100 千克,人粪尿 900 千克,过磷酸钙 35 千克,石膏 40 千克,尿素 20 千克,碳酸钙 25 千克,石灰 45 千克。含水量 68%～70%,pH 值 7.2～7.5。

(二)堆制发酵

1. 堆料　建堆前把稻草、麦秸浸泡 2～3 小时,捞起预堆 1～2 天。畜禽粪要提前打碎,加适量水搅拌,预堆 1～2 天后待建堆时用。建堆选择向阳的场地,建堆时地面先放置几根木棒或粗竹竿,用砖头垫起 15～20 厘米高,然后铺上 1 层湿稻草(或麦秸),撒上 1 层石灰,将畜禽粪撒在内层,同时再将其他辅料(如硫酸铵、过磷酸钙、麸皮等)撒在畜禽粪料上。如此一层层堆制,一般堆宽 1.3～1.5 米,堆高 1.2～1.6 米。堆料时每隔 1 米埋入 1 根圆木棍,料堆好后再拔掉,让其通气,排出氨气和臭味,外层再撒上石灰,并注意防风、避雨,使料温升高至 55℃左右进行发酵。

2. 翻堆　堆料后每天要测料温 1～2 次。当料温升高到 55℃左右时进行翻堆。每隔 3～4 天翻堆 1 次,共翻 4～5 次。翻堆时,注意堆料上下内外调换和水分含量的调节,补足水分,使培养料发酵均匀。堆料发酵时间,因料的种类不同而异,一般为 12～24 天。发酵结束,调节培养料含水量在 65%左右,pH 值在 7～7.5 时,即可用于栽培。

(三)栽培方法

1. 大田栽培法

(1)场地选择　选择土壤肥沃、土质疏松、杂菌害虫少、通风排气好、离水源近、容易排灌的场地。

(2)做畦搭棚 菇棚高 1.7 米左右,棚顶和四周用草帘遮围,光照度以"四分阳六分阴"为宜。将菇棚地面翻松,做成畦床,畦面宽度 1.2 米,长度因场地而定。畦面高出人行道 10 厘米左右,以防畦床培养料积水,人行道宽 60 厘米。栽培前撒石灰粉消毒。

(3)铺料与播种 将发酵好的栽培料铺在畦面,一般每平方米用干草料量 20～22.5 千克,厚度为 20～22 厘米,料的湿度在 68%～70%,pH 值 7.2～7.5。料温降到 25℃ 以下进行播种,播种方法可采用撒播、条播或穴播,每平方米用麦粒种 2 瓶或木屑种 3 瓶。播种后,畦面与四周加盖塑料薄膜,以利保温保湿。2～4 天内不揭膜,以后视气温高低,每天揭膜通风 1～2 次,温度保持在 20℃～30℃。播后 24 小时以内,菌丝即可萌发生长,48 小时后菌丝开始向四周料内延伸,经 7～10 天后,菌丝在料中均匀蔓延。随着菌丝量增加,呼吸量加强,菇床中热量迅速增加,这时应注意加强通风,以防料温上升,影响菌丝正常生长,特别是在气温较高的季节,更要注意通风降温和喷水散热。

(4)覆土 在正常情况下,播后 15～20 天,菌丝蔓延料内 2/3 以上开始覆土。覆土前 3 天先用敌敌畏和甲醛把覆土材料进行预消毒,外面用塑料薄膜盖严,封闭 48 小时,以杀死土中的杂菌与害虫。然后揭开薄膜,翻动覆土,使药味及其他气味散发,用石灰粉调节 pH 值为 7.2～7.5,再混合部分草木灰(100 平方米加草木灰 3 千克),拌均匀后进行覆土,一般只覆粗土不覆细土,土粒大小为 1.5～2 厘米,覆土厚度 3～4 厘米为宜。覆土后,应喷水,调节土粒含水量 60%～70%,并覆盖薄膜 2～3 天。然后恢复正常通风,使菌丝尽快向料面上爬并伸入到土中,在正常情况下需5～7天菌丝才布满床面。如果菌丝爬土不整齐,要及时补土。全部菌丝布满土面时,重喷水1次,一般每平方米喷水量为0.1～0.2升,分2次喷,喷水后可停水2天,再喷1次出菇水。但不要使水渗漏到料层,防止菌丝受损腐烂。

(5)出菇管理 覆土后10～20天,菌丝少量爬到土层表面,应经常进行揭膜通风。当菌丝爬上覆土层,在粗土粒上形成菌丝束,出现米粒大小白色原基时应重喷1次水,喷水量为每平方米2～3升,同时加大通风量。以后每天轻喷水1～2次,保持土层湿润,待菇蕾长至直径2厘米左右时停止喷水。出菇期间温度保持在22℃～25℃,并给予适当的散射光,促进子实体生长。

2.室内床式栽培法 这种方法与双孢蘑菇床架栽培相似。采用室外建堆堆料(第一次发酵),室内二次发酵。做法是将经过堆积发酵的培养料移入菇床上,料厚20厘米,进行后发酵(方法参照双孢蘑菇堆肥的后发酵),使料温上升到60℃,保持6～8小时后,停火降温至48℃～52℃,维持2～3天。待料温降到25℃后开始播种,播种形式可采用穴播或撒播。穴播每平方米面积菌种用量4～6瓶;撒播每平米播麦粒种2～3瓶,或播草料种4～5瓶。菌龄要求在40～50天。播种后7～8天,菌丝在料里均匀蔓延时,进行覆土。覆土先用粗土,用量以土粒平整紧密排列整个菇床表面为标准,厚约2.5厘米,喷水保持土粒湿度。待见到菌丝穿出土粒缝时再覆1层细土,厚度约1厘米,同样喷水保湿,覆土湿度为23%～25%。覆土材料以保水性能和通气性好的砂壤土为宜。在温度和湿度适宜条件下,发菌约1个月,当菌丝开始爬到覆土层,在粗土粒中形成菌丝束,不久菇蕾就会破土而出。出菇期间应保持良好的通风换气和光照,增大湿度,使空气相对湿度保持在 75%～85%。

(四)采　收

姬松茸接种后 35～40 天出菇,当子实体长至 4～8 厘米及菌盖肥厚结实、表面呈黄褐色至浅棕色、菌幕未破时采收为宜。采菇时要用手指捏住菇盖,轻轻旋转采下,避免带动周围的小菇。每潮出菇周期为 10 天左右。

姬松茸一般每 10 天可出一潮菇,整个生育期可采收 5～6 潮菇。采菇后应整理床面,在原菇根处进行 1 次重新补土,加大通风量。停水 1～2 天后,再进行喷水。隔 2～3 天,可见扭结的小菇蕾出现,这时调节好床面干、湿度,按出菇管理要求进行管理。

第二十三节　玉蕈栽培

玉蕈的商品名为真姬菇。其菌盖肥厚,菇柄脆嫩,味道鲜美,香甜可口,有独特的蟹鲜味和鲍鱼的香味。食之滑爽脆嫩,口感好,是近年来才开始栽培的一种食用菌新品种。

一、栽培季节

玉蕈系低温型菇类,以秋冬季栽培为宜。9 月份播种、发菌,11 月份出菇为适宜的栽培期。夏季可保持低温的山洞和人防工程,只要温度适宜,可周年进行栽培。

二、栽培工艺

玉蕈栽培可采用室内床架式袋栽或瓶栽。栽培的工艺流程如下。

培养料配制→装料→灭菌→接种→发菌管理→菌丝成熟→出菇管理→采收

三、栽培技术

(一)培养料配制

可选用棉籽壳、木屑、豆秸、高粱壳等原料,适当添加米糠、麸皮、玉米粉等辅料。常用的配方有以下几种。

配方 1　棉籽壳 88%,麸皮 10%,石膏 1%,过磷酸钙 1%。料水比为 1∶1.4～1.5。

配方 2　木屑 78%,麸皮 20%,石膏 1%,过磷酸钙 1%。料水比为 1∶1.4～1.5。

配方 3　豆秸 95%,玉米粉 2.4%,硫酸镁 0.1%,磷肥 0.5%,石膏 1%,石灰 1%。料水比为 1∶1.4～1.5。

配方 4　高粱壳 64%,棉籽壳 30%,麸皮 3%,硫酸镁 0.1%,磷酸二氢钾 0.2%,石膏 1.7%,石灰 1%。料水比为 1∶1.4～1.5。

(二)装料、灭菌与接种

瓶栽利用聚丙烯菌种瓶或罐头瓶;袋栽,一头出菇用 17 厘米×25 厘米的高密低压聚乙烯袋,两头出菇选用 17 厘米×33 厘米袋筒(卧式排放)。料装到瓶肩部或袋高的 2/3 处,装料要松紧合适,料面中央用捣木打 1 个洞穴,置于常压灭菌锅内灭菌。待冷却后按常规的无菌操作方法接入菌种。

(三)发菌管理

将已接种好的瓶或袋移入培养室进行培养。培养室温度控制在 18℃～22℃,不超过 24℃,也不低于 15℃。湿度以 60%～65% 为宜。每日通风换气 2～3 次,每次 30 分钟,以满足氧气的供应。光线要稍暗。一般培养 35～40 天菌丝长满全瓶(袋)便进入成熟阶段管理。

(四)菌丝成熟

玉蕈菌丝需要有一定时间的成熟期,使菌丝充分分解基质,积累养分后才能正常形成子实体。菌丝成熟期,培养室的温度不宜过高,一般控制在 18℃～20℃,室内相对湿度为 65％左右,保持微弱光线,注意通风,保持空气新鲜。菌丝成熟需要 30～35 天,当菌丝由稀疏转为浓白、形成粗壮菌丝体、料面出现白色气生菌丝积集的菌皮、并分泌浅黄色素时,即达到生理成熟。可移入菇房,进入出菇管理。

(五)出菇管理

1. 搔菌　打开瓶或袋,搔去料面四周的老菌丝,中间高起呈馒头状,促使玉蕈原基从料面中间残存的老菌种块上长出成丛的菇蕾。搔菌后,在料面注入清水,2～3 小时后把水倒出,进行催蕾。

2. 催蕾　玉蕈菌形成原基要求较高的湿度,除了提高空气相对湿度外,可在瓶、袋口盖上干净的报纸,定期喷水,保持报纸潮湿,使料面有足够的湿度。向地面洒水,向空间喷雾,使空气相对湿度保持在 90％～95％。同时降温至 13℃～15℃,增加通风量,促其菇蕾形成。一般经过 10～15 天,可在料面形成针头状灰褐色菇蕾。

3. 育菇　出现菇蕾后,立即揭去覆盖于瓶(袋)口的报纸,使温度保持在 15℃左右。向地面洒水,向空间喷雾,切忌向菇蕾上直接喷水,使空气相对湿度保持在 90％左右。早、午、晚各通风 1 次,保持空气新鲜,使空气中二氧化碳浓度控制在 0.2％～0.4％。增强光照,使光照度达 500 勒左右,每天光照 10 小时以上。经过 2～3 天,菇蕾膨大成分枝状,接着分枝长成上尖下粗的幼菇,顶端分化出扁半球形菌盖。幼菇继续伸长,菌盖渐呈扁平状,大小 0.8～1 厘米,以后增大呈伞状,菌盖中央形成褐色斑点,边缘渐浅,为浅褐色至紫褐色,菌柄长成白色圆柱形,当菌盖长至 3.5～5 厘米时,即生长成熟可采收。玉蕈整个栽培周期为 4～5 个月。秋种冬收,1 年 1 次。

(六)采　收

采收前要进行喷水增湿,增强子实体的韧性,减少破碎。采收时以手握菌柄,将整丛轻轻拧下,防止菌盖边缘破碎,平整地放于筐内,防止压碎菇盖。

第二十四节　皱环球盖菇栽培

皱环球盖菇又名大球盖菇、褐色球盖菇。其营养丰富,经测定每 100 克干品中,含粗蛋白质 29 克,脂肪 0.66 克,碳水化合物 54.9 克,含 18 种氨基酸以及多种维生素和矿质元素,维生素 PP 的含量是甘蓝、西红柿、黄瓜的 10 倍。皱环球盖菇肉质细嫩,味鲜、柄脆,口感好。于 1992 年引进我国,系一种珍稀食用菌品种。

一、栽培季节

皱环球盖菇属中温型菇类,北方地区,春栽 2～3 月份,秋栽 8～9 月份为适期;南方地区,于秋、冬、春季均可栽培,以 9～11 月份为好。各地可根据当地气候特点安排生产,使出菇期处在气温 15℃～16℃条件下。

二、场地与设施

皱环球盖菇适宜于室外畦床栽培。选择"三阳七阴"或"二阳八阴"遮荫环境作为栽培场地,以土质肥沃、富含腐殖质的壤土为好,忌低洼和过于阴湿的场地。可以在果园、林地间套种,亦可在蔬菜大棚或与大棚蔬菜套种。畦床高30厘米,宽1.5米,长不限,床面做成龟背形,畦与畦之间留有灌水沟。

三、栽培工艺

皱环球盖菇栽培的工艺流程如下。

培养料选择与处理→铺料→播种→发菌管理→出菇管理→采收

四、栽培技术

皱环球盖菇是一种草腐菌,栽培技术与其他草腐菌有相似之处。它能很好地利用稻草、麦秸、玉米秆、木屑等植物纤维基质,无需添加其他氮素辅料,菌丝就能旺盛生长,长出子实体。

(一)培养料的选择与处理

培养料要求新鲜、干燥、不发霉、不腐烂。常用的配方有以下几种。

配方1　稻草100%或麦秸100%。

配方2　麦秸50%,高粱秆50%。

配方3　大豆秸50%,玉米秸50%。

配方4　甘蔗渣80%,木屑20%。

栽培前,将培养料充分晒干,稻草、麦秸、玉米秸等需浸水2昼夜,使其吸足水分,或将其堆成堆,每天淋水2~3次,连续淋水7天,使含水量达70%~75%。气温高时也可预堆发酵2~3天,翻堆散热后栽培。

(二)铺料与播种

先将畦床喷水淋湿,然后铺入培养料。第一层料厚8~10厘米,压实,弄平,播入菌种。接着铺第二层,厚10~15厘米,压实,均匀播种。上面盖上 1～2 厘米厚的培养料,以不见菌种为度。每平方米用干料 20～25 千克,料厚 20～25 厘米,用麦粒菌种 1 瓶。播种后料面覆盖薄膜保温保湿,也可在料面上覆 1 厘米厚的腐殖土保湿。

(三)发菌管理

1. 控制料温 皱环球盖菇菌丝生长适宜的料温为 22℃～28℃。播后 1～2 天,料温会稍有升高,若料温超过 30℃,要揭膜通风,可喷冷水降温;若料温过低,应加盖覆盖物保温。

2. 适期适量喷水 播种后 20 天内,一般不直接向畦面喷水,以保持床面覆盖物湿润为度。20 天后,畦面干燥时,应适量喷水,轻喷、勤喷,以水不漏入料内为度。

在正常情况下,播种后 2～3 天,可见菌丝萌发;4～5 天菌丝开始吃料;7～8 天,菌丝向料的四周伸展;30～35 天后,菌丝长至料层 2/3 时进行覆土。覆土选用含有腐殖质的疏松壤土,并预先进行杀虫灭菌,调节含水量为 20% 左右。覆土厚度为 3～5 厘米。覆土后保持土层湿润,15～20 天后菌丝爬上土层,将覆盖的薄膜揭开,停止喷水,加大通风量,降低湿度,使畦面菌丝倒伏,迫其由营养生长阶段转入生殖生长阶段。

(四)出菇管理

畦面菌丝倒伏后,土层内菌丝开始形成菌束,扭结成大量原基。此时应适量喷水,保持表土潮湿,空气相对湿度保持在 90%～95%,促使原基膨大形成菇蕾。从菇蕾长至成菇一般需 5～10 天。

(五)采 收

皱环球盖菇以菌盖外膜刚破裂、菌盖内卷不开伞时采收为宜。采收时,用拇指、食指和中指抓住菇的基部,轻轻扭转一下,松动后再向上拔,切勿带动周围小菇。第一潮菇后,应补足含水量再养菌出菇,经过 10～12 天,又开始出第二潮菇。整个生育期可采收 3～4 潮菇。鲜菇单产为每平方米 6～10 千克。

第二十五节　柱状田头菇栽培

柱状田头菇又名柱状环绣伞。因其自然发生在杨树上,亦称杨树菇。柱状田头菇,鲜菇口味鲜美,盖肥柄脆,干菇气味芬芳,泡水后清脆如鲜,有类似于松茸的风味,在日本又称其为柳松茸。它具有很好的保健功能,经常食用能增强记忆,提高儿童智力,还有抗癌作用。是新一代的高档珍稀食用菌,很有开发前景。

一、栽培季节

柱状田头菇属中温型菇类,对温度的适应范围较广,其菌丝体生长温度范围为 10℃～35℃,子实体生长温度范围为 16℃～32℃,以 20℃～24℃为最适宜。根据它的温度特性,在自然气候条件下,北方地区可在气温 20℃～25℃的春秋季节栽培,春栽 3～4 月份,秋栽 7～8 月份;南方全年均可栽培。

二、栽培工艺

代料栽培多采用床架式袋栽法。栽培的工艺流程如下。

培养料配制→装袋→灭菌→接种→发菌培养→出菇管理→采收

三、栽培技术

(一)培养料配制

柱状田头菇对培养料的适应能力与平菇相近,在棉籽壳、杂木屑、甘蔗渣、废棉和玉米芯等原料上均能良好地生长,其中以棉籽壳的产量为高,辅料以新鲜的麸皮、米糠、玉米粉、豆饼粉、棉籽仁粉等含氮丰富的原料为宜。常用的配方有以下几种。

配方 1 棉籽壳 87%,麸皮 11%,碳酸钙 2%。

配方 2 木屑 78%,麸皮(米糠)20%,碳酸钙 2%。

配方 3 甘蔗渣 70%,麸皮(米糠)25%,玉米粉 3%,石膏粉 1.5%,过磷酸钙 0.5%。

按配方比例,称取原料,混合,加水拌匀。含水量控制在 65%～70%,酸碱度调整至 pH 值 5～7.5。

(二)装袋与灭菌

选用宽 16～17 厘米、长 28～30 厘米的聚丙烯或低压聚乙烯塑料薄膜袋,装料至 10～13 厘米高,压实后,在料中间打 1 通气孔,深 8 厘米,套上套环,塞上棉塞(也可用绳将袋口捆紧)。装好的料袋置于 147.1 千帕高压下灭菌 1.5～2 小时,或常压灭菌温度 100℃维持 8～10 小时。

(三)接 种

灭菌后冷却到 30℃以下,按无菌操作接入菌种,每瓶菌种接 30 袋左右。

(四)发菌培养

接种后放入培养室内培养,一般温度控制在 25℃～28℃,空气相对湿度保持在 65%～70%,暗光环境,经过 30～35 天,菌丝可长满全袋,即应转入出菇管理。

(五)出菇管理

将菌袋移入出菇房,只松袋口而不开袋,排放在床架或地面上,每平方米放 80 袋,温度控制在 15℃～25℃,湿度 85%～90%,加强通风和增强光照。每天观察,当料面颜色起变化、初时出现黄水、继而呈现褐色斑块、接着长出成丛的菇蕾时,要及时打开袋口,拉直袋筒,上面盖上旧报纸或地膜,喷水保湿,促进子实体生长。一般从菇蕾到采收,需要5~7天。采完第一潮菇后,第二潮菇蕾往往在袋侧面发生,可以在菇蕾处破袋排放,以利于出菇。一旦菇蕾群生太多,可以及早疏去部分小菇蕾,促使菇体生长大小一致。

(六)采　收

柱状田头菇当菌盖开始平展、菌膜未破时采收为宜。将整丛菇采摘,然后清理料面,捏拢袋口,促使菌丝恢复。待菇蕾再次发生时,再进行出菇管理。采收2~3潮菇后,菌袋已失水较多,要给予补水,使基料水分满足出菇要求。一般可采收4~5潮菇,生物学效率为70%~100%。

第二十六节　大杯伞栽培

大杯伞又名大杯蕈。因其子实体形似杯而得名。又因风味独特,似嫩竹般的清脆,故又称为笋菇。是鲜食制罐兼宜的新品种,由福建三明真菌研究所驯化栽培成功。生物学效率可稳定在80%~120%。

一、栽培季节

大杯伞在自然界发生于6~9月间,子实体生长的适宜温度为23℃~32℃,适合夏季栽培,以4~5月份为宜。

二、栽培工艺

一般采用袋式覆土栽培。其栽培的工艺流程如下。

培养料配制→装袋→灭菌→接种→发菌管理→开袋覆土→出菇管

三、栽培技术

(一)培养料配制

大杯伞属于木腐菌,木屑、稻草、棉籽壳、甘蔗渣等多种农林副产品均可作为栽培原料。经试验,以下配方较好。

配方1 杂木屑78%,麸皮20%,糖和碳酸钙各1%。

配方2 杂木屑、甘蔗渣各39.5%,麸皮20%,碳酸钙1%。

配方3 杂木屑、棉籽壳(或废棉团)各39.5%,麸皮20%,糖和碳酸钙各1%。

培养料配制方法与其他木腐菌培养料配制方法相同。

(二)菌袋制作

配好的培养料进行装袋、灭菌和接种,其操作程序与方法同其他木腐菌。菌丝培养温度为25℃～27℃,经过25～35天可长满全袋。

(三)覆土材料准备

覆土材料用山土、田土、菜园土、泥炭土和沙均可。泥土在使用前敲成直径2厘米以下的碎块,暴晒3天,喷洒2%甲醛和0.1%敌敌畏,覆盖薄膜密封消毒,2天后打开薄膜,散尽药味后使用;河沙要拣去杂物,淘洗干净即可使用。

(四)清场消毒

大杯伞出菇季节正值夏季,温度高,湿度大,杂菌、害虫极易孳生。出菇场地应选择在阴凉通风处,地面最好是水泥或砖,以便清洗消毒。也可利用香菇栽培结束后的露地菇棚或双孢蘑菇栽培后的塑料大棚,但必须彻底清扫和通风干燥,畦面和床架用3%来苏儿消毒。菌袋搬入前用1200倍液二嗪农或

1 500倍液敌敌畏喷洒菇棚,以消灭残存害虫。

(五)出菇管理

培养好的菌袋移入出菇室,打开袋口,在料面上铺盖3～5厘米厚的覆土,将塑料袋口往下折至与土面平,然后排放在床架或地面上。室外出菇时将菌袋排在畦床上,并在袋底扎几个小孔。尔后进行喷水管理。覆土后分数次将土喷湿,并保持土壤湿润。经7～10天,从土面上冒出圆锥形的原基,1～2天后原基分化成钉头状,此时除保持土壤湿润外,应向空中勤喷雾状水,提高空气湿度。子实体进入杯形期后,应增加喷水次数,适当提高覆土层的含水量,并保持空气湿度在85％～95％。室外栽培,雨天要覆膜遮雨;气温偏低时,可盖严薄膜,提高畦内温度,通风换气和喷水选择在中午和下午进行。

(六)采　　收

大杯伞子实体出土到成熟,需4～6天。在32℃以内,温度越高,发育越快。当子实体发育到九成熟时即可采收。采菇后,清理料面,补上新的覆土。若培养料已松塌,可提起菌袋轻墩实,使菌丝互相连接。停止喷水2～3天,降低土壤含水量,促使菌丝恢复生长。此后只需保持土壤湿润,直至第二潮菇出现。整个生育期可收3～4潮菇,每潮菇间隔20～30天。头两潮菇占总产量的80％以上。

第二十七节　长根奥德蘑栽培

长根奥德蘑又名长根菇、长根金钱菌。其外形很像鸡㙡菌,在云南省民间又称其为草鸡或露水鸡㙡。其菇味鲜美,脆嫩清香,富含蛋白质和氨基酸等营养,含有长根菇素,有降血压作用,也是一种药用菌。现已驯化栽培成功。

一、栽培季节

长根奥德蘑,在自然界于夏秋之间生长在腐殖质丰富的灌木林、阔叶树林地,属中温型菇类,可以1年两季栽培,春栽3～4月份,秋栽8～9月份。

二、栽培工艺

长根奥德蘑栽培的工艺流程如下。

培养料配制→装袋→灭菌→接种→发菌管理→脱袋覆土→出菇管理→采收

三、栽培技术

(一)培养料配制

长根奥德蘑是一种木腐菌,凡适合香菇、木耳等栽培的原料均可作为其培养料。

1. 培养料配方

配方1　杂木屑75％,麸皮20％,玉米粉3％,糖1％,石膏粉1％。

配方2　棉籽壳75％,麸皮20％,玉米粉3％,糖1％,石膏粉1％。

配方3　玉米芯62％,豆秸粉30％,麸皮7％,石膏粉1％。

配方4　甘蔗渣75％,麸皮20％,玉米粉3％,糖1％,石膏粉1％。

2. 配制方法　根据当地资源选用适宜配方。称重,混合,加水拌匀。料水比为1:1.2～1.4,pH值6.5。

(二)装袋、灭菌、接种

装袋、灭菌和接种,可参照黑木耳代料袋栽法实施。

(三)发菌培养

接种后的菌袋置于 25℃ 的培养室内培养,一般经过 30 天左右菌丝可长满袋,当料面形成粉红色、菌丝密集成白色束状时,可搬到室外荫棚脱袋,埋地覆土培养。

(四)出菇管理

将已发好菌的菌袋剥去薄膜,将菌筒埋入土中,覆土厚度为 2～3 厘米,盖上薄膜保温保湿,控制温度 23℃ 左右,空气相对湿度 85%～90%。覆土应保持湿润,但不可过湿,并要注意畦面通风透气,温度高于 25℃ 应掀膜通风降温。用变温刺激,即早晚交替掀盖薄膜,以促进出菇。一般覆土后经过 25 天左右就有大量幼蕾破土而出,这时除控制温度外,应做好保湿增湿和通风换气,经过 7～10 天即可采收。

(五)采 收

当菌盖展开、孢子即将弹射时,应及时采收。一般可采收 2～3 潮菇。

第二十八节 竹荪栽培

竹荪素有"真菌之花"和"真菌皇后"的美称,是一种珍贵食用菌。过去只是采收野生竹荪,近年来,广东、贵州、云南、浙江等地相继将野生竹荪驯化变为人工栽培。目前,已形成商品化生产的竹荪有长裙竹荪、短裙竹荪、红托竹荪和棘托长裙竹荪等 4 种。竹荪因其风味独特,被视为珍贵佳肴,用竹荪烹调的竹荪芙蓉汤负有盛名。

一、栽培季节

竹荪一般春、秋季栽培。我国南北气温差距很大,应按照竹荪菌丝生长和子实体发育所要求的温度具体安排生产。以播种期气温不超过 28℃、播种后 2～3 个月气温不低于 16℃ 为宜。南方地区竹荪春栽一般为 3～5 月份,秋栽为 9～11 月份;春栽当年出菇,秋栽于翌年才能采收。

二、场地与设施

室内用床架式栽培。利用普通民房或搭简易菇房,要求通风良好,坐北朝南,冬暖夏凉,保温、保湿性能好。床架设置可仿照一般食用菌栽培,但层间距离应为 55 厘米左右,以免竹荪破蕾撒裙时顶着上层架底,而使竹荪折断。室外用荫棚畦床栽培。可选择空闲地、山坡地,郁闭的竹林或树林地。以腐殖质层厚的弱酸性砂质轻壤土为宜,畦床宽 1～1.2 米、高 25～30 厘米,床面做成龟背形,四周有排水沟,畦床上面搭荫棚防阳光直接照射。

三、栽培工艺

(一)室外畦栽

室外畦栽的工艺流程如下。

备料→铺料与播种→覆土→发菌管理→出菇管理→采收

(二)室内床栽

室内床栽的工艺流程如下。

备料→铺料入床→播种→覆土→发菌管理→出菇管理→采收

四、栽培技术

(一)原料准备

竹荪是一种腐生菌,腐生能力很强,能利用多种植物纤维素原料栽培,如竹子、树木、秸秆、野草等。竹子有竹的根、茎、叶以及竹器加工的下脚料；树木以材质坚实、边材发达的阔叶树为理想材；秸秆有棉籽壳、棉秆、玉米秸、玉米芯、大豆秸、高粱秆、葵花秆、花生壳及甘蔗渣等；野草有类芦、芒萁、芦苇、斑茅、五节芒等。经充分晒干，将其切断、切片或破碎，栽培前用 0.3％～0.5％石灰水浸泡 24～48 小时，或堆闷 8～12 小时，让其吸足水分。

（二）培养料配方

常用的配方有以下几种。

配方 1　杂木片 50％，竹子 40％，豆秸或芦苇 10％。

配方 2　棉籽壳 40％，棉花秆或高粱秆 40％，豆秸或玉米芯 19％，石膏粉 1％。

配方 3　甘蔗渣 50％，竹子或花生壳 25％，杂木片 14％，豆秸 10％，过磷酸钙 1％。

按配方要求比例，将各种原料混合均匀，含水量以 60％～70％为宜。

（三）栽培方式

1. 畦床式栽培

(1)铺料与播种　床面撒石灰粉消毒，并进行预湿，使畦床保持湿润。将配好的混合料整齐地铺在畦床面，厚度第一层 5 厘米，第二层 10 厘米，第三层 5 厘米；铺料同时播入菌种，第二层菌种量要比第一层增加 1 倍，第三层料面不播菌种。每平方米床面用培养料 25 千克，菌种 5 瓶。铺料与播种要紧密配合，做到边铺料边播种，防止料变干，影响菌丝萌发。

(2)覆土　铺料播种后，在料面覆 5 厘米厚的土。覆土以疏松透气的腐殖土为好，其次是菜园土，含水量以 18％为宜，并提前 1 周用甲醛消毒。畦面搭弓形架，覆盖塑料薄膜保温保湿。

（3）发菌管理 发菌期间注意温度、湿度和通风的调节。温度应保持在 25℃ 左右,气温低时应缩短通风时间,同时拉稀荫棚覆盖物,引光增温;气温高时应早晚揭膜通风,加厚荫棚覆盖物。发菌期一般不必喷水,保持覆土湿润即可。湿度过大,易引起菌丝腐烂,薄膜内相对湿度保持 85% 为宜。若气候干燥或温度偏高,覆土变干时,应及时喷水补湿。播种后,保持每天上午揭膜通风 1 次,时间 30 分钟。春播,随着气温升高,早晚各揭膜通风 1 次;秋播,因气温逐渐下降,可缩短通风时间。播种 10 天左右,检查菌丝萌发定植情况。若料内菌种块呈白色绒毛状,菌丝吃料 0.6～1 厘米,说明菌丝萌发定植正常;若菌种块白色菌丝不明显,且变黑,闻有臭味,说明菌种已霉烂,要及时补种。一般正常情况下,从播种到现蕾需 3 个月左右。

（4）出菇管理

①菌蕾生长期:出现菌蕾后,要增加喷水量,早、晚各喷水 1 次,以保持培养料含水量在 60%,覆土含水量不低于 20%,空气相对湿度在 90% 左右为宜。喷水同时要适量通风,保持空气新鲜。

②抽柄撒裙期:当菌蕾膨大逐渐出现顶端凸起,将要破口抽柄撒裙时,应以水分管理为主,增加喷水量,每天间歇喷雾 3 次,保持相对湿度不低于 95%,以见到薄膜内水珠向两边流,且可见中间垂滴为度。根据竹荪不同品种要求,掌握适宜温度条件,红托竹荪、长裙竹荪、短裙竹荪以 20℃～25℃ 为宜,最高不超过 30℃,棘托长裙竹荪以 25℃～32℃ 为宜。同时加强通风,防止氧气不足出现畸形,并适当调节光照强度,保持"三阳七阴"或"二阳八阴",以减少水分蒸发,有利于撒裙。

2. 床架式栽培

(1)铺料与播种　床架上铺好塑料薄膜,薄膜上打几个排水孔,接着铺入1层5厘米厚的腐殖肥土,再铺上培养料,厚约5厘米,压平压实,然后播入菌种;再以同样方法铺第二层培养料和播入菌种,第二层菌种用量要比第一层多1倍,第三层培养料以盖住菌种即可。播后料面盖上茅草保温保湿发菌,经7～10天,菌丝布满料面时覆土,厚2～3厘米。

(2)管理　菌丝生长阶段保持料土的含水量为60%～70%,温度控制在23℃～28℃为宜。其他管理方法可参考畦床式栽培。

3. 竹蔸栽培法　竹蔸栽培,即林地无料仿生栽培。选择郁蔽度高、竹蔸未挖除的老竹林为栽培场地,以避风、土层较深厚的缓坡地段,土壤以砂质壤土,偏酸性的为好。一般在秋末冬初播种,当年不出荪,待翌年初夏出荪。栽培前整地除草,选择伐后2～3年或以上的竹蔸作为栽培点。在竹蔸所处的坡向上方,紧贴蔸边挖深15～20厘米、直径10厘米的穴,穴内填腐竹叶厚约5厘米,然后撒上1层菌种,再填入1层腐竹叶,再播1层菌种,照此播种3层。最后用腐竹叶与挖出的土覆盖2～3厘米厚,轻轻踏实。菌种用量约0.5千克。雨天栽种不用浇水,久晴不雨土壤干燥时,需在栽培穴上方适量浇水。播种后1个月内不要去松动种穴,遇干旱可在竹蔸边围浇水,每周2～3次。越冬后的菌丝在温度适宜的条件下很快向四周蔓延伸展,形成粗壮的菌丝束和菌索,有的附着在竹蔸须根上,有的沿竹根向远处伸展。4个月左右的菌索先端形成小菌蕾,此时应加强水分管理,雨水充足时不必浇水,天旱时要适时浇水补足水分。水分充足才能保证菌蕾正常生长,缺水使菌蕾不能完全分化而枯萎死亡。梅雨期间是竹荪大量出蕾开裙期,要注意及时采摘鲜荪。

（四）采　收

竹荪开裙至菌柄一半长度时采摘为宜。采收时用刀从菌托基部切断菌索,尽量避免把成熟孢液粘污在菌裙、菌柄上。

第二十九节　灵芝栽培

灵芝系药用真菌,自古以来就是中华医学宝库中的珍品。灵芝具有镇静、安神、强心、抗心肌缺血、降低血脂、抗缺氧、抗过敏、平喘、保肝、抗肿瘤、抗放射、增强免疫和抗衰老等药理功效。近年来,灵芝已成为健康和美容食品。我国灵芝保健产品也已陆续问世,如食品类灵芝茶、灵芝保健酒、灵芝枣汁以及化妆品灵芝洗面奶等。发展灵芝栽培具有广阔的市场前景。

一、栽培季节

灵芝喜高温,出芝的适宜温度为 25℃～28℃。北方地区以夏季栽培为宜,栽培适期以 4～6 月份为好;南方地区冬、春季栽培,在 11～12 月份或翌年 2～3 月份进行。在气温较低时,接种成品率较高。

二、场地与设施

灵芝段木栽培以搭建荫棚为主,代料栽培以建造地棚为主。详见第三章第一节栽培设施。

三、栽培工艺

灵芝栽培可采用段木栽培,也可代料栽培。

（一）段木栽培法

灵芝段木栽培的工艺流程如下。

原木砍伐→截段→装袋→灭菌→接种→堆棒发菌→脱袋覆土→出芝管理→采收

（二）代料栽培法

灵芝代料栽培的工艺流程如下。

原料准备→培养料配制→装袋→灭菌→接种→发菌培养→出芝管理→采收

四、栽培技术

（一）短段木栽培法

1. 树种的选择　选用阔叶树种，以木质较硬、不含有挥发油和杀菌物质的壳斗科树为好。树木直径8～12厘米。

2. 原木砍伐与截段　在冬季"三九"时采伐，接种前1周截成段木。段木长10～12厘米。大口径原木截段可略短些，小口径原木可略长些。截段时要求长短一致，断面平整，以免操作时刺破塑料袋。段木含水量38%～45%，以断面中部有1～2厘米裂痕为宜。

3. 装袋、灭菌、接种　段木按直径大小分别打捆后，使断面两头平整，然后装入18厘米×20厘米塑料袋内，扎紧袋口。整齐地以堆叠式排放在常压蒸锅内，灭菌8～10小时，冷却至30℃时按无菌操作接种，将菌种铺满于段木两端的横断面。接种量为每立方米段木用菌种80～100瓶。

4. 堆棒发菌　接种的段木置于20℃～25℃，空气湿度65%左右，黑暗或弱光的环境下培养。堆高1米左右，长度随意，堆与堆之间留宽50厘米的作业道，以利通风。培养期间，每隔6～7天翻堆1次，使其发菌均匀。经过一段时间培养后，

346

袋内空气不能满足菌丝生长,这时应进行开袋培养,补足空气,以控制表层菌丝生长量,促进段木内部菌丝生长和发育。培养经过1个月左右,菌丝即可长满木段,成为菌棒。

5. 脱袋覆土 在"三阳七阴"的荫棚内,做成宽1.5米、深20厘米、长度不限的畦床,将发好菌的菌棒接种面向上,立排于畦床内,排立要平整,间隔4～5厘米,排列后即覆河沙(30%细土)3～4厘米厚,间隙也用河沙填实。覆土后喷1次透水,盖上薄膜和遮阳网。

6. 出芝管理 菌棒覆土后,向畦面重喷2～3次水,使畦床和菌棒有充足的水分,满足出芽需要。棚温控制在28℃～30℃,一般15～20天可见芝芽出土,这时,保持空气湿度60%～70%,减少通风次数,促其芝蕾伸长形成芝柄,同时给予较强的散射光,光照度为1 000～1 500勒,以利芝蕾顺利分化。待芝柄长到5～6厘米时,要及时加大通风量,空气湿度保持在85%～90%,促使芝体迅速生长。当芝盖分化5厘米直径后,给予偏干管理,加强通风,使畦床和菌棒的湿度偏干,而且空气相对湿度亦要偏干,这样可以降低芝体生长速度,增加芝盖的致密度,使芝体外观匀称美观,质密体重。喷水时,将喷雾器的喷头朝上,使雾滴自由降落,避免泥沙溅起粘在芝柄和芝盖底部,造成盖底褐斑和泥沙包入菌管层内,影响芝体品质。出芝时要求较强的光照,以300～700勒为宜。在温度、湿度适宜的情况下,从菌棒覆土至采收为140～150天。当大部分芝盖边缘由黄白色变成红褐色时,要减少喷水次数,采收前10～15天停止喷水。采收时注意不要触摸芝底,以免留下痕迹,头潮芝采收后,应马上喷水补湿,防止茬口变干。一般经过7天后,在上潮灵芝茬口或柄蒂基部又长出乳白色馒头状原基,接着进行出芝管理。

（二）代料栽培法

灵芝代料栽培有瓶栽和袋栽两种，可以室内栽培，亦可室外栽培。室内栽培，设备投资大，成本高，在管理上往往因通风条件不良，芝体容易发生畸形，产量和质量均不稳定。而室外栽培，是参照野生灵芝的生态环境，不仅设备简单，管理方便，生产成本低，且出芝整齐，芝形正常，芝盖厚大，芝柄短，色泽纯一，商品性状好，产量高。下面重点介绍灵芝代料仿野生栽培法。

1. 原料准备　常用原料为棉籽壳、木屑、麸皮等，要求新鲜，无霉变，无结块，无虫蛀。使用前在阳光下暴晒1～2天。

2. 培养料配制

（1）培养料配方　常用的培养料配方有以下3种。

配方1　棉籽壳100千克，玉米粉3千克，麸皮12千克，石膏1千克，水150升，拌匀。

配方2　棉籽壳84％，麸皮15％，石膏1％。料水比为1：1.4～1.5。

配方3　棉籽壳42％，木屑42％，麸皮15％，石膏1％。料水比为1：1.4～1.5。

（2）配制方法　按照配方要求的比例，准确称料，然后加入清水拌料，使料水混合均匀。含水量以55％～60％为适宜。

3. 装袋、灭菌与接种　配制好的培养料，经堆闷1～2小时，让料内吸足水分后，就应立即装袋。装袋的方法是取宽17厘米、长35厘米、厚0.04毫米的低压高密度聚乙烯塑料筒，先用线绳把筒的一头扎好，接着用手将培养料装入筒内，边装料边压实，使袋壁光滑而无空隙，装料接近筒口时，把筒口合拢用绳扎紧。一般每袋装干料300～500克。

料袋装好后，应立即进行灭菌。采用常压蒸锅灭菌，在温度达到 100℃以后,继续保持 8～10 小时,就可达到灭菌要求。灭菌时间达到 8～10 小时后,要闷置一段时间,使锅内温度下降后,方可打开蒸锅,趁热将料袋放入接种室内。在搬运料袋时,应轻拿轻放,防止硬物把袋扎破。

在料袋温度降至 30℃时进行接种。接种时,由 2 人配合操作,一人打开料袋两头扎口,一人分别接入菌种,然后再把袋口扎好。接种时动作力求迅速,以减少操作过程中杂菌污染的机会。

4. 发菌培养 接种后的料袋,多层堆放在培养室的床架上,保持温度在 25℃～30℃,空气相对湿度保持 60%～70%,定期通风换气,保持空气新鲜。培养前期,保持黑暗环境,以利菌丝生长,后期给予适当光照,以利芝芽形成。当菌丝封住料面,并向料内生长 5～6 厘米时,解开袋口扎绳,让空气通过袋口缝隙进入袋内,以促使菌丝生长。在适宜条件下,经过 30 天左右,菌丝长满全袋后转入出芝管理。

5. 出芝管理

(1)出芝方式 可采用堆积两头出芝和覆土出芝两种方式。

①堆积两头出芝:将发好菌的芝袋整齐排放在畦床上,两头朝外,堆高 5～7 层。当芝袋两头表面转色、见有白色突起的芝蕾时,剪开两头薄膜口,让空气进入,促进芝蕾生长。薄膜口的大小,以不超过 2 厘米为宜,切勿把袋口薄膜全部撑开,以免造成芝袋失水,影响子实体形成。

②覆土出芝:畦床挖土深 25～30 厘米,将发满菌的芝袋脱去塑料薄膜,竖立排放在畦床内,袋与袋之间留 3～5 厘米空隙,中间填满富含腐殖质的菜园土,袋的顶部再撒上 2 厘米厚的土,土层上面再撒 1 层大粒沙子。覆土后,向畦内灌水,使

畦床湿透,促使菌丝尽快扭结。覆土后7～10天即现芝蕾。

(2)管理要求　在芝芽出现后要注意做好疏蕾和温度、湿度、光照、通风等小气候条件的调节。

①疏蕾:芝袋料面有多个芝蕾出现时,用消毒剪刀剪去一些,每袋只保留2～3个芝蕾,使养分集中长出大芝。

②调节温度:温度保持在25℃～28℃,高于29℃或低于22℃芝体生长明显减慢,出现减产趋势。盛夏高温季节,温度过高时,可在棚外覆盖物上喷洒井水以降低棚内温度。在出芝的适宜温度范围内,温度适当低一些(25℃～26℃),芝体生长稍慢,但质地紧密,芝盖发育良好,色泽光亮,盖厚,芝的商品质量好。

③增高湿度:灵芝芝芽发生后,芝棚内必须有较高的湿度,才能促使芝芽表面细胞的正常分化。出芝期间,应每天定时向棚内喷雾状水,同时在畦内灌水,保持畦土潮湿,使棚内相对湿度保持在80%～90%之间。喷水时注意不让泥土溅在芝盖上,以保持芝盖洁净。

④增强光照:灵芝芝芽形成后,芝柄的生长和芝盖的分化与光照有直接关系。增强光照,芝盖形成快,芝柄短,芝盖细胞壁沉积的色素增多,芝盖色深而有光泽。光照强度以棚内能阅读书报为度。灵芝具有向光生长的特性,出芝期间不要随便移动芝袋的位置和改变光源,否则会影响正常生长发育。

⑤加强通风:灵芝发育对二氧化碳很敏感。芝棚内二氧化碳浓度超过0.1%时,灵芝只长芝柄不长芝盖,形成分枝状畸形的"鹿角芝"。因此,出芝期间应适时对芝棚进行通风换气,保持空气新鲜,以防止畸形芝发生。

6.采收　当芝盖边缘白色生长圈消失转为棕褐色、并有大量孢子吸附在芝盖上时即可采收。采收前5天停止喷水,以便芝盖上吸附更多孢子和减少芝体含水量。采收时用果树剪从芝柄基部将芝整朵剪下,然后除去杂物。

7. **采收后管理** 代料栽培灵芝,一般可采收两潮芝。采芝后除仍按发菌管理要求进行外,还应着重注意做好补水工作。经过 2 周后的管理可继续长出二潮芝。

第三十节　茯苓栽培

茯苓是药、食兼用菌。其菌核是我国名贵中药材,具有利尿、健脾、安神之功效,在中药中用途很广,被誉为"仙药之上品"。茯苓又是著名的营养滋补品,用茯苓制作的食品,如茯苓饼、茯苓酥、茯苓糕等,深受消费者喜爱。

一、栽培季节

目前,茯苓栽培以露地栽培为主,每年 5～7 月份,当气温稳定在 15℃以上时为适宜栽培期。

二、栽培工艺

栽培茯苓的方法有段木栽培法和树蔸栽培法。

(一)段木栽培法

茯苓段木栽培的工艺流程如下。

选树种→砍树→削料→堆垛→干燥→做畦挖窖→下料与接种→管理→采收

(二)树蔸栽培法

茯苓树蔸栽培的工艺流程如下。

选松蔸与场地→挖蔸→接种→管理→采收

三、栽培技术

（一）段木栽培法

1. **选好树种**　可选用各种松树,以马尾松和赤松为好,胸径 15～35 厘米的中龄树为宜。

2. **适时砍伐**　一般在立冬至大寒节气期间砍伐,树砍后应立即削去枝权,使松木干燥。

3. **削料处理**　干燥后的松树进行削料处理,俗称削皮留筋。做法是:将松木截成 80～100 厘米长的段木,再用利刀从树基部向树梢部纵向削去 3 厘米左右宽的 1 条树皮。削皮时,要削去形成层以外的栓皮及韧皮部,以见到白色木质部为准。以后隔 3 厘米再削去 1 条树皮。两条削皮区间留下的树皮即称留筋。削皮和留筋的数量大致相同,呈相间排列,一般削皮和留筋 3～7 条。削皮有利于段木脱水干燥,溢出松油,同时也有利于茯苓菌丝较快伸入皮下和木质部。留筋部分则有利于结苓,并能保护菌丝抵抗不良环境。

4. **堆垛干燥**　在苓场附近的通风向阳处,段木按"井"字形排码堆放,高 1～1.5 米,盖上塑料薄膜或草帘,防止雨淋。待段木干燥、见有细小裂纹、手击发出"咚咚"响声、含水量在 20％左右时,即可接种。

5. **建苓场**　选择地势较高、坐北朝南、背风向阳、排水良好、疏松的砂质土壤,坡度以 15°～30°为适,清除场地的杂草、树根、石块,翻地 0.3～0.5 米深,四周开挖排水沟。

6. **下料与接种**　选择晴朗天气挖窖下料接种。其做法是:按山坡做畦,由下而上或由上而下挖窖,窖深 50 厘米、宽 50 厘米、长 100 厘米,窖底泥土挖松 8～10 厘米。在窖底及四周撒灭蚁药物防白蚁。一般每窖下料 3 段,以干重 15～20 千克为宜。窖底平放 2 根段木,将 2 根段木留皮处紧靠一起,然后顺着它们的夹缝将菌种放上,再将另 1 根段木削皮处紧压于上,最后覆土 10 厘米左右,表面做成龟背形。

7. 管理　段木下窖接种后,应防止雨水浸渍。窖内水分多,覆土透气性差,菌丝会受到抑制或因水大而溺死,必须及时修沟排水。接种后 7~15 天需进行检查,察看菌丝是否萌发。如未萌发,要及时补种。要调节好水分和空气,遇干旱时要培土保湿,遇雨季时要清理好排水沟,防窖过湿缺氧引起烂苓或段木外露而影响结苓。接种后 2~3 个月,窖内可出现菌核,开始结苓。结苓期间地面开裂,茯苓菌核容易外露被晒,要经常培土。茯苓菌核成长时,正值秋季,北方多干旱,可培土或以树枝杂草遮盖保湿。

8. 采收　茯苓接种后一般 12~14 个月才能采收。当窖面不再出现裂缝、茯苓菌核表面变硬、呈黄褐色、无白裂花纹时,说明已经成熟,应及时采收,以免腐烂。

(二)树蔸栽培法

松树蔸栽培茯苓,方法简单,技术易掌握,产量较高,1 蔸直径 20 厘米的松蔸可收获茯苓菌核 2~5 千克。栽培技术要点如下。

1. 选择松蔸和场地　选择当年砍伐、蔸体粗大、直径在 20 厘米以上、未腐烂、无虫蛀、根皮完整的松树蔸,所处土壤酸性、疏松,地势缓坡不积水,阳光照射充足。

2. 挖蔸与防病虫　接种前 1~3 个月,清除树蔸周围 2 米以内的杂草、树根和杂物。接种前深翻 50 厘米左右,使松蔸底部露在空气中,再将树蔸 1 米以外的树根砍断,然后对松蔸主体和大的侧根削皮留筋,每隔 3 厘米剥去 1 圈树皮,任其溢出松脂和自然干燥,结合翻土喷施药剂防杂菌和灭蚁,药剂勿与树根接触,以防药害。

3. 接种　茯苓菌丝生长的适宜温度是 20℃～30℃,当气温稳定在 20℃以上的 4～5 月份接种为宜。接种时在松蔸近根处的留皮部位砍 1 个深 1～1.5 厘米的口,将种木片嵌在口内并捆紧,再用湿草纸包好,盖上 4～7 厘米厚的疏松土,呈馒头形。菌种用量视树蔸大小而定,直径 30 厘米以下用 0.5～1 瓶,30～35 厘米的用 1～1.5 瓶,35～40 厘米的用 2～2.5 瓶。

4. 管理　接种 10 天后,轻轻扒开表土,露出种木片,若种木片菌丝洁白并开始向松蔸延伸,说明菌丝成活良好,按原样盖好覆土;若种木片菌丝不萌发或污染杂菌,可将其取出并另砍新口补接菌种。接种后头 10 天,遇久雨或大雨,应用塑料薄膜覆盖接种部位,雨后要清沟排渍。秋旱季节,旱情严重时可于早晚进行浇水。接种后 25 天左右,菌丝在松蔸上生长量可达 2 厘米×30 厘米,以后逐渐向松蔸组织内蔓延生长,约 3 个月菌丝可长满整个松蔸,开始扭结形成小菌核。随着小菌核的膨大,表土出现裂纹,为防止菌核顶破土层外露被日晒炸裂和遭雨淋腐烂,应及时培土,厚度以菌核不露出为宜。一般接种 10 个月后,扒土观察,苓蒂已经脱落,菌核表皮颜色变深,表明茯苓菌核成熟,即可采收。

第三十一节　杏鲍菇栽培

杏鲍菇(*Pleurotus eryngii*)学名刺芹侧耳,其子实体内含丰富的氨基酸及矿质元素等对人体有益的营养成分,质地脆嫩,食之脆滑爽口,味如鲍鱼,且有杏仁余香,深得消费者喜爱,是侧耳属中味道最好的品种之一,因其味道鲜美、菇体乳白、形态挺拔,在国外又有“王子菇”的美称。由于菌肉组织质地紧密,使其具有较好的耐贮、耐运特性,鲜品保质期及货架寿命较其他品种延长,具有良好的市场商品性能。因此,近几年杏鲍菇成为在菇品市场迅速"崛起"的主流品种,也成为市场回报率较高的生产新品种。

一、栽培季节

杏鲍菇菌丝生长最适宜的温度是 25℃左右,其生长范围在 5℃～35℃之间。原基形成温度是 8℃～18℃,最适温度 10℃～15℃。子实体发育适宜温度一般是 15℃～21℃,但有的菌株不耐高温,以 10℃～17℃为宜。

杏鲍菇的栽培季节应根据各地气温和出菇温度来安排栽培季节。我国不同地区具体生产季节安排建议见表 5-12。

表 5-12 不同地区的杏鲍菇生产安排时间表

不同区域	长江以南		长江以北	
	高海拔地区	中海拔地区	夏 菇	秋冬菇
季节安排	7月下旬制母种	8月上旬制母种	1月上旬制母种	6月上旬制母种
	7月底制原种	8月中旬制原种	1月中旬制原种	6月下旬制原种
	8月底制栽培种	9月中制栽培种	2月中制栽培种	7月制栽培种
	9月底制栽培袋	10月中制栽培袋	3月中制栽培袋	8月底制栽培袋

由表 5-12 可以看出,制种期往往处于自然气候的高温期,菌种被污染的可能性较大,培养室内最好增设空调、通气扇等设施。

二、场地与设施

杏鲍菇的出菇方式有床架式和覆土式,覆土栽培产量明显高于床架式栽培,但品质不如床架式栽培的优质,且含水量高,不利于产品保鲜。因此,这种方式已逐渐被淘汰。最方便和适用的是塑料袋栽培方式。

室内栽培可利用空闲房屋,室外栽培可建阳畦、塑料大棚、阴棚等设施,也可以将蔬菜大棚做适当改造,开设通气孔。在自然条件下栽培杏鲍菇,一般要求菇房面积控制在 100 平方米左右,以利于保温保湿。

三、栽培工艺

杏鲍菇栽培常用袋式栽培法。其工艺流程如下。

原料准备→培养料配制→装袋→灭菌→接种和发菌管理→菌袋上架→出菇管理→采收

四、栽培技术

(一)原料的选择与处理

杏鲍菇生产首选棉籽壳作主料,其次可选一些材质软硬适中的阔叶树木屑,如杨树、榆树、栎树、柞树等。杏鲍菇在玉米芯和作物秸秆基质上生长不佳,故生产中添加量要少。生产中还应加一些辅料,补充培养料营养,调整碳氮比。杏鲍菇适宜的辅料有麦麸、棉籽饼、玉米粉,麦麸含量不宜低于辅料的60%,其余选用棉籽饼最好,其次为玉米粉。此外还需要石膏粉、碳酸钙等矿质元素。

杂木屑粉碎后应堆积发酵 30 天左右才能使用,而且堆积后的木屑应充分晒干后使用效果更佳。木屑粒大小以 2~4 毫米较为合适。棉籽壳、玉米芯最好预湿,即用 1% 石灰水将其浸泡 24 小时,使其充分吸足水分,有利于培养基中的养分平均分配,使出菇整齐。

（二）培养料制备

配方 1　棉籽壳 45％，杂木屑 35％，麦麸 12％，豆饼粉 2％，玉米粉 3％，石膏 2％，石灰 1％。

配方 2　棉籽壳 57％，杂木屑 20％，麦麸 10％，棉籽饼 9.5％，石膏 1.5％，碳酸钙 1％，糖 1％。

配方 3　棉籽壳 40％，杂木屑 38％，麸皮 20％，碳酸钙 2％。

配方 4　棉籽壳 79％，麸皮 15％，玉米面 3％，磷酸二铵 1％，石灰 1％，红糖 1％。

配方 5　杂木屑 48％，棉籽壳 22％，麦皮 25％，玉米粉 3％，白糖 1％，碳酸钙 1％。

配方 6　杂木屑 45％，秸秆粉或玉米芯 25％，麦皮 25％，玉米粉 3％，白糖 1％，碳酸钙 1％。

以上各组培养基 pH 值控制在 6.5～7.5。掌握适宜的料水比，气温低、空气湿度小时，以 1∶1.3～1.4 为宜；气温高、湿度大时，以 1∶1.2～1.3 为宜。料拌好后，最好将培养料堆积发酵处理，方法同前面章节所述。如不经发酵处理，至少堆闷 2 小时以上，让培养料吃透水后，再装袋灭菌。

（三）装　袋

选择塑袋规格 15～17 厘米×33 厘米，每袋装干料 350～400 克。装料时要使菌袋上下均匀，松紧一致。建议使用装袋机由专人进行操作，可在较短时间内完成作业，以便尽快进入灭菌工序，料袋灭菌前如果长时间置于常温下，会造成基料酸败，耽误生产。

（四）灭　菌

灭菌方式可以采用高压蒸气灭菌，也可以采用常压灭菌方式。常压灭菌料温达到 100℃，保温时间视装袋量而定。装量 4 000 袋时,一般保温不低于 18 小时,装袋量多时要适当延长灭菌时间。特别要注意的是,常压灭菌应采用框箱式蒸气灭菌,即把菌袋放在框箱内,一框一框叠放在灭菌池(包)内,中间留通气道,采用这种灭菌方式可以大大提高杏鲍菇的制袋成品率。

(五)接种和发菌

料袋冷却至 30℃ 以下时,使用烟雾熏蒸剂消毒,40 分钟后可进行接种。

培养室启用前应严格消毒,门窗及通风孔均装高密度窗纱,以防害虫进入。接种后的菌袋移入后,置培养架上码 3～5 层,不可过高,尤其气温高于 30℃ 时更应注意,严防发菌期间菌袋产热,发菌期间要定期倒垛,既保持发菌一致,又可以防止"烧菌"。室内温度高时,采取地面、墙体浇水及空中喷水等方式,使室温尽量降低。冬季则相反,应尽量使室温升高并保持稳定。发菌温度应调控在 15℃～30℃,最适 25℃。培养室空气相对湿度 70% 左右,并有少量通风。一般 40～45 天菌丝可发满袋。

杏鲍菇菌丝发育成熟的栽培袋不仅产量高,而且菇体质量好,抗病虫害的能力也较强。根据实践经验,杏鲍菇菌丝达到生理成熟主要从长势、色泽、pH 值三个方面来判断。首先杏鲍菇栽培袋的培养料必须长满菌丝。当菌丝发满袋后再继续培养 10 天左右,使其营养成分得到更充足的积累。如果培养时间虽然很长,但由于温度、通风等原因菌丝未长满菌袋,则未达到生理成熟,不能进入出菇管理。从色泽上进行判断,当菌丝长满袋后,在菌袋原种接入部位不断分泌出黄色水珠,用 pH 试纸测试,黄色水珠的 pH 值在 4 左右,说明菌丝已达到生理成熟。

(六)出菇管理

利用自然温度在塑料大棚出菇时,宜在气温 8℃~25℃ 时进行,这样,经升温保温,棚温可保持在 12℃左右;或加厚覆盖,喷水降温,降至 20℃以下,该温度范围内,一般可满足杏鲍菇子实体生长需要。

河北省微生物研究所科研人员通过栽培实验,采用系统分析和归纳统计的方法,总结出了指导杏鲍菇生产的细化管理技术,在此作一介绍。

1. 生理成熟期 适宜温度下(25℃左右),出菇棒长满菌丝后再继续培养 12~15 天,使养分得到充足积累。菌丝成熟的标准是接种部位分泌出黄色水珠,用 pH 试纸测试,pH 值 4~5,即可进入催蕾管理。

2. 催蕾期 控制温度 10℃~18℃,空气相对湿度 80%~90%,适当增加散射光;每天通风 2~3 次,每次 30 分钟,经过 8~12 天就可以形成原基并分化成幼蕾。在这个时期菌棒袋口不必急于挽起或剪去,采用"二次开口法",进行保护性催蕾管理,即解开菌袋两头扎口绳,并将袋口部分稍微拉直,使待出菇的料面与袋口之间留有 1 个既与外界有一定通透性又能起到缓冲作用的空间,以抵御外界环境剧烈变化和不良因素对菇蕾可能造成的危害,待菇蕾进入幼菇期时,再将袋口挽起或剪去。

3. 幼蕾期 控制温度在 12℃~18℃,提高空气相对湿度为 90%~95%,要有散射光及少量通风,保持棚内凉爽、高空气相对湿度、弱光照及空气清新,经 2~4 天,幼蕾分化为幼菇。

4. 幼菇期 保持稳定的温度、空气相对湿度和空气等条件,适当增加光照,经 2 天左右,即转入成菇期。棚温不能超过

20℃,否则会造成幼菇蕾萎缩死亡。

5. 成菇期 温度控制在16℃左右,空气相对湿度85%～90%,光照度稍减弱,加大通风,但防止温差较大的风直吹子实体。

6. 采收 当子实体基本长大、基部隆起但不松软、菌盖边缘稍有下内卷、但尚未弹射孢子时,此时大约八成熟,可及时采收。

7. 采后管理 将出菇料面清理干净,喷洒"菇大夫"修复菌丝生长,降低空气相对湿度,提高棚温,遮光,促使菌丝恢复生长;当接种口料面再现原基后,可重复出菇管理,一般可收2～3潮菇。

第三十二节 白灵菇栽培

白灵菇学名为白灵侧耳(*Pleurotus nebrodensis*),又名天山神菇、白灵芝菇,最早在我国新疆地区驯化栽培。子实体掌形至马蹄形,以色泽洁白、形似灵芝而得名。白灵菇属珍稀食用菌品种,也是我国具有自主知识产权的品种。白灵菇营养价值高,其蛋白质含量高,氨基酸含量丰富,尤其是谷氨酸和精氨酸含量特别高,含有维生素D及各种矿质元素。白灵菇肉质肥厚,质嫩味鲜,耐远距离运输,单朵鲜重50～160克,大的可达600～800克,极受市场欢迎,是一种极具开发前景的食用菌高档品种。但白灵菇的栽培历史较短,人工栽培技术尚未完善,存在易污染、生物转化率低等困难。

一、栽培季节

白灵菇是典型的低温条件下变温结实型食用菌。白灵菇菌袋在温度由低转高的环境下,或日夜温差较大的条件下,较易分化形成子实体原基。在低温条件下,子实体菌盖更肥大,菇肉更肥厚结实,但生长较慢,且不易开伞,较耐贮放;在较高的温度条件下,菌柄较长,菌盖易开伞,子实体较瘦小,易发黄。实验证明,白灵菇菌丝生长的温度范围为5℃～32℃,适宜温度为20℃～27℃,最适温度为24℃～26℃,35℃～38℃时停止生长。人工栽培条件下,原基形成需低温刺激,以0℃～13℃最有利,3℃～26℃均可形成子实体,而以13℃～18℃生长品质最佳。子实体在0℃左右也能缓慢生长,超过20℃生长不良,特别是在23℃以上,高温高湿条件下极易造成菇体腐烂。

白灵菇从母种制原种要40～60天,栽培袋接种后到出菇要100～120天。由于白灵菇菌丝长满菌袋以后,需经历后熟期培养才能出菇,因此,生产季节应较其他品种提前。在自然气候条件下,以冬季至翌年春季出菇较为理想。所以,在黄河以北地区原种生产安排在5～6月份,栽培袋生产安排在7～8月份,这样就可以利用冬季的自然气候,在12月份出菇,翌年4月份结束;长江流域及以南地区在8月中旬制栽培袋,12月份至翌年2月份出菇。

近年有报道说自然选育出白灵菇高温型品种,无需后熟和低温刺激即可出菇。在5℃～31℃都能出菇,但在低温条件下出菇不正常,易出现畸形菇,色泽异常。高温品种填补了高温季节的市场空白,但并非白灵菇栽培的主流品种,生产者应谨慎选择品种,合理安排生产季节。

二、场地与设施

白灵菇的出菇场地有多种,如塑料大棚、日光温室、简易塑料大棚、大田中小拱棚、半地下式塑料大棚、民房、山洞、库房、废旧厂房等都可以作为白灵菇的出菇场地。自然条件生产方式下,不同的季节使用不同的栽培场地和设施,可以实现春、秋、冬三季出菇。为提高空间的利用率,棚内可设计木(竹)制层架,层与层间隔 0.5 米,一般设 5～6 层,层架行距80 厘米,每层放菌袋 3～4 层。

三、栽培工艺

白灵菇主要采用塑料袋熟料栽培方式。栽培时选用低压聚乙稀筒料,规格为直径 17～18 厘米,厚度 0.04 厘米,长35～38 厘米。生产使用比较普遍的有立式栽培(单头或双头出菇)和覆土栽培(平面或菌墙式)两大模式。其工艺流程如下。

原料准备 ⟶ 培养料配制、分装 ⟶ 灭菌 ⟶ 接种和发菌管理 ⟶

后熟 ⟶ 菌袋上架 ⟶ 低温催菇 ⟶ 出菇管理 ⟶ 采收
　　 ⟶ 菌袋覆土 ⟶

四、栽培技术

(一)原料的选择与处理

可选用棉籽壳、阔叶木屑、玉米芯、稻草、甘蔗渣等作主料,单一或混合栽培。据山东省寿光市食用菌研究所试验,用棉籽壳为主料栽培白灵菇产量最高。生产中为了提高产量,还要加入一定量的辅料如麸皮、玉米粉、黄豆粉、过磷酸钙、碳酸钙和石膏粉等,可使菌丝生长更加浓密,以提高产量、改进品质。由于白灵菇菌丝分解能力差,生长慢,一般采用将原料先进行发酵处理、再装袋高温灭菌的方式,经过这样处理,菌丝定植快,生长速度快,营养被菌丝吸收快,产量高。发酵方法见前面章节介绍。

(二)培养料配方

配方 1 棉籽壳 83%,麦麸 15%,糖 1%,石膏 1%。

配方 2 玉米芯(或木屑、甘蔗渣)40%,棉籽壳 40%,麸皮 10%,玉米粉 9%,石膏 1%。

配方 3 棉籽壳 55%,玉米芯 20%,麦麸 20%,玉米粉 3%,糖 1%,石膏 1%。

配方 4 棉籽壳 87%,麦麸 7%,玉米粉 3%,石膏 1%,石灰 1%,过磷酸钙 0.8%,菇大夫 0.2%。

配方 5 杂木屑 68%,棉籽壳 10%,麸皮 20%,红糖 1%,磷酸钙 1%。

配方 6 稻草 57%,水屑 13%,棉籽壳 10%,麦麸 10%,玉米粉 8%,糖 1%,石膏 1%。

以上各组培养基 pH 值控制在 6.5～7.5。高温季节为了减少杂菌污染,可将上述配方的糖换成石灰,含水量 58%～60%。低温季节加入 1%糖可利于菌种的定植,并可将含水量提高至 65%,以加快菌丝生长。

(三)装袋与灭菌

白灵菇装袋时料不可装得过紧,应松紧适度,上下均匀。每袋装干料 400～450 克。其他方法同杏鲍菇。

(四)接种和发菌

料袋冷却至 30℃以下,使用烟雾熏蒸剂消毒,40 分钟后可进行接种。培养室使用前要严格消毒,门窗及通风孔均安装高密度窗纱。接种完毕将料袋移入培养室发菌,料袋搬运过程中应轻拿轻放,以免将料袋弄破造成污染。出菇袋发菌季节气温高,料袋堆放层数不宜太多,一般以 2～3 层为宜。为了降低料袋发菌时的温度,也可在2层料袋中间放2根光滑的细竹竿,以利于层与层之间通风。发菌期间室温应控制在25℃～28℃之间,空气相对湿度应控制在75%以下,避光培养。同时要严防害虫。

(五)后熟期管理

白灵菇菌丝满袋后不能立即出菇,此时菌袋松软,菌丝稀疏,应再培养30～40天,使菌丝浓白结实,达到生理成熟,才能进行出菇,该过程即为菌丝后熟期。从栽培经验看,发菌期温度适宜,生理后熟期相对短些,但最少也需要30天左右;发菌期温度偏低时,生理后熟期相应延长。

生理后熟期的管理重点在于控制环境的温度、湿度和光照。环境温度以18℃～22℃为宜,料温不能超过28℃;每天通风1～2小时,给予暗光,否则形成较厚的菌皮消耗养分,菌丝不利于日后子实体的高产优质。经过后熟处理的白灵菇菌丝洁白、浓密,菌袋坚实,积累了足够的养分,达到生理成熟,可以移入出菇棚进行催蕾和出菇管理。

(六)催蕾管理

白灵菇出菇时必须有低温刺激才能现蕾,否则,即使勉强现蕾,也很不集中,产量很低。方法是菌袋进入菇棚后,给予1～2周的低温刺激,然后再给予正常的温差刺激。低温刺激催蕾在4℃～6℃的冷库中进行,一般仅需5～7天。但在实际生产中,主要靠栽培场所自然形成的温差,即靠门窗和覆盖物的调节人为制造较大温差。利于出菇的温差刺激最好大于10℃,否则催蕾效果不显著。同时,白天给予散射光刺激;增加通风量,每天通风2～3小时;空气相对湿度保持在80%以上。经过10～15天连续的温差刺激,菌袋即可现蕾,且出菇整齐。

（七）出菇管理

1. 出菇管理方法 白灵菇喜低温和干燥,而不耐高温高湿。出菇期管理切忌高温高湿,并控制干湿适当的交替。

低温刺激后菌袋中会出现白色团块状、齿轮状的原基。这时应及时揭开袋口扎绳或将原基发生处的袋膜用小刀划破,棚内湿度维持在95%,尽量不通风,避免菌袋口干燥。此时,光线不能过强,过强的散射光易使菌袋中间显蕾过多,相互争夺营养。

原基出现后,料温控制在12℃～15℃,温度高于20℃不利于菇蕾发育和出菇,温度低于10℃菇蕾生长缓慢。当形成的菇蕾有花生米大小时,要进行疏蕾。一般小袋保留1个菇蕾,大袋保留2～3个菇蕾。空气相对湿度降至85%～90%,并适当通风,菇蕾即可正常生长。经3～4天菇蕾长到葡萄大小时,完全解开袋口或将袋口割掉,此时空气相对湿度恢复至90%～95%,菇棚温室控制在12℃～16℃。加大通风并保证菇房内有充足的新鲜空气,增强光照。在通风好、光照足、有一定温差条件下出的菇,菌盖大而肥厚,肉质细嫩,柄短,品质优良。

出菇期若发现菇棚内湿度不够,可用喷雾器对菇棚四周及床架喷水,以提高棚中相对湿度。当气温及棚温在20℃以下时,还可以用喷雾器对准菌袋喷水,以提高湿度;若气温及棚温高于20℃,则调湿改在早晚进行。注意不要对菇蕾喷水,因为这样会在洁白子实体上留下黄色斑痕,影响商品质量。在进行管理时,应注意不要碰到幼蕾。空气保持新鲜,通风应通缓缓对流空气,不可猛烈通风,避免温湿度骤然变化,影响子实体正常生长。在这个阶段光线可强一些,使白灵菇色泽洁白,但切忌阳光直射。尽量不让土和杂物沾着子实体。

在冬季低温季节,特别是在我国北方,棚内温度维持在8℃~17℃即可,这样的温度条件下长出的白灵菇菇体往往更结实、紧密。

在适宜的环境条件下,白灵菇从原基形成到采收需15~20天,菇体七八成熟时为采收期。完全成熟的子实体色泽会变黄,菌盖边缘变薄甚至上卷,外观和口感都大大下降。

采完一潮菇后,在20℃温度条件下培养20天,在菌袋上没出过菇的地方或菌袋的另一头搔菌2.5厘米厚,再在18℃温度条件下培养5天,然后采用上述方法催蕾15~20天,即可出第二潮菇。也可以在采完第一潮菇后,采取覆土措施,有相当比率的菌袋还能出第二潮菇。

白灵菇生产周期较长,一般采一潮菇的生长周期要120~150天,采二潮菇的生长周期长达150~180天,相对生物学效率在40%~50%。

2.几种栽培模式的比较

(1)菌墙式两头出菇　出菇袋后熟期满,移入出菇棚(室)内码成菌墙,解开两端扎绳,采用低温刺激,显蕾出菇。该方法方便管理,例如喷水、解口、疏蕾、采收都很方便,适于利用塑料大棚生产。缺点是栽培量偏小,不能充分利用空间。

(2)层架单头出菇　出菇室内设层架,每层放3~4层菌袋,出菇面朝外,半地下棚或空调冷房生产多采用这种方式。该方法可以充分利用空间,单位体积投料量大,便于集约化大生产。该方法必须有较好的通气条件,因为单位体积种植量大,菌丝呼吸作用强,需消耗大量氧气,因而,通风透气是该栽培模式管理的重点。

(3)双排菌墙覆土出菇　菌袋入棚后,先将一端端口处的塑料膜去掉,但保留袋身的塑料膜,两两相对排列,两排菌袋之间留 10～20 厘米宽的空隙用来填土,两排菌袋摆放 6～8 层高,中间填土略高于菌袋。填土后在土层中灌水,保持土壤潮湿,在菌袋两端开口处出菇。这种出菇方式解决了菌袋后期易失水的矛盾,出菇多,产量高,菇形好。缺点是大菇、马蹄形菇及等外品菇较多。

(4)全脱袋地埋覆土出菇　出菇管理时将外表塑料膜全部去掉,在大棚内挖畦将菌块埋入土中,菌块上方覆 2～3 厘米厚菜园土(营养土)。优点是菌块不易失水,菌丝可从土中吸取水分和养料,出菇多且菇体大,产量高。缺点是土中病虫害较多,且菇形不易控制,易出厚菇、大菇,菇质差,菇形不好。

(5)半脱袋覆土出菇　菌丝长满袋后,将两端塑料膜去除,保留袋身塑料膜。在大棚内将菌袋直立排放,袋与袋空隙内填入碎土,菌袋上端不覆土。其优点是菌袋失水慢,出菇较多,出菇期较长。缺点是菌袋直立,菇形不易平展,菇柄较长,优质菇率稍低。

(6)菌袋内直接覆土出菇　此方法适合一端接种的"太空包"式生产。菌丝长满袋熟化后,在菌袋的上部填入 2～3 厘米厚经消毒处理的土壤,保持土层湿润,封闭袋口。菌袋可以单层摆放也可以多层(一般 4～6 层)堆叠摆放,采用划口出菇。这种出菇方式解决了菌袋后期易失水的情况,定向定量出菇,菇形好,优质菇率高,产量高。缺点是劳动强度大,浪费空间面积多。

第六章　食用菌的病虫害及其防治

病虫害是食用菌生产的大敌,直接影响栽培的成败。防治病虫害是食用菌生产中一项重要的工作,必须引起高度的重视。

食用菌的各种病虫害都生长在培养料或菇体上,用农药防治,不仅影响菇的生长,而且许多农药都有残留毒害,使用之后会影响人体健康。因此,防治食用菌的病虫害,一定要贯彻预防为主、防重于治的方针。其办法主要是加强科学管理,创造有利于食用菌而不利于病原菌和害虫繁殖的环境条件;同时要尽早弄清病因、识别病原菌和害虫,掌握它们的初期为害症状,了解其发生发展规律,以便及时防治;一旦发生病虫害、确实需要用药剂防治时,也应在出菇前或采菇后进行,并要少量局部施用,防止扩大污染和影响食用菌正常生长。

第一节　食用菌病害

食用菌病害是指食用菌生长发育过程中,遭到有害微生物侵扰或不良环境条件,使正常生长发育受阻,引起菌丝和子实体异常,最终导致产量和质量下降。食用菌病害按病原的性质一般可分为非侵染性病害(生理性病害)和侵染性病害(传染性病害)两类。

一、生理性病害

生理性病害又称非侵染性病害。其发生主要是由于外界不良环境条件所造成,如高温、低温、干燥、二氧化碳浓度过高等原因,导致食用菌生长发育出现生理障碍。一旦不良因素被排除,食用菌又能恢复正常生长发育。生理性病害常见于下列6种食用菌。

(一)蘑 菇

1. 菌丝徒长

(1)特征 菌丝在覆土表面或培养料面生长旺盛,最后形成1层菌被,推迟出菇或出菇少,影响产量。

(2)病因 多见于下列情况:①母种移接过程中,气生菌丝挑取多,使原种、栽培种产生结块,出现菌丝徒长。使用这种菌种,一般较易发生菌丝徒长现象。②覆土调水时温度较高(22℃以上),加之通风不良,空气相对湿度在90%以上,菌丝往往冒出土层,浓密生长。

(3)防治 ①母种移接时,挑选半基内半气生菌丝混合接种。②气温较高时,土层调水应在早、晚进行。喷水时应注意菇棚通风换气,降低空气相对湿度。③发现菌丝徒长后,应及时将菌膜划破,立即加强菇棚通风换气,降低空气相对湿度,以抑制菌丝徒长。

2. 菌丝萎缩

(1)特征 播种后,菌种块菌丝不萌发,或菌种块菌丝萌发,但不往料内生长,菌丝逐渐萎缩,或出现料面菌丝萎缩现象。

(2)病因 菌种块菌丝不萌发,多见于菌种培养阶段遇高温,菌丝生活力降低;菌种块菌丝不往料内生长,多见于培养料过干或过湿,或料内有氨气抑制菌丝生长。覆土后喷水过多,水流入料内,影响菌丝正常生长,以致萎缩死亡。

(3)防治 选用菌丝生长旺盛的优质菌种;调节好培养料的含水量;料内有氨气时应开门窗,或喷洒1%甲醛中和,

10. 小盖菇

(1)特征　菇体盖小柄长。

(2)病因　菇棚温度过高和通风不良。

(3)防治　出菇期间菇棚温度降低在18℃以下,并注意菇棚的通风换气。

11. 瘤状菇

(1)特征　菇体上长有瘤状突起。

(2)病因　菇棚温度低,用柴、煤炉升温,造成一氧化碳等有害气体伤害子实体。

(3)防治　菇棚温度不得低于12℃,升温应用火道或火墙,严防冒烟。

12. 粗柄菇

(1)特征　菇柄粗,菇盖小。

(2)病因　菇棚温度低,只注意保温而忽视了通风换气。

(3)防治　菇棚既要注意保温,又要适时通风换气。

(二)平　菇

1. 分叉菇

(1)特征　菌柄细长,菌柄上又长出小柄,像树杈状,菌盖不能正常形成。

(2)病因　菇棚光照太弱,菌盖发育受阻。

(3)防治　白天适当卷起草帘,使菇棚内有一定的散射光照时间。

2. 卷边菇

(1)特征　幼菇生长缓慢,菇盖薄而软,有裂纹,边缘卷起,萎缩干枯。

(2)病因　培养料失水或棚内空气相对湿度过低,不能满足菇体生长发育所需水分。

（3）防治　采完二潮菇后，如培养料含水不足，应及时补水。注意定时喷水，使菇棚空气相对湿度保持在 $85\%\sim90\%$。

3. 烂　菇

（1）特征　幼菇水肿软化，最后腐烂。

（2）病因　喷水过多，喷水后又未及时通风，造成菇体积水腐烂。

（3）防治　适时适量喷水，喷水后及时通风，让菇体表面水分及时散发。

4. 高 脚 菇

（1）特征　菇柄细长，菇盖小而薄，又称长柄菇。

（2）病因　菇棚覆盖过严，光照不足，促菇柄速长，菇盖分化慢；或出菇期温度偏高，使菇盖发育受抑制。

（3）防治　子实体形成阶段，应将菇棚覆盖的草帘弄薄，保持一定的散射光照。气温高时应设法往地面、墙上洒水，加强通风等措施，降低菇棚的温度。

5. 瘤 盖 菇

（1）特征　菇盖表面出现瘤状或颗粒状的隆起物。

（2）病因　子实体生长期间，菇棚温度过低，持续时间又长，使菇盖内外层细胞生长失调所出现的变态。

（3）防治　加强菇棚增温保温措施，维持子实体生长所需的最低温度。

6. 花 椰 菜 菇

（1）特征　外形与食用的花椰菜很相似。

（2）病因　菇棚内二氧化碳浓度偏高。

（3）防治　增加菇棚通风量，防止二氧化碳积聚。

7. 粗 柄 菇

（1）特征　菇盖小，菇柄粗且长。

6. 扭曲菇

(1)特征　菌柄弯曲或扭曲,严重时呈"麻花"状。

(2)病因　菇棚内光照方向多变造成的。

(3)防治　防止光源分散和多变,遮盖四周光源,让菌柄朝顶光方向伸长。

7. 幼菇枯萎

(1)特征　大批幼菇枯黄萎缩死亡。

(2)病因　高温、高湿、通风不良。

(3)防治　正确选好出菇时间,避开高温;遇高温天气,应采取降温措施和疏散菌袋,及时通风降温。

（四）香　菇

1. 荔枝菇　又称松果菇、面包状菇。

(1)特征　原基发生后,组织不分化,只膨大成大小不一、高度组织化的菌丝团,小的像"荔枝"或"松果",大的似"面包",虽可食用,但无商品价值。

(2)病因　品种选择不对路,如高海拔的山区,误用高温型菌株;冬季原基出现后,遇低温便萎缩不长,形成松果菇;过早催蕾,菌丝培养未成熟,养分积累不能满足菇体发育需要;菇蕾出现后,菇棚温度长时间低于所栽品种的适宜生长温度,分化过程终止,多发生在低温季节。

(3)防治　栽培者必须弄清菌种的特性,因地制宜地选用适温品种;了解菌丝成熟特性,防止盲目脱袋;创造良好的有利于子实体发育的生长条件,防温度过低。

2. 蜡烛菇

(1)特征　菌柄伸长,不长菌盖,呈无菌盖的光杆菇。

(2)病因　脱袋过早,菌丝未达到生理成熟;菌筒浸水不适当,处于原基形成期的晚熟种,一旦过早浸水,促使原基提早分化,往往只长菌柄,不长菌盖;菇棚二氧化碳浓度太高,光线过暗。

(3)防治　了解菌丝成熟的特征,做到适时脱袋;适时适量补水,出菇后菌筒重量比原来下降30%时,进行补水,以达到菌袋原重量的95%为度。注意菇棚通风和光照。

3. 粗柄菇

(1)特征　菌柄膨大呈球根状,盖小或没有,菌褶有或没有。

(2)病因　菌株选用不当,出菇季节安排不妥,一般低温时易发生;中高温型品种,出菇期间,气温偏低,影响正常代谢活动;菇棚通风差,空气相对湿度小。

(3)防治　加强栽培管理,做到适时栽培,适宜季节出菇,并创造良好的有利于子实体生长的条件。

4. 菇盖不圆整

(1)特征　菇盖有缺口、开裂,似枫叶状。

(2)病因　水分供应不够,空气相对湿度偏低;开伞后未及时采收。

(3)防治　做到适时补水,定期喷水补湿,并注意及时采收,防止过熟。

5. 菌盖出现附属物

(1)特征　菌盖表面有角状、须状、瘤状等突起物,或菌盖顶部又长出小菌盖。

(2)病因　出菇时温差太大,低温持续时间长,使菌盖表皮细胞与菇肉组织细胞生长不同步,经过几次反复后,在菌盖表面长出异常的突起物。

(3)防治　创造良好的有利于子实体生长的环境,高寒地区应做好防寒保温工作,防止持续低温。

（3）防治　切忌强光照射和强风直吹菇体,通风时可在靠近门窗处挂上湿帘。

5. 长刺菇

（1）特征　子实体球块小、刺长,味苦。

（2）病因　空气相对湿度偏大时易产生刺长、球块小的猴头菌。

（3）防治　在子实体生长期间,菇小时,喷雾状水,随着子实体的生长,适当增加喷水量,少喷、勤喷,喷水时必须通风,保持菇棚空气相对湿度在90%左右为宜。

（六）草　菇

1. 脐状菇

（1）特征　外包膜顶部出现整齐的圆形缺口,形似肚脐状。

（2）病因　菇体生长过程中由于缺氧,顶部出现圆整的缺口。

（3）防治　出菇期间应加强通风换气,适时掀开料面薄膜,排除积聚的二氧化碳,保持空气清新,以满足菇体生长对氧气的要求。

2. 幼菇枯萎

（1）特征　床面幼菇成片枯萎死亡,严重影响产量。

（2）病因　①气温骤变:草菇属高温、恒温结实型的菇类,对温度变化非常敏感;②通风不良:菇棚关闭过严,或料面覆膜时间过长;③缺水:幼菇生长需较多的水分,料堆失水导致幼菇枯死;④料温不适:出菇时的料温低于30℃,则已形成的幼菇停止生长,发生枯萎;⑤pH值下降:培养料的pH值在8以下,幼菇难长大成菇;⑥营养中断:由于害虫啃食菌丝,或采菇时松动幼菇,使菌丝断裂,营养中断。

（3）防治　菇棚温度稳定在 22℃～28℃。早春、初夏气候多变,注意防寒保暖,夜间加盖草帘,将菇棚关严;盛夏气温超过 35℃时,可向覆盖的草帘上洒水降温,并及时通风散热;播种 3 天后要定期揭膜通风;出现菇蕾后应将料面薄膜用竹片支起,防止菇蕾缺氧闷死;出菇期间,向畦沟内灌水,使畦床湿润,并向空间喷水,使菇棚湿度保持在 90％～95％之间;根据料温持续时间,管理上要掌握料温 30℃以上适期内出菇;采完头潮菇后,料堆上喷 1％石灰水,以保持料堆 pH 值 8 左右,有利于二潮菇生长;出菇前在料堆四周喷洒敌敌畏和鱼藤精杀虫剂,防止害虫吃食菌丝;采菇时动作要轻,不要牵动幼菇。

3. 白 毛 菇

（1）特征　菇体表面有一丛丛白色浓密的绒毛状菌丝,严重时菇体萎缩死亡。

（2）病因　缺氧。多见于料面覆盖的薄膜没有定期揭开通风,二氧化碳浓度高,刺激了菌丝生长。

（3）防治　一旦发现,立即揭膜通风,绒毛状菌丝可自行消退。

（七）杏 鲍 菇

1. 畸 形 菇

（1）特征　子实体长成块状或球形,菌盖小或无菌盖,失去商品价值。

（2）病因　①使用了不合格或已经老化的菌种。②出菇期遇到 18℃以上高温,抑制了菌盖形成和发育。③催蕾期和幼蕾期管理不当,抑制菇体正常分化发育。

（3）防治　选择优质菌种。杏鲍菇应采用"三级制种",即试管菌种→原种（罐头瓶）→栽培种（塑料袋）→出菇袋。避免

疏蕾。

2. 黄色斑点病

（1）特征　菇盖上有黄色斑。

（2）病因　喷水时直接将水滴喷到了子实体上。

（3）防治　喷水时将喷雾器喷头往上喷细雾来增加空气相对湿度。

3. 腐 烂 菇

（1）特征　菇体腐烂。

（2）病因　气温超过 20℃,超出了子实体正常生长适宜温度范围,造成子实体生长不良,腐烂而死。

（3）防治　出菇期间菇棚内温度维持在 8℃～18℃。

4. 子实体品质不好

（1）个体偏小　原因是培养料养分不够,含水量偏低或疏蕾过迟。

（2）菌盖偏薄　原因是菇棚温度太高、菇体生长迅速造成。

（3）菌柄细长　原因是通风不良及疏蕾过迟造成。

（4）菌盖色泽发暗　原因是棚内湿度过大。生长成熟期合理的空气相对湿度应为 85%～90%。

二、侵染性病害

　　侵染性病害是指食用菌生长过程中,受到多种病原微生物的入侵后所引起的病害。由于具有传染性,故又称传染性病害。根据病原体分为真菌性病害、细菌性病害、病毒病和线虫病等。

（一）真菌性病害

1. 褐腐病　又称白腐病、湿泡病、水泡病、疣孢霉病。病原菌是疣孢霉(图 6-1)。主要危害蘑菇、草菇。

(1)病害特征 疣孢霉只感染蘑菇子实体。轻度感染时,菌柄肿大成水泡状;重度染病时,菌盖和菌柄膨大变形,菇体腐烂,有腐臭味。菇蕾期感染时,形成似硬皮马勃状的不规则组织块,并盖 1 层白色绒毛状菌丝,之后菌丝变为暗褐色,渗出暗褐色液滴。子实体生长期染病,菌柄产生

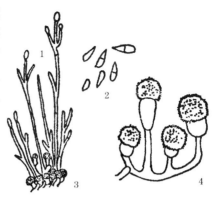

图 6-1 疣孢霉
1. 分生孢子梗 2. 分生孢子
3,4. 厚垣孢子及其放大图样

淡褐色斑块。如染病的菌柄残留在菇床上时,会长出一团白色气生菌丝,后变暗褐色。

(2)传播途径 覆土是主要的传染来源,亦可通过工具、菇蝇或人的活动进行传播。

(3)防治措施 覆土应在离开菇棚的远处取土,一定要避开在施用过蘑菇堆肥的地块上取土。覆土用 40%福尔马林消毒或在覆土上喷 1∶500 倍液多菌灵或甲基托布津。发病菇房停止喷水,加大通风,使菇棚温度降至 15℃以下。病区喷洒 4%福尔马林或 1∶500 倍液多菌灵或甲基托布津进行消毒。

2. 褐斑病 又称干泡病、轮枝霉病。病原菌是轮枝霉(图 6-2)。主要危害蘑菇。

(1)病害特征 开始在菌盖上产生不规则的暗褐色病斑,初呈针尖状,后逐渐扩大并产生凹陷,凹陷部分呈灰白色。菇

病菇。发病后喷洒1∶500倍的多菌灵或甲基托布津药液。

5. **猝倒病** 又称立枯病。病原菌是镰孢霉(图6-5)。主要危害蘑菇。

分生孢子

图6-5 镰孢霉

(1)病害特征 主要侵害菌柄,侵染后的菌柄髓部萎缩或呈褐色,菇体不再长大,最后变成僵菇。

(2)传播途径 由带菌的覆土传播。

(3)防治措施 用4%福尔马林消毒覆土。发病后喷洒1∶500倍多菌灵或甲基托布津、苯来特药液。

6. **菇脚粗糙病** 病原菌是贝勒被包霉。主要危害蘑菇。

(1)病害特征 病菇菌柄表层粗糙、裂开,菌盖和菌柄明显变色,后期变为暗褐色。在病菇的菌柄和菌褶上可看到一种粗糙、灰色的菌丝生长物。有时周围的覆土也可被感染。子实体发育后期染病时,菌柄稍变色,菌盖表面的褐斑有一个黄色的晕圈。

(2)传播途径 覆土带进病菌,其孢囊孢子由风和水滴传播。

(3)防治措施 覆土用60℃蒸气消毒1小时或用4%甲醛喷洒消毒。发病后喷洒1∶500倍液的多菌灵。

7. **红银耳病** 又称银耳浅红酵母病。病原菌是浅红酵母。主要危害银耳。

(1)病害特征 染病银耳子实体变红、腐烂。

(2)传播途径 主要通过空气传播,也可通过人和工具接触传染。

(3)防治措施 提早接种,出耳期避开 25℃以上的高温,以减轻其危害。及时销毁发病耳棒,场地用氨水消毒,用具用 0.1‰高锰酸钾消毒。出耳时防止高温、高湿,加强通风换气。

8. **大钮扣菇** 病原菌是肉座菌。主要危害平菇、香菇、双孢蘑菇、金针菇。

(1)病害特征 肉座菌以食用菌菌丝为营养源,在被染病的菌袋或菌床上,长出白色的小点,逐渐长大连成一片呈瘤状,后期变成褐色,出现难闻的气味,使食用菌菌丝死亡,子实体不再发生,致使翌年再种时再次造成危害。

(2)传播途径 通过被污染的场地和培养料传染。

(3)防治措施 更换栽培场地。在制种和栽培时,用 50%多菌灵千倍稀释后拌料,可防止污染。对已污染的培养料,摘除大钮扣菇子实体,远离菇房集中烧毁。菌丝期喷洒千倍稀释的多菌灵,用量为每平方米 200 毫升。

9. **黏菌病** 又称黏液菌病。黏菌是介于真菌和原生动物之间的一种微生物。其营养体类似于原生动物的变形虫,子实体桑果状,类似真菌,能产生孢囊。主要危害平菇、滑菇、香菇、金针菇,还危害黑木耳和银耳。

(1)病害特征 黏菌以变形体伸长,侵害菌丝和菇体或耳片,使菌丝体溶化死亡,子实体和培养料腐烂。黏菌生长初期呈乳黄色黏液,后变为橘红色黏液,老熟后干缩为黄褐色,长出鱼籽样黏状孢囊。以老菇房和阴暗潮湿、通风不良处危害较

木霉污染及时清除。木霉菌喜欢在高温、高湿和偏酸性环境中生长,使用甲醛消毒时不能过量,以免产生酸性环境。防止高温、高湿,用石灰水、石灰粉对菇房、培养室内外消毒,可减少木霉危害。染病初期,及时喷洒1：500倍苯来特药液,或喷洒5％石灰水可抑制木霉生长。

12. 黄霉 又称黄霉菌。病原为黄蚀丝霉。主要危害蘑菇。

(1)病害特征 培养料有股霉味。料内出现黄色粉末状颗粒,白色蘑菇菌丝萎缩。染病处不出菇或出现少量的僵菇。

(2)传播途径 通过培养料带入菇房。

(3)防治措施 防止料过熟、过湿和铺得过厚,注意料的透气性,加强菇房通风管理。发现黄霉菌后,注意改善料的透气性,减少喷水。

13. 橄榄绿霉 病原菌是橄榄绿毛壳,又称球毛壳菌(图 6-8)。主要危害蘑菇。

(1)病害特征 一般在播种 2 周内出现,菌丝初为灰色,后变白色,菌丝生长不久形成绿色或褐色针头大小的子囊壳。病菌在料内蔓延,抑制蘑菇菌丝生长,使蘑菇减产。

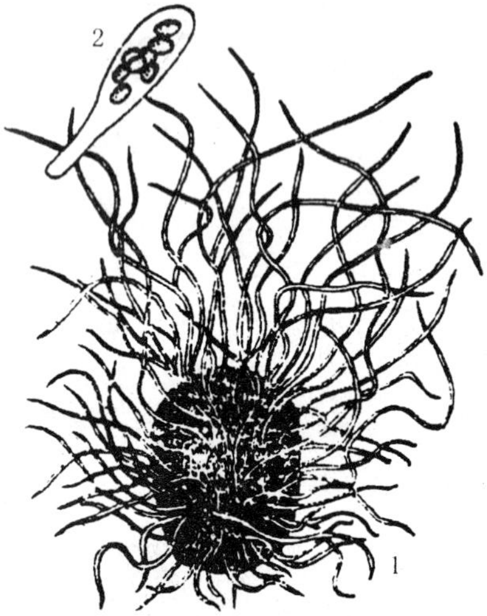

(2)传播途径 多由培养料中的稻草带

图 6-8 球毛壳菌

1. 子囊壳 2. 子囊及子囊孢子

进菇房。

（3）防治措施　堆肥进菇棚前,氨气要充分散失。注意加强菇棚内通风换气,后发酵时料温不要超过 60℃。

14.**白色石膏霉**　又称臭霉菌。病原菌是粪生帚霉(图 6-9)。主要危害蘑菇。

（1）病害特征　此种霉菌长在覆土表面和培养料里,菌丝浓密如面粉状,有一股刺鼻的臭味,受污染的培养料变黏发黑发臭,蘑菇菌丝不能生长。

（2）传播途径　未经消毒的床架、堆肥、覆土均可带菌,动物、昆虫也是传播的媒介。

（3）防治措施　使用质量好的堆肥。在堆肥中加入适量的过磷酸钙和石膏,防止料偏碱。局部污染时,喷洒 1∶7 的

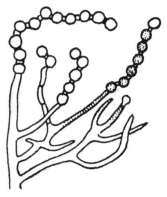

图 6-9　粪生帚霉
（白色石膏霉）

醋酸溶液。大面积发生时,可用 600～800 倍液多菌灵喷洒整个菇床。

15.**鬼伞**　又称野蘑菇。发生在堆料和菇床上的鬼伞有 4种:墨汁鬼伞、毛头鬼伞、粪鬼伞和长根鬼伞(图 6-10)。主要危害蘑菇、草菇。

（1）病害特征　鬼伞发生在料堆周围及进棚后覆土前的料面。鬼伞从长出到自溶成黑色汁液,只需 24～48 小时。与双孢蘑菇、草菇争夺营养,造成减产。

（2）传播途径　培养料和堆肥带菌传播。

（3）防治措施　原料要新鲜,无霉变。培养料进行高温发

不能生长，因而不能出菇、出耳。

防治措施：①接种前做好段木表层消毒。方法是：在烈日下翻转暴晒1天。接种前1周用1：800倍液多菌灵喷洒段木，或在段木切口处涂刷生石灰，防止杂菌从伤口侵入。②培养场地选在通风良好、排灌方便的地方。清除并烧毁场内外的枯枝、落叶和陈旧的菇(耳)木，场地用石灰水消毒。③适时翻堆。菇(耳)木加垫枕木堆放，保持菇(耳)木树皮干燥，操作时轻拿轻放，保护好树皮，可减少杂菌污染。④加强管理。发现杂菌，及时刮除，用15%～20%石灰乳涂擦刮面；杂菌污染严重的及时清理烧毁。

(二)细菌性病害

1. 黄色单胞菌病 病原菌是田野黄色单胞菌。主要危害蘑菇。

(1)病害特征 染病的蘑菇，先在菇盖表面出现褐斑，随着菇体生长，褐斑逐渐扩大，且深入菇肉，直至整个菇体变成褐色至黑褐色，之后萎缩、腐烂。

(2)传播途径 病菌由培养料或覆土进入菇房后，随采菇人员及工具而传播。

(3)防治措施 用漂白粉对菇棚进行消毒。培养料发酵好。覆土用甲醛消毒。

2. 细菌斑点病 又称褐斑病。病原菌是托兰氏假单胞杆菌。主要危害蘑菇。

(1)病害特征 病斑只见于菇盖表面。开始出现1～2个小的黄色变色区，后变为暗褐色凹陷斑点，并分泌黏液。黏液干后，菌盖开裂，形成不对称的子实体。菌褶很少染病，菌肉变色较浅。

(2)传播途径 病菌在自然界分布很广。通过空气、菇蝇、工作人员及用具均可传播。

（3）防治措施 喷水后及时通风,防止覆土及菇盖表面过湿。菇棚内喷洒 1∶600 倍漂白粉溶液。覆土表面撒薄薄 1 层生石灰粉,可抑制病害蔓延。

3. 菌褶滴水病 病原菌是菊苣假单胞杆菌,主要危害蘑菇。

（1）病害特征 染病的菌褶有奶油色液滴,严重时引起菌褶腐烂,变成褐色的黏液团。一般未开伞的幼菇没有明显的症状。

（2）传播途径 通过菇蝇、采菇人员和溅水传播。被害菌液干燥后可由空气传播。

（3）防治措施 可参考细菌性斑点病。

4. 干腐病 病原菌是假单胞杆菌。主要危害蘑菇。

（1）病害特征 病菇畸形,暗褐色,菇盖歪斜,菇柄基部稍膨大、干缩,菇柄纵切可见条状暗褐色病变。染病菇不腐烂,而是逐渐萎缩,干枯,脆而易断。

（2）传播途径 主要是带菌蘑菇菌丝接触传播。土、水、空气、工具、工作人员和昆虫亦可传播。

（3）防治措施 堆肥必须发酵好。菇房用具用 2% 漂白粉溶液或 500 倍的波尔多液喷洒消毒。及时将发病区和无病区隔离,切断带病蘑菇菌丝传播。菇房装上纱门、纱窗,做好虫害预防工作。

5. 平菇黄萎病 又称锈斑病,俗称黄菇。病原菌是假单胞杆菌。主要危害平菇。

（1）病害特征 是一种使平菇子实体黄染的病害。主要侵害菌盖表面的下凹处和四周以及菌柄中下部表面,一般不侵染表皮下层的菌肉组织。发病初期病斑为针头大小,色泽浅,

必须在开伞前采菇,防止孢子带病毒扩散。每次播种前,菇房及用具用5％甲醛消毒。

第二节　食用菌虫害

一、菌　螨

菌螨又称菌虱。种类很多,常见的有蒲螨、粉螨2种(图6-13)。主要为害双孢蘑菇、平菇、香菇、草菇、猴头菌、银耳、黑木耳。

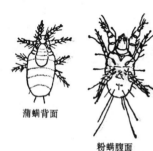

蒲螨背面

粉螨腹面

图 6-13　蒲螨和粉螨

(一)形态特征

蒲螨体小,肉眼不易看见,多在料面或土粒上聚集成团,呈咖啡色。粉螨体较大,白色、发亮,表面有很多刚毛,多时集中呈粉状。菌螨繁殖很快,吃食菌丝和菇体。被害的菌丝体呈黑褐色,子实体被咬食成一些小凹点,给病菌侵害创造条件。被害的黑木耳、银耳,造成烂耳、畸形耳。

菌螨主要来源于存放粮食、饲料、饼肥的仓库、饲料间或鸡舍的粗糠、麸皮、棉籽饼等饲料中,通过培养料、菌种和蝇类带入菇房。

(二)防治措施

1. 培养室选择　菌种培养室和菇房远离仓库、饲料间及鸡舍。菇房周围不要堆放厩肥和堆肥。

2. 菇房消毒　菇房用甲醛和敌敌畏熏蒸消毒。每立方米用甲醛 3～4 毫升,敌敌畏 1～2 毫升。

3. 培养料发酵　培养料通过高温堆积发酵后再使用。

4. 药物灭螨　菇床上发现菌螨后,可喷洒 1∶600 倍液三氯杀螨砜或用敌敌畏(500～800 倍液)喷杀。

二、菇　蝇

主要为害双孢蘑菇、草菇和平菇。

(一)形态特征

成虫似蝇,淡褐色或黑色,触角很短,比菇蚊健壮,善爬行,常在培养料面迅速爬动。幼虫似蝇蛆,为白色或米黄色,头部为黑色(图 6-14)。吃食菌丝,使菇蕾枯死,还钻到菇体内啃食菇肉,形成无数小孔,菇体不能继续发育,丧失商品价值。成虫传播轮枝孢霉,使褐斑病流行。菇蝇的卵和幼虫通过培养料进入菇棚,成虫则飞进菇棚为害。

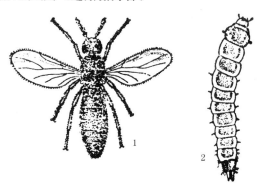

图 6-14　菇　蝇
1. 成虫　2. 幼虫

(二)防治措施

1. 场地杀虫　应注意栽培场地的清洁,在菇场四周定期用 0.5％敌敌畏喷洒杀虫。

2. 栽培期杀虫　菇蝇发生后,在发菌期间,可用千倍稀释的敌敌畏喷雾杀虫,每天喷药 2 次;也可用 0.1％鱼藤精喷洒。但若有菇蕾出现时,立刻停止使用杀虫剂,改用黑光灯诱杀。方法是:将黑光灯横装在菇床架间顶层上方 60 厘米处,在灯管下 35 厘米处,放 1 只收集盆,内盛适量 0.1％敌敌畏药液,开灯诱杀。

3. 培养料杀虫　杀死培养料中卵和幼虫,可用二嗪农拌料,每吨料用 20％二嗪农 114 毫升。

三、菇　蚊

又称眼菌蚊。主要为害双孢蘑菇、草菇和平菇。

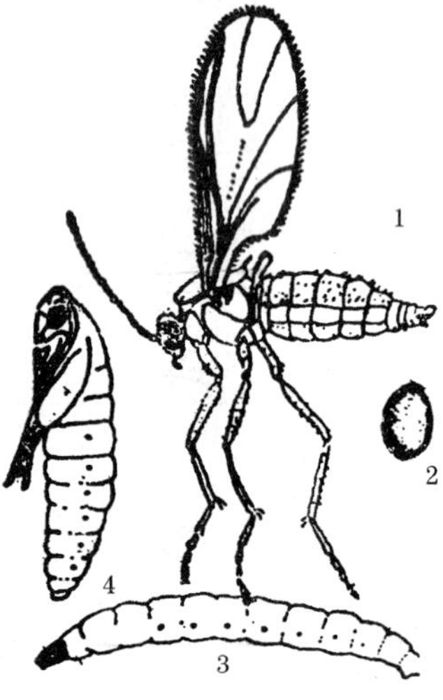

图 6-15　眼菌蚊

1. 成虫　2. 卵　3. 幼虫　4. 蛹

(一)形态特征

成虫为黑褐色,长 2 毫米左右,具有细长触角,在菇床上爬行很快。幼虫白色,近似透明,头黑色,发亮(图 6-15)。幼虫钻入料内吃食菌丝或将子实体蛀食成海绵状。成虫传播螨类和轮枝霉病等病害。

(二)防治措施

1. 培养料发酵　培养料发酵彻底,杀死料中的卵和幼虫。

2. 药物灭蚊　出菇前发现菇蚊,可喷洒 0.5％敌敌畏或菇棚内挂敌敌畏布条熏蒸。出菇后用黑光灯诱杀,方法见菇蝇的防治。

四、菇蚋

又称瘿蚊、小红蛆。主要为害双孢蘑菇、平菇、黑木耳、银耳等。

(一)形态特征

成虫呈小蝇状,体长约 1 毫米,头胸部黑色,腹和足橘红色,初孵幼虫为白色、纺锤形小蛆,老熟幼虫米黄色或橘红色(图 6-16)。幼虫在培养料和覆土间繁殖为害,使菌丝衰退,菇蕾枯死,或钻进菌盖、菌柄、菌褶等处蛀食,使菇体带虫,品质下降。黑木耳、银耳被侵害后,菌丝衰退,引起烂耳。

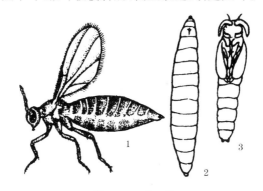

图 6-16 瘿 蚊

1. 雌成虫　2. 幼虫　3. 蛹

(二)防治措施

1. 培养料发酵　发酵堆制堆肥,以杀死菇蚋幼虫。

2. 设施、用具药物熏蒸　菇棚床架、用具用 2% 五氯酚钠药液喷洒或浸泡,菇棚用甲基溴或敌敌畏熏蒸。

3. 栽培期灭虫 发生虫害时,停止喷水,使床面干燥,使幼虫停止生长直至干死。

4. 培养料拌药灭虫 在培养料中拌入二嗪农,以杀死料中幼虫。

五、跳 虫

又称烟灰虫。密集时似烟灰。主要为害双孢蘑菇、草菇、香菇、黑木耳、银耳。

(一)形态特征

跳虫体长 1.2～1.5 毫米,银灰色至蓝色,成堆时灰黑色(图 6-17)。虫体弹跳力很强。常密集在菇床表面或阴暗潮湿的地方,严重时成堆趴在菇蕾上,使幼菇枯萎死亡。若成堆趴在菇盖上,呈灰黑色,像 1 层烟灰,咬食子实体。

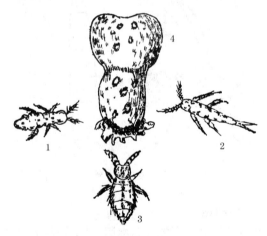

图 6-17 跳虫及被害菇体
1. 幼虫 2. 成虫(雌) 3. 成虫(雄) 4. 被害菇体

（二）防治措施

1. 培养料高温发酵　堆制培养料时,堆温应升高至 $60℃～70℃$,翻堆要彻底,以杀死料堆中大部分的虫卵和幼虫。

2. 药物灭虫　床面无菇时,可喷洒 0.4％敌百虫或千倍稀释的敌敌畏;床面有菇时,可喷洒 0.1％的鱼藤精。

六、蛞蝓

又称水蜓蚰、鼻涕虫。是一种软体动物,常见的有黄蛞蝓、野蛞蝓和双线嗜黏液蛞蝓 3 种(图 6-18)。主要为害双孢蘑菇、草菇、香菇、平菇、黑木耳、银耳等多种食用菌。

（一）形态特征

身体裸露,柔软,无外壳,暗灰色、黄褐色或深橙色,有两对触角。白天潜伏在石头、草丛、腐烂的草堆中和阴暗潮湿的角落里,夜间出来觅食,吃食菇蕾和菇盖,影响产量和产品质量。

（二）防治措施

1. 清洁菇场　及时清扫菇场的枯枝落叶、杂草、砖头、瓦块,破坏蛞蝓的隐蔽场所,以减少蛞蝓的发生和为害。

2. 用多种方法捕杀

图 6-18　蛞蝓

1. 黄蛞蝓　2. 野蛞蝓

3. 双线嗜粘液蛞蝓

发现蛞蝓后,可用5%盐水或碱水滴杀,也可人工捕捉。在蛞蝓出没处撒石灰粉,蛞蝓接触石灰便死亡。用多聚乙醛300克、糖50克、5%砷酸钙300克充分混合,再与炒过的米糠或豆饼粉400克混匀拌成药粉或制成丸,置于菇场四周进行诱杀。

第三节 食用菌常用药剂的性能与使用方法

食用菌与一般农作物不一样,其生育期短,组织柔嫩,抗药能力差,使用的杀菌杀虫药剂,必须选择性强,杀灭效果好,毒性低,残留量少。

常用药剂防治对象与使用方法,见表6-1。

表6-1 常用药剂防治对象与使用方法

药剂名称	防治对象	浓度与用法
敌敌畏	菇蝇、菇蚊、跳虫、螨类	500～1500倍液喷雾,5克/立方米熏蒸
敌百虫	菇蝇、菇蚊、夜蛾	1000倍液喷雾
溴甲烷	菇蝇、菇蚊、螨类、线虫	熏蒸,25克/立方米
磷化铝	菇蝇、菇蚊、菇蚋、螨类	熏蒸,10克/立方米
鱼藤精	菇蝇、跳虫	0.1%药液喷洒
茶籽饼	蛞蝓、蜗牛	1%溶液喷洒
多菌灵	木霉、轮枝孢霉、疣孢霉等	1000倍液喷雾,0.1%～0.15%(干重)拌料
甲基托布津	木霉、疣孢霉等	1000～1500倍液喷雾
噻菌灵	木霉、链孢霉	1000～1500倍液喷雾,0.07%～0.1%(干重)拌料

药剂名称	防治对象	浓度与用法
漂白精	细菌、线虫	1%～3%溶液喷洒
代森锌	木霉、轮枝孢霉、疣孢霉等	500～600 倍液喷雾
波尔多液	真菌	5%溶液喷洒
石硫合剂	真菌、害虫、螨类	喷洒浓度:0.5 波美度左右
链霉素	细菌	1:500 倍液喷洒
金霉素	细菌	1:500 倍液喷洒
氟虫腈腾悬浮剂	菌蛆	喷雾 1.5～2 克/100 平方米
眯鲜胺锰盐可湿性粉剂	褐腐病	拌覆土或喷菇床 0.4～0.6 克/平方米
克霉灵	绿霉	喷雾 40～48 克/100 千克干料

第四节 食用菌病虫害综合防治

食用菌生长周期短,易受到病虫害侵袭,如果化学农药使用不当,会造成药物残留,危害人体健康,影响产品在国际市场上的竞争能力,制约食用菌产业的发展。因此,食用菌病虫害的防治必须遵循预防为主、药剂防治为辅的原则,采用物理、化学和生物防治相结合的综合防治办法。

一、菇场环境控制

菇厂远离仓库、饲料间、鸡棚和畜舍,菇房门窗安装防虫网、纱窗等,出入随手关门,防止蚊虫进入。菌种室、培养室必须定期消毒,菇房(棚)使用前要彻底消毒;做好日常清洁工作,及时清理周边环境中的杂草、积水及各种废弃物,避免病虫孳生;使用清洁水;每一季栽培结束后,彻底清理菇场,菇棚要将盖顶掀起,在阳光下暴晒,先晒地面,然后深翻,再暴晒。

二、生产环节控制

其一,到国家批准的有菌种生产资质的单位购买抗逆性强的菌种,注意菌种菌龄要适宜,以便接种后尽快形成生长优势,抵御杂菌侵染。

其二,选用新鲜、无霉变结块的原料,拌料时在料中加入1‰石灰,使培养料偏碱性,并要做到当天配料当天灭菌,严格灭菌操作,避免因灭菌不彻底造成的批量污染。

其三,接种前必须对接种室或接种箱进行严格消毒。

其四,菌种和出菇袋在培养期间要经常检查,及时拣出污染瓶(袋),以免污染扩大蔓延。菌丝培养期间防止温差过大或温度过高不利于菌丝生长,出菇期间防止高温、高湿、通风不良,也有利于减少病害发生。

三、防治方法

(一)化学防治

利用化学药剂防治食用菌病虫害见效快、简单方便,易于被菇农接受,但污染环境,农药残留危害人体健康,建议仅用作病虫害防治的辅助手段。化学药剂应重点用于菇房消毒、熏蒸、毒饵诱杀和害虫驱避。要选用高效、低毒、低残留药剂,并根据防治对象选择药剂种类和用量,采取最适的施用方法。但是出菇期禁止用药。(食用菌病虫害防治常用药剂见表6-1。)

（二）生物防治

生物防治尚处于起步探索阶段，但符合无公害发展要求，前景乐观。目前投入使用的产品种类有：细菌制剂，如苏云金杆菌用于防治螨类、蝇蚊、线虫等；植物制剂，如鱼藤精、烟草浸出液、茶籽饼等可以防治多种食用菌线虫、跳虫、菌蛆等。此外，人工捕杀、人工诱杀、粘捕法等措施也是有效防治虫害的方法。

第七章 食用菌的保鲜与加工

食用菌采收后,在一段时间内仍保持着机体的活性,进行呼吸作用和酶的生化反应,出现菌盖开伞、褐变,菌柄伸长、弯曲,使食用菌的外观和肉质发生变化;加上新鲜食用菌组织脆嫩,含水量高,容易遭受微生物的侵害,发生腐败和病害,使食用菌产生异味,失去鲜美的风味。为了保持食用菌的商品价值和食用价值,需要适时进行保鲜、干制、盐渍和罐藏等加工,以满足国内外市场的需求。

第一节 食用菌的保鲜

采用物理或化学方法,阻止鲜菇的分解代谢活动,使之处于休眠状态,从而保持鲜菇正常外观、鲜嫩的品味和丰富的营养,延长食用期和货架供应。

食用菌保鲜,可采用简易包装、冷藏、低温气调、辐射保鲜和化学保鲜等方法。其中简易包装保鲜,方法简便易行,但保鲜期短;低温气调、辐射和化学药物处理的保鲜期较长,效果较好。

一、简易包装保鲜法

这种方法只适合于短途运输或隔日销售。

(一)双孢蘑菇

采收后不切除菌柄,略带泥土,一层层摆放在木条筐内,外包保鲜膜,每筐装 5 千克;或将其装入双层塑料薄膜袋内,袋口扎紧,袋装 0.5~1 千克,在 10℃~15℃温度下保藏,保鲜期 5～7 天。

（二）平菇与香菇

采用竹筐或带孔纸箱，菌盖朝上分层摆放，不要过分压挤，每筐（箱）装 3～5 千克，在 10℃～15℃温度下保藏 7 天。

（三）金 针 菇

采用塑料薄膜袋包装，抽气密封，袋装 100 克，在 1℃温度下保藏 14～16 天，6℃保藏 10 天，20℃保藏 1～2 天。

（四）草 菇

采用透气保鲜袋包装，袋装 0.5 千克，常温下存放期为 1～2 天。亦可用 3 层旧报纸包住菇，放入冰箱内（10℃左右），若最外层纸变湿，立即更换新纸包好，可保存 3～4 天。没有冰箱，可用有通气孔的塑料桶装鲜菇。装桶时用纱布或塑料薄膜将草菇包成小包，桶内先放 1 层冰，再放上草菇小包，并把桶口用布或塑料薄膜扎好，防止湿度变化过快，并及时换水，这样菇不会被浸湿，可保存 3～4 天。

二、冷藏保鲜法

根据鲜菇在低温时呼吸微弱、发热减少，以及利用低温抑制微生物活动的原理，从而达到保鲜的目的。这种方法保鲜期较长，适于长途运输，可作为多种菇类的保鲜方法，但需要购置冷藏设备，成本较高。

冷藏保鲜的基本程序是：鲜菇挑选（修整）→排湿→冷藏→运输。菇种不同，略有差异。现以香菇为例介绍冷藏保鲜法。

（一）鲜菇挑选

鲜菇挑选要求朵形圆整，菇柄正中，菇肉肥厚，卷边整齐，色泽深褐，菇盖直径 3.8 厘米以上，不沾泥，无虫害，无缺损，保持自然状态的优质菇。

（二）排　湿

可用脱水机排湿，也可自然晾晒排湿。采用脱水机排湿时，要注意控制温度和排风量。自然晾晒排湿的方法是：将鲜菇摊铺于晒帘上，置于阳光下晾晒，使菇体含水率降至70%～80%。标准是：捏菌柄无湿润感，菌褶稍有收缩。

（三）分级精选

排湿后的鲜香菇，按菇体大小分级，一般分为3.3～4.5厘米、4.5～5.5厘米、5.5～7厘米3个等级，进行精选，剔除菌膜破裂、菇盖缺口以及有斑点、变色、畸形等不合格的等外菇，然后按照大小规格分别装入专用塑料筐内，每筐装10千克。

（四）入库保鲜

分级精选后的鲜菇，及时送入冷库内保鲜。冷库温度为1℃～4℃，使菇体组织处于停止活动状态。入库初期，不剪菇柄，启运前8～10小时才可进行菇柄修剪，以防止变黑而影响质量。剪柄后继续入库冷藏。

（五）包装启运

在冷库内包装，采用泡沫塑料制成的专用保鲜箱，内衬透明无毒薄膜，外用瓦楞纸加工成的纸箱，每箱装10千克。鲜香菇包装后要及时用冷藏车启运。保鲜期一般为7天左右。

三、气调保鲜法

根据呼吸耗氧与放出二氧化碳的机理，通过控制气体环境，降低氧浓度和增加二氧化碳，抑制鲜菇呼吸，延缓菇体开伞，降低酚氧化酶的活性，达到保鲜目的。利用菇类自身呼吸，调节气体组成，使氧和二氧化碳浓度达到一定的比例，称为自发气调法,这是常用的气调保鲜法,方法简便,成本低。

(一)双孢蘑菇

用厚度为 0.08 毫米的聚乙烯塑料袋(40 厘米×50 厘米)封口包装,装量为鲜菇 1 千克。袋内保持 0.5%氧浓度,15%左右的二氧化碳浓度,在 16℃~18℃温度下可保鲜 4 天。

(二)香　菇

采用自发气调法加上无毒植物性去异剂,用纸塑复合袋包装,装鲜菇 200 克,可使氧分压保持在 2.6%左右,二氧化碳分压 10%~13%,在 5℃左右温度下保鲜期达 15 天。

(三)草　菇

采用打孔的纸塑复合袋包装,在 15℃~20℃温度贮藏,保鲜期达 3 天。

四、辐射保鲜法

利用射线辐射菇体,以杀死微生物,破坏酶的活性,抑制和延缓菇体内的生理生化反应,从而降低开伞率,减少水分损失,降低失重,防止腐败变质。

(一)双孢蘑菇

用 γ-射线 5～7 万伦琴辐射,在常温下可保藏 5～6 天。

(二)平　菇

用 ^{60}Co-γ 射线辐射,剂量为 5 万～10 万拉德(吸收剂量单位),以普通聚乙烯塑料袋密封包装,装量 200 克鲜菇,在 10℃~15℃温度下,保藏期 25～30 天;在 15℃~20℃温度下,保藏期 20～25 天。

(三)草　菇

用 ^{60}Co-γ 射线 10 万伦琴(辐射剂量单位)处理后,在常温下贮存 13～14 天,其肉色、硬度、开伞度与正常鲜菇相近。

五、化学保鲜法

利用一定浓度的化学药品浸泡鲜菇,可以防止变色、变质或开伞老化,延长销售和贮运时间。

(一)双孢蘑菇

鲜菇用 0.1% 焦亚硫酸钠加 0.2% 氯化钠加 0.1% 氯化钙溶液浸泡 15 分钟,在 16℃~18℃温度下可贮藏 4 天,在 5℃~6℃可贮藏 10 天。或将鲜菇放入 0.6% 的食盐水浸泡 10 分钟,捞出控干,装入塑料袋内,在 10℃~25℃温度下,经 4~6 小时,袋内鲜菇变为亮白色,可保持 3~5 天。配制盐水时,需用含铁量低于 3 毫克/千克的净水,以免菇体色泽变暗。

(二)金 针 菇

鲜菇在含有萘乙酸 30 毫克/千克的清洁水中浸泡 3~4 分钟,取出晾干表面水分,放入塑料袋内,扎紧袋口,在常温下可保鲜 6~8 天。

(三)平 菇

用植物生长延缓剂比久(B_9,N-2 甲胺基琥珀酰胺)0.001%~0.1% 的水溶液浸泡鲜菇,10 分钟后取出控干水,贮于塑料袋内,在室温 5℃~22℃下,可保鲜 7~8 天。

六、鲜菇分级标准

(一)蘑 菇

蘑菇分级统一标准,上海市将蘑菇罐头原料验收标准分为 3 级。

一级菇 菌盖直径 1.8~4 厘米,菇柄长不超过 1.5 厘米;菌盖直径 3 厘米以下的菌柄长度不超过菌盖直径的 1/2(菌柄从基部计算)。菇形圆整,纯白色,菌盖内卷;菌柄粗壮,中央充实,切削平整;新鲜,香味浓,无白心,无空心,无硬斑点,无虫蛀。

二级菇 菌盖直径1.8～4.5厘米,菇柄长不超过1.5厘米。菇形基本圆整,允许有小畸形,纯白或略有斑点,柄粗壮,中部疏松,切削欠平,有污斑;鲜度与香味略逊于一级品,无空心,无虫蛀。

等外菇 菌盖直径1.8～5.5厘米,菇柄长不超过1.5厘米。色白或略有斑点。无开伞菇。允许有薄皮、轻微白根、空心菇及少许破碎菇。

（二）香 菇

保鲜香菇的出口规格,见表7-1。

表7-1 保鲜香菇出口规格

代 号	菇 盖 （厘米）	菇 柄	占整批菇比例 （％）
S(小)	3.3～4.5	菇盖半径	30
M(中)	4.5～5.5	菇盖半径	50
L(大)	5.5～7	菇盖半径	20

（三）草 菇

鲜草菇出口标准分4级。

一级菇 大菌蕾,高6～8厘米、宽4.5～5厘米,内实。

二级菇 中菌蕾,高5～6厘米、宽4～4.5厘米,内实或1级菇内部变松者(菌盖开始张开)。

三级菇 中菌蕾,高5～6厘米、宽4～4.5厘米,内松。

四级菇 大、中菌蕾,刚破蕾及伞菇。

（四）金 针 菇

金针菇一般分4级。

一级菇 菌盖未开,直径在1.3厘米以内。菌柄长15厘米。全体白色,鲜度好,无腐烂变质。

二级菇　菌盖未开,直径在 1.5 厘米以内。菌柄长 13 厘米,菌柄基部为黄色至淡茶色。鲜度好,无腐烂变质。

三级菇　菌盖直径在 2.5 厘米以内。菌柄长 11 厘米,柄下部 1/2 茶色或褐色。鲜度好,无腐烂变质。

等外菇　不属于一,二,三级的菇均归此级。

(五)平　菇

平菇尚无统一分级标准。黑龙江省平菇出口标准如下。

一级菇　菌盖直径 1~5 厘米,自然色泽,肉厚。破碎率小于 5%。无霉烂、杂质和水浸。

二级菇　菌盖直径 5~10 厘米,其他要求同一级。

等外菇　菌盖直径大于 10 厘米,破碎率小于 5%,无杂质、霉烂和水浸。

第二节　食用菌的干制加工

干制是食用菌的常用加工方法。新鲜食用菌经过自然干燥或人工干燥,使含水量减少到 13% 以下,称为食用菌干制品或干品,便于长期保藏。香菇、草菇、猴头菌、银耳、木耳、双孢蘑菇、平菇、金针菇等均可干制。

食用菌干制的方法,有晒干、烘干和晒烘结合等。

一、晒 干 法

利用阳光的热能使新鲜食用菌干燥的方法,称为日光干制,简称为晒干。

晒干不需要特殊设备,简单易行,节省能源,成本低。缺点是干燥慢,时间长;晒干的菇(耳)含水量较高,不耐久藏;晒干受天气的影响大,遇上阴雨天,干燥时间延长,轻的影响产品质量,重的造成霉烂变质。因此,晒干不适合规模化商业性生产。

晒干的方法是:在晒场铺上苇席或竹筛,下面垫高以利通风,把采摘经过整理的鲜菇、鲜耳不重叠地摊放 1 层,直接在阳光下暴晒。晒前,草菇纵切成相连的两半,切口朝上摊开,双孢蘑菇切成片,香菇菌褶朝上,金针菇切除菇脚蒸 10 分钟。晒中,要勤翻动,小心操作,以防破损,力求 2～3 天内晒干。亦可白天晒,晚上烘,晒烘结合。

二、烘 干 法

用炭火、蒸气、电炉、微波或远红外线等人工热源,在烤箱或烘房中把新鲜食用菌烘干。烘干法不受天气条件限制,容易控制热源,干燥速度快,产品有浓郁香味,色泽好,质量优于晒干法。但成本高,适于较大规模的生产和加工出口产品。烘干品的含水量为 10％～13％,较耐久藏。

(一)原料处理

食用菌必须当天采收,当天加工。多数食用菌只要去除污物、蒂头,分级后即可烘烤。草菇用锋利的不锈钢刀纵剖成两半,菌柄基部仍相连,切口向上平摊在烤盘上,勿重叠;金针菇扎成小捆,上蒸笼蒸 10 分钟,整捆取出摆在烤盘上;双孢蘑菇纵切成 2～3 毫米厚的薄片。

(二)装筛进房

鲜菇按大小、厚薄分级,摊排在烘筛上。菌褶向上,均匀排布,然后逐筛装入筛架上,满架后,进入烘房,把门紧闭。烘筛进房时,一般薄、小、较干的菇要排放于上层烤盘中;厚、大、较湿的菇应排放在下层烤盘中。

(三)调节温度

烘房开始温度应低些,掌握在 30℃～35℃,但不能低于
30℃。起温过低,菇体内细胞继续活动,影响产品质量。一般
晴天采收的鲜菇较干,起始温度可以高一些;雨天采收的菇
较湿,起始温度应适当低些。以后每小时升温 5℃,4 小时后调
到 60℃ 左右。直至烘干为止。一般进料前应将烘房预热到
40℃～45℃,以排除内部湿气,且可减少烘干时间。

(四)排湿通风

烘烤时,要注意通风排湿,迅速排除蒸发出来的水气,促
进菇体尽快干燥。如果排气不良,菇色易变黑。通气孔的开闭
大小应视产品湿度与烘房温度而定。开启过大,易造成升温过
慢,浪费能源;开启过小,水蒸气排不出去,干得慢。如果晴
天,可把鲜菇晒成半干,再进行烘烤,这样既可节省能源又可
缩短烘烤时间。

(五)干品水分测定

烘干的成品,含水率以不超过 13% 为宜。测定方法:感观
测定,用指甲顶压菇盖,若稍留指甲痕,说明干度适宜;电热
测定,取菇样 10 克,置 105℃ 电烘箱里烤 1.5 小时,移入干燥
器内冷却 20 分钟后称重,计算含水量,此法准确可靠。

(六)干品保藏

为防止吸湿受潮霉变,应使用铁皮箱或聚乙烯薄膜包装。
在其中放入无水氯化钙或硅胶,能延长保藏期。干制品贮藏在
低温、干燥、通风、避光的环境中。

三、干制品加工实例

(一)香 菇

鲜菇采摘后,按大小分级,菌褶朝下排放在烤盘上送进烤

房烘烤。温度要由低到高,按照表 7-2 所示数值调整。

表 7-2　香菇干燥温度标准

采收天气	烘烤时间(小时)	温度(℃)	通气孔控制
晴天	0~2	35	开
	3~4	40	开
	5~7	45	1/3 闭
	8 小时以后	50~55	1/2 闭
	干前 1 小时	58~60	闭
阴天	0~2	30	开
	3~6	35	开
	7~8	40	1/3 闭
	9~11	45~50	1/3 闭
	12 小时以后	50~55	1/2 闭
	干前 1 小时	58~60	闭

(引自藤沼智忠)

烘烤过程中要勤翻勤检查,随着菇的干缩,进行并盘和上下调换位置。烤到菇体含水量 13% 以下时(菌柄干、脆易折断)取出,密封保藏。这样的干香菇,菌盖保持原有特色,菌褶呈淡黄色,香味浓。

(二)草　菇

将菇纵切成两半,基部相连,切口朝上,排于烤筛上进行烘烤。开始温度为 30℃~35℃,2 小时后温度调升到 45℃~50℃,七八成干时再升到 60℃。烘烤过程中,要注意翻动和调换烤筛的位置,直至菇体脆硬,用指甲掐菇体顶部没有明显的痕迹即可,含水量为 12%~13%。这样的干草菇,色白,香味浓,质量好。

(三)双孢蘑菇

选择新鲜、菌盖完整、菇色洁白且富有弹性、无机械损伤、

· 419 ·

无病虫害的原料菇,按等级分别切片,切片厚度为 0.4～0.5 厘米。切片后,按等级分开,立即摊在烘筛上,进入烘房内烘烤。烘房温度控制在 55℃～60℃,烘干时间为 5～6 小时,当蘑菇干片含水量下降到 6%～7% 时,终止烘烤。干片应立即放入清洁的干燥铁桶或塑料袋内密封,以防菇片吸水。

(四)猴头菌

将采摘的鲜猴头菌剪去菌柄部分,排放于烤筛上,用 40℃～50℃ 温度烘至六七成干。再升温到 60℃,烘烤至含水量 12% 以下,包装密封保存。

(五)黑木耳

采摘的黑木耳含水量高,应及时烘干。烘干时应将木耳均匀地排放在烤筛上,排放厚度不超过 6～8 厘米。烘烤温度先低后高,开始时温度控制在 10℃～15℃,然后逐渐升温至 30℃ 左右,升温的速度掌握在每 3～4 小时升高 5℃。烘干的前期要注意烘房的通风换气,及时排除烘房内的湿热空气,加速鲜木耳水分的蒸发。当烘至五成干时,再将温度升到 40℃～50℃,继续烘干到木耳的含水量在 13% 左右即可。以手握、耳听,声脆、扎手、有弹性,耳片不碎者为含水量合适。如握之无声,不扎手,手感柔软为含水量过大,应继续烘烤。烘烤初期,一般不要翻动耳片,至半干时可轻轻上下、内外翻动,使其烘得均匀、迅速。遇到粘合成块的耳片,可喷少量水,使其回潮离散,然后再进行烘烤。烘干的木耳容易吸水回潮,结块霉变。干耳应及时装入无毒的聚乙烯塑料袋内密封保存于通风、干燥、洁净的库房内。

(六)银 耳

采摘的银耳去除耳基和杂质,用清水淘洗干净,控干水分后排放于烤筛上。烘烤的温度应掌握两头低、中间略高的原则。鲜银耳水分多,起始温度可掌握在 30℃～45℃ 之间,加强通风排湿,勤翻动和调换烤筛上下的位置,保持 5～8 小时;耳片水分下降到 25% 左右时,把温度上升到 50℃～60℃,保持 6～10 小时;当耳瓣接近干燥,只剩下耳根未干时,把温度下降到 35℃～40℃ 之间,并减少通风排气。如果前期温度高,水分不易排出,烘干的银耳颜色发黄;后期温度太高,容易烘焦,都会直接影响产品的质量。烘烤至含水量降到 12% 以下,即可终止。银耳易于回潮,要趁热量未散发之前贮藏。贮藏容器可用塑料薄膜袋、白铁罐或衬有防潮纸的木箱。贮藏时间久了,要选择晴天进行翻晒。银耳干品角质脆硬,容易破碎。贮藏和翻晒时要轻装轻放,不宜堆叠过高,以免压碎而影响品质。成品宜专仓贮藏,设在干燥的楼上,配有遮荫和降温设备,切忌在一般地面仓库堆放,严防雨水淋入。

四、干制品分级标准

(一)双孢蘑菇

双孢蘑菇干片分级标准,见表 7-3。

表 7-3 蘑菇干片分级标准

级别	颜色	气味	组织形态	水分(%)
一级	白色	蘑菇香味,无异味	厚度均匀,无焦片,无杂质,无水黄片菇,无开伞菇	<8
二级	白色稍带黄色	蘑菇香味,无异味	厚度基本均匀,无焦片,允许有少量水黄片菇、开伞菇、褐片菇	<8
三级	白色稍带黄色	蘑菇香味,无异味	呈粒状或片状,无杂质,无灰屑	<8

(二)香 菇

干香菇国家标准见表 7-4,表 7-5,表 7-6。

表 7-4　花菇等级标准

项　目	一　级	二　级	三　级
颜　色	花纹色淡,菌褶明显、淡黄色	花纹色较淡,菌褶黄色	花纹棕褐色,菌褶深黄色
厚薄(厘米)	≥0.5	≥0.5	≥0.3
形　状	近半球形或伞形,规整	扁半球形或伞形,不规整	扁半球形或伞形,不规整
开伞度(分)	6	7	8
大小(厘米)	≥4,均匀	2.5~4	≥2
菌柄长	≤菌盖直径	≤菌盖直径	≤菌盖直径
气　味	香菇香味,无异味	香菇香味,无异味	香菇香味,无异味
残缺菇(%)	重量≤1	重量≤1	重量≤5
褐色菌褶、虫孔、霉变菇(%)	重量≤1	重量≤1	重量≤5
杂质(%)	重量≤0.2	重量≤0.2	重量≤1
不允许混入物	毒菇、异种菇、活虫体、动物毛发和排泄物、金属物		

表 7-5　厚菇等级标准

项　目	一　级	二　级	三　级
颜　色	菌盖淡褐色至褐色,菌褶淡黄色	菌盖淡褐色至褐色,菌褶黄色	菌盖淡褐色至褐色,菌褶深黄色
厚薄(厘米)	≥0.5	≥0.5	≥0.3
形　状	近半球形或伞形,规整	扁半球形或伞形,不规整	扁半球形或伞形,不规整
开伞度(分)	6	7	8
大小(厘米)	3~5,均匀	≥3	≥2.5

项 目	一 级	二 级	三 级
菌柄长	≤菌盖直径	≤菌盖直径	≤菌盖直径
气 味	香菇香味,无异味	香菇香味,无异味	香菇香味,无异味
残缺菇(%)	重量≤1	重量≤1	重量≤5
褐色菌褶、虫孔、霉变菇(%)	重量≤1	重量≤1	重量≤5
杂 质(%)	重量≤0.2	重量≤0.2	重量≤1
不允许混入物	毒菇、异种菇、活虫体、动物毛发和排泄物、金属物		

表 7-6 薄菇等级标准

项 目	一 级	二 级	三 级
颜 色	菌盖淡褐色至褐色,菌褶淡黄色	菌盖淡褐色至褐色,菌褶黄色	菌盖淡褐色至褐色,菌褶深黄色
厚薄(厘米)	≥0.2	≥0.2	≥0.1
形 状	扁平形,规整	扁平形,不规整	扁平形,不规整
开伞度(分)	7	8	9
大小(厘米)	≥4,均匀	≥4	≥3
菌柄长	≤菌盖直径	≤菌盖直径	≤菌盖直径
气 味	香菇香味,无异味	香菇香味,无异味	香菇香味,无异味
残缺菇(%)	重量≤1	重量≤3	重量≤5
褐色菌褶、虫孔、霉变菇(%)	重量≤1	重量≤1	重量≤5
杂 质(%)	重量≤1	重量≤1	重量≤1
不允许混入物	毒菇、异种菇、活虫体、动物毛发和排泄物、金属物		

(三)草 菇

干草菇分级标准见表 7-7。

表 7-7 干草菇分级标准

级 别	菇身长度 (厘米)	菇厚度 (厘米)	横切面宽 (厘米)	色 泽	气 味	附 注
甲 级	5	1	>3	明亮、白	芳香	干菇必须无脱褶、
乙 级	4	0.5~1	>2	明亮、白	芳香	无泥土、无杂质
丙 级	3	<0.5	<0.5	白或黄色	芳香	

(四)黑 木 耳

黑木耳国家标准见表 7-8。为识别市场上的掺假掺杂黑木耳,这里介绍浙江省淳安微生物研究所提供的掺假黑木耳的识别方法,见表 7-9,表 7-10。

表 7-8 黑木耳等级标准

项 目	一 级	二 级	三 级
色 泽	耳面黑褐色,有光亮感,背暗灰色	耳面黑褐色,背暗灰色	多为黑褐色至棕色
耳 状	朵片舒展,无拳耳、流耳、流失耳、虫蛀耳、霉烂耳	朵片舒展,无拳耳、流耳、流失耳、虫蛀耳、霉烂耳	拳耳不超过1%,流耳不超过0.5%,无流失耳、虫蛀耳、霉烂耳
大 小	朵片完整,不能通过直径2厘米筛眼	朵片完整,不能通过直径1厘米筛眼	朵小或碎片,不能通过0.4厘米筛眼
厚 度	1毫米以上	0.7毫米以上	0.6毫米以下
干湿比	1:15以上	1:14以上	1:12以上
含水量	不超过14%	不超过14%	不超过14%
杂 质	不超过0.3%	不超过0.5%	不超过1%

注:拳耳:指在阴雨多湿季节,因晾晒不及时,在翻晒时互相粘裹而形成的拳头状耳

流耳:指在高温高湿条件下,采收不及时而形成的色泽较浅的薄片状耳

流失耳:高温高湿导致木耳胶质溢出,肉质破坏,失去商品价值的木耳

虫蛀耳:被害虫蛀食而形成残缺不全的木耳

霉烂耳:主要指干制后,因保管不善被潮气侵蚀,形成结块发霉变质的木耳

干湿比:指干木耳与浸泡吸水并滤去余水后的湿木耳重量之比

杂质:指黑木耳在生长中和采收晾晒过程附着的沙土、小石粒、树皮、木屑、树叶等

表 7-9　感观鉴别

内　容	正　常　黑　木　耳	掺　假　黑　木　耳
颜　色	腹面(子实层)淡黑色、黑色,平滑,背面淡褐色至灰褐色,具短软毛,耳片具光泽	腹、背面均匀黑色或浅褐色,有白色粉状物或晶体,无光泽
形　态	片状舒展,松散,稍透明,耳脉清晰	干瘪,拳状或球状,互相粘连,不透明,耳脉模糊不清
手　感	手捏易碎,质轻,有清脆声	质坚,沉重,有黏稠感
味　感	品尝无异味,具耳蕈香气	有甜、咸、涩苦和怪味

表 7-10　浸水后物理性状鉴别

内　容	正　常　黑　木　耳	掺　假　黑　木　耳
胀　性	浸泡后胀发性强,开始多浮在水面而后逐渐下沉,膨胀变大	胀发性弱,易沉于水底
色泽和耳质	浸泡呈黄色,耳片淡黄色或淡棕色,肉厚,鲜嫩,微透明,具有弹性,表面具黏液	浸液浑浊,呈糖色或浅黄色和无色,耳片色深呈焦黑,肉质软腐,无弹性

第三节 食用菌的盐渍加工

盐渍加工是利用高浓度食盐溶液,抑制微生物的生命活动,破坏菇体本身的活力及其酶的活性,防止菇体腐败变质。盐渍是食用菌最简便有效的保鲜加工方法之一。

食盐溶于水中,解离出钠离子和氯离子,这些离子具有强大的水合作用,使食盐溶液产生强大的渗透压。据测定,1%的食盐溶液可以产生 618.11 千帕压力(6.1 个大气压)。盐渍的食盐浓度通常在 20% 以上,可以产生 20 266 千帕以上压力(200 个以上大气压),而一般腐败微生物细胞液的渗透压在 354.66~1692.21 千帕压力(3.5~16.7 个大气压)之间。当微生物接触到高渗透压的食盐溶液时,其细胞内的水分就会外渗而脱水,造成生理干燥,迫使微生物处于休眠状态,甚至死亡。另外,盐渍时,菇体本身所含的部分水分和可溶物质,也由内向外渗出,使盐分扩散渗入菇体组织内,达到内外盐分基本平衡,致使菇体生命活动停止,从而达到保藏目的。

盐渍加工,多用于双孢蘑菇、平菇、金针菇、草菇、滑菇和猴头菌等菇类,是外贸出口常用的加工方法。盐渍品亦可送罐头厂,经脱盐后加工成罐头菇,以防止鲜菇在运输过程中发生酶解和变质。

一、主要设备及用具

锅灶(采用直径 60 厘米以上的铝锅,炉灶的灶面贴上釉面砖)、大缸、塑料周转箱、包装桶、笊篱等。数量视日产量而定。

二、工艺流程

盐渍加工的工艺流程如下。

原料菇的选择→漂洗→预煮→冷却→分级→盐渍→调酸装桶

三、盐渍方法

(一)原料菇的选择

供盐渍加工的原料菇,在八九成熟时采收,清除杂物和有病虫的菇体。双孢蘑菇要求菌盖完整,直径 3～5 厘米,切除菇脚;平菇应把成丛的逐个分开,淘汰畸形菇,并将柄的基部、老化的部分剪去;滑菇要剪去硬根,保留嫩柄 2～3 厘米;金针菇应把整丛的分株,剪去菇根和褐色部分;草菇用小刀削除基部杂质,剔除开伞菇。

(二)漂　洗

用清水洗去菇体表面的泥屑等杂物。双孢蘑菇用 0.05％ 的焦亚硫酸钠溶液,浸泡 10～20 分钟,使菇体变白。漂白后再用流水漂洗 3～4 次,以洗净残余药液。

(三)预　煮

经过选择和漂洗的菇,要及时进行水煮杀青,以杀死菇体细胞,抑制酶的活性。煮时,铝锅内放 5％ 盐水,煮沸后,倒入鲜菇(一般要求 50 千克盐水中不超过 5 千克菇),边煮边用笊篱翻动,使菇体上下受热均匀,煮沸 3～5 分钟。具体时间应视菇体多少及火力大小等因素来确定,一般来说,煮沸后,菇体在水中下沉即可。

(四)冷　却

把预煮的菇捞出,立即放入冷水中迅速冷却,并用手将菇上下翻动,使菇冷却均匀。

(五)分　级

预煮菇按不同菇种的商品要求,进行分级。如双孢蘑菇,一级菇直径 1.5 厘米以下,二级菇 1.5～2.5 厘米,三级菇2.5～3.5 厘米,四级菇 3.5 厘米以上。

(六)盐　渍

盐渍分高盐处理和低盐处理 2 种。高盐处理贮存期长,一般用于外贸出口商品。高盐处理用盐量为菇重的 40%。盐渍时,先在缸底铺 1 层盐,然后放 1 层杀青后的菇,逐层加盐、加菇,依次装满缸,最后上面撒上 2 厘米厚的盐封顶,压上石块等重物,并注入煮沸后冷却的饱和盐水(22～24 波美度),使菇体完全浸没在饱和盐水内。缸上盖纱布和盖子,防止杂物侵入。

盐渍过程中,在缸中插 1 根橡皮管,每天打气,使盐水上下循环,保持菇体含盐一致。若无打气设备,冬天应每隔 7 天翻缸 1 次,共翻 3 次;夏天 2 天翻缸 1 次,共翻 10 次,以促使盐水循环。一般盐渍 25～30 天,方可装桶存放。

低盐处理适宜冬季贮运,便于罐头厂家脱盐,但不宜长期贮存。盐渍时,将杀青处理冷却的菇体沥干,放入配好的饱和盐水缸内,不再加盐,上面加压,使菇浸没在盐水内,上面加盖纱布和盖子。管理方法同高盐处理。

(七)调酸装桶

按偏磷酸 55%、柠檬酸 40%、明矾 5%的比例溶入饱和盐水中,配成调整液,使饱和盐水的酸度达 pH 值 3.5 左右,酸度不足时,可加柠檬酸调节。把盐渍菇从缸中捞出,控水,装入衬有双层塑料薄膜食品袋的特制塑料桶内,再加入调酸后的饱和盐水,以防腐保色。双层塑料袋分别扎紧,防止袋内盐液外渗,塑料桶应盖好内外两层盖。桶上注上品名、等级、代号、毛重、净重和产地等。置于无阳光直接照射的场所存放。要定期检查,发现异味,及时更换新盐水,以保持菇色和风味不变。

(八)加工注意事项

1. 加工要及时　鲜菇采摘后,极易氧化褐变和开伞,要尽快预煮、加工,以抑制褐变。

2. 严防菇体变黑　加工过程中,要严格防止菇体与铁、铜质容器和器皿接触,同时也要避免使用含铁量高的水进行加工,以免菇体变黑。

3. 掌握好预煮温度和时间　做到熟而不烂。预煮不足,氧化酶活动得不到破坏,蛋白质得不到凝固,细胞壁难以分离,盐分不易渗入,易使菇体变色、变质。预煮过度,组织软烂,营养成分流失,菇体失去弹性,外观色泽变劣。预煮后要及时冷却透心方可盐渍,以防盐水温度上升,使菇体败坏发臭而变质。

4. 选用精盐　食盐中硫酸钠和硫酸镁含量过高,盐渍菇会产生苦味;且普通粗盐含泥土杂质,影响商品质量。

5. 严格水质的管理　水质的好坏对产品质量有直接的影响。水质不好,微生物含量高,会给产品带来污染;含硫化氢等物质高,能使产品变色,风味降低。生产加工用水的水质必须符合国家饮用水卫生标准。采用天然水加工时,必须采用净化或软化处理并经测定合格后,方可用于生产。

6. 控制好盐水 pH 值　调高盐水的酸度,可以抑制酵母菌的生长,增强其防腐护色作用。因此,饱和盐水中必须加入适量柠檬酸,以调节盐水 pH 值在 3.5 左右,以强化防腐和保色效果。

第四节　食用菌的罐藏加工

罐藏,就是把食用菌加工成罐头制品,即菇类罐头,是我国重要的出口罐头产品,在国际市场上享有盛誉。

菇类罐头同时具备无菌和密封两个条件,隔绝外界空气和微生物,能较长时间保持菇类的品质和固有的风味,在室温下可以安全存放半年以上。

一、工艺流程

菇类罐头生产工艺因罐藏品种不同而有所区别。其基本工艺流程如下。

原料选择→洗净→预煮→冷却→装罐→注液→封罐→杀菌→冷却→装箱→检验→贮藏

现以蘑菇、草菇为例介绍罐藏方法。

二、蘑菇罐藏

(一)原料选择

按照蘑菇罐头质量标准的具体要求,选择菇形圆整、质地致密、色泽洁白、无病虫害、无机械损伤、无空心白心、菇柄切削平整的钮扣菇和整菇作为加工原料。

(二)漂　洗

将鲜菇迅速放入流水槽内轻轻搅拌,洗去泥沙。水洗力求迅速,水量充足。

(三)护色

用清水 500 升,加入焦亚硫酸钠 150 克,配制护色液,护色液浓度为 0.03%。配制时要搅拌均匀,完全溶解。焦亚硫酸钠要洁净,呈白色粉末状,含二氧化硫 64% 以上。漂洗的鲜菇用护色液浸洗 3 次,每次 2～3 分钟,药液每 2 小时更换 1 次。护色的蘑菇捞出后装入洁净的塑料桶内,备用。

(四)预煮和冷却

在夹层锅内,将 0.1% 柠檬酸液煮沸,投入蘑菇,菇水比为 1:2,煮沸 5～10 分钟,以中心熟透为止。柠檬酸要干燥洁净,呈颗粒或粉末状,纯度在 99% 以上。预煮菇应立即投入流水或冷水中冷却,时间以 30～40 分钟为宜。

(五)分　级

通常按菇体直径大小分为 18～20 毫米,21～22 毫米,23～24 毫米,25～27 毫米,28 毫米以上和 17 毫米以下 6 个等级。

(六)分　选

按大小级别进行挑选整理。要求菇体完整,色淡黄,有弹性,不开伞,大小均匀,无严重畸形。允许少量菇体有小裂口,允许少量轻度薄皮菇。柄长短大致均匀,切口平整。

(七)配　汤

蘑菇的汤液为 2%～3% 浓度的食盐水,加入 0.1%～0.12% 柠檬酸。配汤用的食盐选用纯净的精制盐,氯化钠含量不少于 99%,铁含量不超过 100 毫克/千克,钙、镁含量以钙计不超过 100 毫克/千克。配制盐液的用水必须是不含铁和硫化物的软水,以自来水为水源时,含氯量不得超过 0.2 毫克/千克。具体操作是,清水加盐后煮沸,用双层纱布过滤,在汤出锅前加入柠檬酸。汤液的 pH 值要求在 3.4～4.4 之间,达不到要求时,用柠檬酸调整。

(八)装罐加汤

空罐使用前用 80℃ 热水消毒,然后按等级装罐,不得混级。要求大小均匀,排放整齐。分装时,应按各种罐号规定称量装足(表 7-11),因蘑菇在杀菌后会失重,应酌情补充。

装罐后随即加汤汁,加汤温度不低于 80℃。加汤不可过满,要留有 6～8 毫米的顶隙。

表 7-11　蘑菇装罐要求　(克)

罐　号	净　重	蘑菇量	汤　汁
668	184	112～115	69～72
761	198	120～130	68～78
6101	284	155～175	109～129
7110 或 7114	415	235～250	165～180
9124	850	475～495	355～375
15178	3062	2050～2150	加满
15173	2840	1850～1930	加满
15178	2977	1850～1930	加满

(九)排气密封

排气密封多用半自动真空封罐机或自动真空封罐机,抽真空和密封同步完成。封罐时,罐中心温度要达到 75℃～80℃,真空度控制在 50.66～53.33 千帕(380～400 毫米汞柱)。封罐后应尽快杀菌,一般不得超过 40 分钟。

(十)杀　菌

通常采用高压蒸气杀菌。用间歇式高压灭菌器杀菌时,其工艺条件是:净重 184 克、198 克、284 克、415 克,杀菌公式 $10'-(17'-20')-$ 反压冷却/121℃;净重 850 克,杀菌公式为 $15'-(27'-30')-$ 反压冷却/121℃;净重 2 840 克、3 062 克,杀菌公式为 $15'-(30'-40')-$ 反压冷却/121℃。杀菌后迅速反压冷却至 37℃左右。

(十一)擦罐和保温

冷却后及时擦干罐体,入库保温。等一周后检验合格方可包装。

三、草菇罐藏

(一)原料选择

草菇要求新鲜,从采摘到加工不超过 4 小时。去除开伞、破头、畸形等不合格菇,用小刀削除菇根基部的泥沙和杂质,修削面保持平整,修剪后立即预煮。

(二)预煮冷却

预煮可以防止菇体开伞,钝化酶的活力,使菇体收缩变软,便于装罐,并排出菇内部分空气。方法是:将 0.1%～0.15%柠檬酸水放入夹层锅或铝锅内,加热煮沸,把草菇在沸水中煮,水菇比为 2:1。草菇汤汁易浑浊,应经过两次预煮。第一次煮 6～8 分钟,用冷水冷却;第二次再在沸水中煮 5～6 分钟。预煮后要用冷水迅速冷透,并浸入水池中。

(三)漂洗分级

在漂洗池中进一步除去残留杂质和不合格菇。捞起后按个体大小分 3 级。一级横径 1.5～2 厘米,竖径 3 厘米;二级横径 2～3 厘米,竖径 4 厘米;三级横径 3～4 厘米,竖径 5 厘米。

(四)配　汤

汤液为 1%浓度的盐水,另加 0.1%的柠檬酸。方法是:100 千克的热水中加入 1 千克食盐和 0.1 千克柠檬酸,待溶解后用 8 层纱布过滤,汤液温度为 70℃左右。

（五）装　桶

将整菇装入马口铁罐或玻璃瓶罐,碎片、畸形菇、开伞菇不得装入。用 525 克和 315 克玻璃瓶罐,装菇量分别为 260 克和 150 克,然后加入汤液至离瓶口 1 厘米处。

（六）排　气

抽气密封时,中心温度不低于80℃,真空度为599.95～666.61 千帕(450～500 毫米汞柱)。封罐时先检查内容物、瓶和盖。合格的方可封罐。封罐后如发现压盖不正,封口不严,应立即剔除。

（七）杀菌冷却

封罐后的罐头移入杀菌锅杀菌。杀菌公式为 $30' - 61'/115℃$ 反压冷却至 40℃以下。

（八）培养检验

杀菌后如发现凸盖、浅水、带杂质的罐头应及时剔出重新加工。用纱布将罐擦净,放入温度为 35℃～37℃ 的培养室内培养 5～7 天,按出厂标准中的生物指标进行检验。

第五节　食用菌的蜜饯加工

蜜饯是通过糖浆浸渍、熬煮,使糖液逐步取代鲜菇(鲜耳)内的水分,使蜜饯制品具有很高的渗透压,从而阻止自身的酶解和微生物分解活动。它不但风味独特,且能安全保藏,可作为小食品或制作糕点的辅料。仅以金针菇蜜饯为例,简要介绍食用菌蜜饯的加工技术。

一、工艺流程

食用菌蜜饯加工的工艺流程如下。

选料→整理→热烫→冷却→糖清→烘干→晾冷→包装

二、加工方法

（一）选料与整理

选择新鲜、未开伞、无病虫害斑点、符合等级的合格金针菇,整丛的将其分株,剪去菌柄基部杂物。

（二）热　烫

将金针菇洗净,在 90℃～100℃的热水中烫漂 1～3 分钟,立即冷却,沥干水分。

（三）冷浸糖液

将沥干水的金针菇浸泡在 40％的糖液中,冷浸 3～5 小时。

（四）糖　煮

配制 65％的糖液,煮沸。把用糖液冷渍好的金针菇倒入煮锅内,先大火煮沸,再文火(以微沸为度)熬制 1～2 小时,再加入 1％的柠檬酸,至糖液浓度达 70％左右(用糖量计测定),外观呈金黄色透亮即可出锅。

（五）烘干包装

将糖煮金针菇摊放在瓷盘上放入烘箱(房)内,于 50℃～60℃烘烤约 5 小时,常翻动(也可先晾晒几小时再烘制),至蜜饯晶莹透亮,基本不粘手即可取出晾冷,用玻璃纸包好,装入塑料袋。

金针菇蜜饯,酸甜可口,有咬劲,可作为儿童食品。

第六节　食用菌的深加工

食用菌深加工,是利用食用菌为主要原料,生产饮料、调味品、保健食品、腌制风味小菜和制作美容品等，它不但有助于食用菌的保藏，而且颇具产品特色，有利于打开市场销路，增加经济效益。

一、酒和饮料

(一)灵 芝 酒

灵芝100克，白酒1800毫升，蜂蜜(或白糖)200克，柠檬4～5个榨汁，混合浸泡。用25°白酒1个月即成，用35°白酒和60°白酒，分别为20天和15天。

(二)灵芝柠檬水

灵芝切片100克，加水200毫升，煎煮成50毫升浓缩汁，再加水400毫升，加柠檬1个，白糖100克。

(三)猴头菇汽水

猴头菇干品50克，柠檬酸16克，小苏打11克，水1500毫升，白糖适量。将猴头菇入沸水煮片刻捞起，漂挤几次，以去苦味。锅内加水1000毫升，烧沸后入猴头菇，煮至烂，捞出猴头菇，用4层纱布将水过滤2次，再加水600毫升煮沸，加白糖溶解，离火冷却。然后加入柠檬酸、小苏打，灌瓶后封严瓶口，冰镇后饮用。

(四)银耳保健饮料

1. 选料　选择无霉变、无泥沙杂质的银耳干品。

2. 浸泡　用冷水将银耳浸泡12小时以上，使银耳充分吸水泡发。

3. 漂洗　用流动的清水将泡发的银耳清洗干净。

4. 浸出　将洗净的银耳放入夹层不锈钢锅中，加热120℃～127℃煮30～60分钟，过滤取汁，再把银耳残渣加水，连续提取4次，将1～4次提取液混合。

5. 配制　混合提出液中加入适量蜂蜜、冰糖(冰糖要先溶化后加入)、调味剂、香料、强化剂、防腐剂等,在一定的温度下,搅拌混合,即成银耳保健饮料。

6. 装瓶　装瓶,加盖密封。

7. 消毒　密封后在 112℃温度下灭菌 20 分钟,取出冷却,检验,贴标签,出厂。

二、调味品

(一)香菇酱油

取干菇 100 克(或鲜菇 300 克),加清水 1 000 毫升,放入锅中,在 70℃～80℃下煎煮 1 小时,滤取香菇煎汁。在 10 千克优质酱油中加入香菇煎汁 600 毫升,放入锅中加热,使温度维持在 90℃左右,保持 1 小时即可。

(二)香菇汤料

将残次菇、菇柄洗净,干燥,用高速超微粉碎机粉碎,细度达 200 目以上。

香菇粉 20%～25%,精盐 45%～50%,白糖 8%～10%,味精 10%,5′-肌苷酸 0.5%～1%,洋葱粉 2%,大蒜粉 1.5%,生姜粉 1.5%,胡椒粉 2%,可溶性淀粉 5%,琥珀酸钠 3%,称量后进行干态混合。混合后立即用防潮袋包装。

三、菇类小食品

(一)茯苓饼

1. 原料配方　淀粉 10 千克,特制粉 2.5 千克,桂花 2.5 千克,白砂糖 37.5 千克,核桃仁 15 千克,蜂蜜 18.5 千克,松仁 7.5 千克,瓜籽仁 5 千克,芝麻仁 5 千克,杏仁 5 千克,茯苓 20 克。

2. 制作方法

(1)制馅 将原料备齐,先将蜂蜜和白糖搅拌,使糖充分溶化;将各种果仁用刀剁碎如米粒大,连同其他辅料一并加入糖蜜内,搅拌至黏稠适宜为度。

(2)烤皮 先把淀粉、特制粉和茯苓粉调成稀糊,将特制的圆形烤模(内径 6 厘米)放在火上烤热,然后在烤模内壁刷上 1 层熟素油,倒入 1 小勺稀糊,压上盖板,将烤模放在炭火上稍烤一下,翻面再烤,以不焦糊为度。将烤皮取出,用剪刀除去毛边即成饼皮。

(3)夹馅 将调好的馅料取 1 小勺平铺在 1 张饼皮上,约 0.5 厘米厚,占饼皮面积的 3/5 即可;另取 1 张饼皮压在馅上便为成品。保管时注意防潮,以防饼皮回潮变软。

(二)银耳果冻

1. 原料 干银耳 150 克,琼脂 20 克,李子 20 克,冰糖 300 克。

2. 制法 ①将琼脂剪成小条,浸泡 20 分钟,放入清水锅中煮沸,使琼脂溶化。②将银耳泡发洗净,去蒂切成小片,加冰糖用文火炖烂。③锅内加 1 杯水,放入李子,加冰糖煮烂,使其浓缩为半杯李子汁。④将李子汁与溶化的琼脂混和拌匀,再倒入银耳拌匀,待其冷却凝固即成。

(三)五香金针菇干

取鲜金针菇 5 千克,剪去菇柄基部杂物。另取五香粉 10 克,酱油 500 毫升,水 500 毫升,倒入锅内,待汤沸后,将鲜金针菇分两次放入锅内,沸后 5 分钟,立即捞出,放入竹筛,晒干至 1.5~2 千克,即可装袋贮存。

四、腌制风味小菜

(一)醋汁金针菇

1. 原料　金针菇、米醋。

2. 制法　①将金针菇切成 3 厘米左右小段,用清水冲洗,盛入塑料筐内。②放入沸水中杀青 1～2 分钟,掌握熟而不烂,保持有脆性。③杀青后立即放入清水中迅速冷却。④将冷却的金针菇装入瓶内,加入米醋,加盖封口。10 天后可食用。

(二)香菇豆酱

将香菇洗净、干燥、粉碎,加水煮烂,加入大蒜等调味,然后加入豆酱内,并加入香油,拌匀即成。

(三)油渍金针菇

将金针菇洗净,水煮 2～3 分钟,加白糖、醋、葱、花椒和少许食盐,再煮 10 分钟。然后,再倒入香醋中煮 15 分钟,取出置通风处晾干,装入瓶内,用食用植物油浸泡,密封保存。

五、美 容 品

(一)茯 苓 霜

1. 原料　茯苓粉 0.2 份,乙醇 10 份,香料 0.05 份,聚乙烯醇 10 份,甘油 3 份,水 76.75 份。

2. 制法　将茯苓研磨成细粉末,与上述物料一起加入水中混合均匀,即成透明凝胶状茯苓霜。能滋润皮肤,防止皮肤粗糙。

(二)银耳护肤液

银耳 5 克,浸入 95 毫升 60% 甘油中,1 周后使用。供擦面护肤。

（三）灵芝溶液

将灵芝煎汁,每天用浓缩液 60 毫升,加入水中沐浴,可治疗湿疹、汗疹,并能使皮肤细嫩。

（四）茯苓蜜

将茯苓研末,与蜂蜜混合,涂于脸面,可治雀斑,并可使肌肤白晰。

第七节　食用菌的药膳谱

食用菌不仅营养丰富,美味可口,而且含有多种有益人体健康的成分,是一类具有"食"、"药"双重功能的"宜药宜膳"食品。

一、蒸银耳

制法　将银耳泡发,去根蒂杂质,加适量冰糖和水,上屉蒸至呈胶水状,冷却至 40℃以下食用。

功效　安神健脑。

二、茯苓大枣粥

制法　茯苓粉 30 克,粳米 60 克,大枣 10 克(去核),浸泡后连水同粳米煮粥,粥成加入茯苓粉拌匀,稍煮。服时酌加白糖,每日 2～3 次。

功效　健脾补中,利水渗湿,宁心安神,对脾虚久泻者疗效为佳。

三、参苓粥

制法　人参 3～5 克(或党参 15～20 克),白茯苓 15～20

克,生姜 3～5 克,粳米 100 克。先将人参(或党参)、生姜切成薄片,把茯苓捣碎,浸泡半小时,煎取药汁,后再煎 1 次,将第一、二次药汁合并,分早晚 2 次同粳米煮粥食用。

功效 益气补虚,健脾养胃。

四、蘑菇什锦

原料 鲜蘑菇 20 克,香菇 20 克,马蹄 50 克,胡萝卜 150克,冬笋 50 克,腐竹 50 克,黄瓜 150 克,木耳 10 克,鸡汤 500克,盐 5 克,姜 5 克,淀粉 25 克,料酒 10 毫升,香油 25 毫升。

制法 腐竹烫泡后煮烂切成寸段,黄瓜切成菱形片,马蹄切成圆片,冬笋、胡萝卜切片待用。各种主配料分别用开水余一下,捞出码盘成形。炒勺内加入鸡汤,将码好的主配料轻轻推入勺内,加调料,见开后去沫,再用文火煨入味后收汁、淋芡、翻勺、淋入香油入盘即成。

功效 补气益胃,清热生津,和中润肠,抗癌。

五、海米油菜炒平菇

原料 油菜 300 克,鲜平菇 50 克,海米 15 克,白糖 2 克,姜 5 克,料酒 10 毫升,花生油 25 克,香油 10 克。

制法 油菜洗净,切成寸段。鲜平菇切成块,用开水余一下。海米用开水烫泡。将花生油烧热,放入海米煸炒,再放入菜,炒透,放平菇、料酒、盐、味精,颠翻几下,淋入香油即成。

功效 下气利肠胃,补气益胃,助消化。

六、木 耳 粥

原料 木耳 5～10 克,粳米 100 克,大枣 3～5 个,冰糖适量。

制法　先将木耳泡发、洗净。用粳米、大枣煮粥,待煮沸后,加入木耳、冰糖,同煮为粥。

功效　润肺生津,滋阴养胃,益气止血,补脑强心。

七、灵芝大枣汤

原料　灵芝 15～20 克,大枣 50 克,蜂蜜 5 克。

制法　灵芝、大枣入锅加水共煎,取煎液 2 次。合并后加入蜂蜜再煮沸。

功效　对肿瘤细胞有抑制作用。

八、芝麻茯苓粉

原料　芝麻,茯苓。

制法　先将芝麻炒香;茯苓与芝麻混合,磨成细粉,密封贮存。每天早餐服 20～30 克(食时可加糖适量调服)。

功效　防止衰老。是老年人的益寿食品。

附录 食用菌菌种生产供应单位

食用菌菌种生产供应单位名录表

单 位 名 称	地 址	邮 编
中国科学院微生物研究所	北京市中关村	100080
中国农业科学院土壤肥料研究所	北京市白石桥路 30 号	100081
河北省科学院微生物研究所	河北省保定市五四中路 381 号	071051
山西省原平农校微生物室	山西省原平市前进西路 13 号	034100
河南省科学院生物研究所	河南省郑州市花园路 28 号	450003
辽宁省朝阳市食用菌研究所	辽宁省朝阳市新华路二段 37-4 号	116012
黑龙江省科学院应用微生物研究所	黑龙江省哈尔滨市道里兆麟街 32 号	150010
山东省莱阳农学院	山东省莱阳市	265200
江苏省微生物研究所	江苏省无锡市荣巷	214000
上海市农业科学院食用菌研究所	上海市南华街 25 号	201106
福建省食用菌菌种站	福建省福州市福飞路 108 号	350003
福建省三明真菌研究所	福建省三明市	365000
广东省微生物研究所	广东省广州市先烈中路 100 号	510070
华中农业大学真菌研究室	湖北省武汉市狮子山	430000
云南省昆明食用菌研究所	云南省昆明市	650000

主要参考文献

1. 杨新美等．中国食用菌栽培学．中国农业出版社，1988

2. 黄年来等．中国食用菌百科．中国农业出版社，1993

3. 吕作舟等．食用菌生产技术手册．中国农业出版社，1992

4. 福建省三明真菌研究所．食用菌生产手册．福建科学技术出版社，1982

5. 梁志栋等．科普食用菌学．北京科学技术出版社，1988

6. 丁湖广．四季种菇新技术疑难300解．中国农业出版社，1997

7. 张雪岳．食用菌学．重庆大学出版社，1988

8. 应建浙等．食用蘑菇．中国科学出版社，1983

9. 娄隆后等．食用菌生物学及栽培技术．中国林业出版社，1984

10. 孔祥君等．食用菌病虫害防治技术．中国林业出版社，1985

11. 董宜勋等．中国食用蘑菇大观．中国旅游出版社，1986

12. 冀宏等．杏鲍菇栽培的细化管理技术及常见问题解析．中国食用菌，2006(4)

13. 张金霞．食用菌安全优质生产技术．中国农业出版社，2003

14. 管其宽等．白灵菇人工栽培与加工．金盾出版社，

2002

15. 马荣梅等·杏鲍菇菇柄中空的原因及预防·食用菌,2005(6)

16. 邹积华等·食用菌优质高产栽培技术·山东人民出版社,2000

17. 卯晓岚·中国大型真菌·河南出版社,2000

18. 吕作舟·食用菌栽培学·北京:高等教育出版社,2006

金盾版图书,科学实用,
通俗易懂,物美价廉,欢迎选购

以上图书由全国各地新华书店经销。凡向本社邮购图书或音像制品,可通过邮局汇款,在汇单"附言"栏填写所购书目,邮购图书均可享受9折优惠。购书30元(按打折后实款计算)以上的免收邮挂费,购书不足30元的按邮局资费标准收取3元挂号费,邮寄费由我社承担。邮购地址:北京市丰台区晓月中路29号,邮政编码:100072,联系人:金友,电话:(010)83210681、83210682、83219215、83219217(传真)。